Hans Sundermann

Europäische und mediterrane Orchideen

Eine Bestimmungsflora

mit Berücksichtigung der Ökologie

3. erweiterte und verbesserte Auflage

Brücke-Verlag Kurt Schmersow · Hildesheim

Umschlagsentwurf nach einem Aquarell von Claus Caspari „Ophrys tenthredinifera"

Gesamtherstellung: Hagemann-Druck, Hildesheim

Printed in Germany

ISBN 3-87 105-011-3

Europäische und mediterrane Orchideen

Inhaltsverzeichnis

I. Vorwort zur 3. Auflage 7
Verzeichnis der Bildautoren 9

II. Anleitung zum Gebrauch des Buches
1. Das ausgewählte Areal 11
2. Gliederung des Textes und Abkürzungen 11
3. Erläuterung der verwendeten Begriffe 13
4. Skizzen zur Erläuterung der Bestimmungsmerkmale 17

III. Systematik, Evolution und Verbreitung
1. Die Familie Orchidaceae 22
2. Die Gattungen unseres Gebietes 23
3. Bemerkungen zur Evolution 26
4. Systematische Kategorien 27
5. Liste der Gattungen, Arten, Unterarten und Varietäten mit Autorennamen 28
6. Verbreitungsübersicht 41

IV. Ökologie und Naturschutz
1. Standortfaktoren 49
2. Standörtliche Vegetationstypen 53
3. Orchideen und Naturschutz 60

V. Bestimmungsschlüssel 63
Allgemeiner Schlüssel 64
Schlüssel der formenreichsten Gattungen 69
Ophrys 69
Serapias 73
Orchis 74
Dactylorhiza 76
Platanthera 79
Cephalanthera 79
Epipactis 80

VI. Beschreibung der Sippen 83
(Geordnet nach dem Zahlensystem entsprechend Kapitel III, 5)

VII. Bastarde
1. Allgemeine Gesichtspunkte 247
2. Infragenerische Hybriden (Artbastarde) 251
3. Intergenerische Hybriden (Gattungsbastarde) 259

VIII. Literaturverzeichnis 265

IX. Register der wissenschaftlichen Namen 271
(Epitheta und Gattungsnamen)

I. Vorwort zur 3. Auflage

Die erste Auflage dieses Buches (1970) wurde als Bestimmungshilfe für diejenigen Naturfreunde konzipiert, die sich in besonderem Maße mit den einheimischen, d. h. mit den in den Ländern Europas und im gesamten Mittelmeergebiet vorkommenden Orchideen beschäftigen. Es entstand so eine gedrängte Übersicht über die wichtigsten Formen, die in der weit zerstreuten Fachliteratur und in einigen Handbüchern beschrieben werden, von denen das 5 Bände umfassende Werk von KELLER, SCHLECHTER und SOÓ (1928 – 1940) das wichtigste ist.

In der ersten wie in den beiden folgenden Auflagen, die stärker auf taxonomische Belange hin ausgerichtet sind, bleibt das Grundkonzept eines für eine f e l d b i o l o g i s c h e Orientierung geeigneten Buches erhalten. Schon aus diesem Grunde ist es nicht möglich, a l l e in der Literatur erwähnten Splittersippen zu behandeln. Die Auswahl der in diese Zusammenfassung aufgenommenen Unterarten und Varietäten (vgl. dazu Kapitel III) erfolgt auf der Grundlage eigener feldbiologischer Erfahrungen. Das Kriterium der Unterscheidbarkeit wird dabei vorrangig zugrunde gelegt.

Der Text ist entsprechend der Zielsetzung maximal gestrafft. Bei der Beschreibung der Sippen werden daher nur diejenigen Merkmale herausgestellt, die für eine U n t e r s c h e i d u n g der Gattungen, Arten, Unterarten und Varietäten erforderlich sind. Ebenso werden kritische Anmerkungen zur Taxonomie sowie Angaben über Ökologie und Verbreitung der Sippen in der kürzest möglichen Form wiedergegeben. Erläuterungen zur Gliederung des Textes, zur Abgrenzung des Areals, zu Bestimmungsmerkmalen und den verwendeten Begriffen sind im Kapitel II behandelt.

Die 3. Auflage berücksichtigt manche Anregung oder kritische Stellungnahme, für die ich immer dankbar bin. Sie enthält auch weitere Sippen, die inzwischen neu beschrieben oder die gegenüber der 2. Auflage „aufgewertet" wurden. Dabei bin ich mir keineswegs sicher, ob dies in allen Fällen berechtigt ist. Bei der kritischen Analyse der Differentialmerkmale stellt sich oft heraus, daß sie für die Unterscheidung mancher Unterarten nicht ausreichen.

Die Sippenliste wurde unter Berücksichtigung neuerer taxonomischer Erkenntnisse revidiert. Dabei mußten einige Namen geändert werden; jedoch konnten die Änderungen nicht immer mit Quellenangaben begründet werden. Es wurde eine weitgehende Übereinstimmung mit der Nomenklatur in der FLORA EUROPAEA angestrebt. Das Zahlensystem dient einer übersichtlichen Gliederung, die sich auch für das Ordnen von Sammlungen eignet. Die Nummern wurden gegenüber der 2. Auflage im Prinzip beibehalten und nur in wenigen Fällen durch notwendige Unterteilungen geändert. Auch die mit der 2. Auflage eingeführte Unterscheidung von Sub- und Präspezies wurde übernommen, wobei allerdings im taxonomischen Bereich stets die Bezeichnung Subspezies verwendet werden muß (vgl. dazu Kap. III, 5).

Noch ein Wort zu den Kunstnamen. Der Wunsch mancher Pflanzenfreunde, nur deutsche Bezeichnungen für Pflanzenarten zu verwenden, machte es notwendig, für Pflanzen, die außerhalb des deutschsprachigen Raumes vorkommen, Namen zu erfinden bzw. zu übersetzen (teilweise nach EBERLE 1965).

Sehr herzlich bedanke ich mich bei allen, die mir Anregungen und zusätzliche Informationen gegeben haben, und die ich namentlich im einzelnen nicht erwähnen kann. Herrn Dr. Reinhart Gumprecht danke ich für die Begleitung und Beratung auf vielen Reisen in Länder des Mittelmeergebietes, Herrn Gerd Taubenheim für mehrere gemeinsame Reisen in die Türkei, für zahlreiche Beiträge aus seinen Forschungsergebnissen und für viele Ratschläge. Frau Marie-Luise Taubald und Herr Michael Schmidt haben mich durch ihre Mitarbeit, insbesondere bei den Korrekturen, unterstützt.

Zu einer guten Ausstattung des Buches haben sehr wesentlich die Bildautoren beigetragen ebenso wie die Deutsche Orchideengesellschaft, die erneut Farbklischees aus der Zeitschrift „Die Orchidee" zur Verfügung stellte. Der Verlag ist meinen Wünschen nach der Form des Satzes und weiteren Farbabbildungen sehr entgegengekommen. Dafür gebührt allen mein verbindlicher Dank!

Wuppertal, im September 1980 — Hans Sundermann

Verzeichnis der Bildautoren

(Zahlen = Nummer der Abbildung)

H. Basler: 288
H. Baumann: 12, 33, 51, 52, 71, 92, 128, 207, 287
W. Beisenherz: 179
H. Bergquist: 225
K. Beyer: 103
H. Büel: 54
F. Büttner: 194
C. Caspari: Titelbild
O. Danesch: 4, 7, 10, 26, 34, 43, 45, 46, 161, 184
G. Frey: 213, 214, 215
F. Füller: 63
E. Garnweidner: 73, 290, 295, 297
H. Gärtner: 15
B. de Greeff: 221
R. Gumprecht: 55
M. Harbeck: 294
G. Hermjakob: 8, 39, 44, 53, 58, 89, 118, 129, 201, 252
A. J. Huxley: 158
H. Jansen: 16, 30, 96, 110, 130 175, 202, 217, 231, 234, 273
E. Klein: 2, 56, 72, 116, 199, 216, 274, 283
W. O. Krey: 40, 183, 284, 300
H. Kümpel: 285
J. Landwehr: 136
D. Leemans-Huyzinga: 185
B. L. Løjtnant: 211
F. J. Meyer: 38
O. Möller: 104, 279
A. Nieschalk: 137
E. Pasche: 59
E. Peitz: 298
O. Poeppel: 247
E. Rapp: 47, 125, 222, 224, 296
K. Rasbach: 9, 98, 157, 162, 212, 219, 256
H. R. Reinhard: 27, 286, 299
B. Renk: 282
J. Renz: 93, 251
K. Robatsch: 259
G. Rube: 170, 171
D. Rückbrodt: 68, 127, 135, 244
J. Schrenk: 209, 210
H. Sundermann: 1, 3, 5, 6, 11, 13, 14, 17, 18, 19, 20, 21, 22, 23, 24, 25, 28, 31, 32, 35, 36, 37, 41, 42, 48, 49, 50, 57, 60, 62, 64, 65, 66, 67, 69, 74, 75, 76, 77, 78, 79, 80, 81, 82, 83, 84, 85, 86, 87, 88, 94, 95, 97, 100, 101, 102, 105, 106, 107, 109, 111, 112, 113, 114, 115, 117, 119, 120, 121, 131, 132, 133, 134, 138, 140, 141, 142, 143, 144, 145, 146, 147, 148, 150, 151, 152, 153, 154, 159, 160, 163, 164, 165, 166, 167, 172, 174, 176, 177, 178, 187, 189, 190, 191, 192, 193, 195, 196, 197, 198, 203, 204, 205, 206, 218, 220, 223, 226, 227, 228, 229, 232, 233, 236, 238, 239, 240, 241, 242, 243, 245, 246, 249, 250, 253, 255, 265, 270, 275, 280, 281, 291
G. Taubenheim: 61, 90, 91, 99, 108, 139, 149, 155, 188, 235, 237, 248, 257, 258, 260, 261, 264, 267, 268, 269, 276, 277, 278
W. Teschner: 122, 123, 124, 126, 230, 292
W. Vöth: 302
W. Wiefelspütz: 29, 168, 169, 173, 180, 181, 186, 254, 262, 263, 266, 271, 301
O. Wildhaber: Fig. auf S. 22, 272, 293
W. Wittich: 200
H. Wollin: 156, 182, 208
G. Wolowski: 70, 289

II. Anleitung zum Gebrauch des Buches

1. Das ausgewählte Areal

Der in dieser Flora behandelte geographische Raum stimmt weitgehend mit dem in der Monographie von KELLER, SCHLECHTER und SOÓ (1928 – 1940) berücksichtigten Gebiet überein. Er umfaßt das gesamte Europa (mit Island), die atlantischen Inseln (Kanaren, Azoren, Madeira), Nordafrika und den größten Teil Vorderasiens (Fig. 1). Die Orchideen Persiens sind jedoch nicht vollständig berücksichtigt worden (vgl. hierzu RENZ 1978).

Während der Autor bei den mitteleuropäischen und mediterranen Sippen weitgehend auf eigene Erfahrungen zurückgreifen kann, trifft dies für die nordeuropäischen und – was durchaus als schwerwiegender Mangel angesehen werden kann – für die Orchideen der UdSSR nicht zu. Manche der aus diesen Gebieten beschriebenen Sippen können daher bezüglich ihrer Rangstufen oder ihrer Identität mit anderen nicht sicher beurteilt werden.

Der makaronesisch-europäisch-mediterrane Florenbereich bildet bezüglich der Orchideen eine natürliche Einheit, was durch zahlreiche Endemismen zum Ausdruck kommt. So sind die Gattungen *Ophrys, Serapias, Anacamptis, Himantoglossum, Aceras, Barlia, Traunsteinera, Neotinea, Comperia, Steveniella, Chamorchis, Gennaria* und *Limodorum* in ihrer Verbreitung auf dieses Gebiet beschränkt.

Die Begrenzung des Gebietes ist auf der Karte (Figur 1) eingezeichnet. Die Verteilung der von mir selbst aufgesuchten Standorte ist dadurch gekennzeichnet, daß für je etwa 5 Standorte ein Punkt eingetragen wurde (vgl. Kapitel IV, 1).

Bei den Verbreitungsangaben im Text von Teil VI sind die Teilgebiete in folgender Reihenfolge und Bedeutung aufgezählt: K a n a r e n , A z o r e n , M a d e i r a , N o r d a f r i k a (= Marokko, Algerien, Tunesien und Libyen), S p a n i e n (= iberische Halbinsel, also auch Portugal), gesondert angegeben werden die B a l e a r e n , F r a n k r e i c h , I s l a n d , I r l a n d , E n g l a n d , S k a n d i n a v i e n (= Norwegen, Schweden, Dänemark und Finnland), D e u t s c h l a n d (BRD und DDR), B e n e l u x (Belgien, Niederlande und Luxemburg), A l p e n l ä n d e r (= Schweiz und Österreich), I t a l i e n , gesondert angegeben werden die Mittelmeerinseln K o r s i k a , S a r d i n i e n und S i z i l i e n , J u g o s l a w i e n , G r i e c h e n l a n d (= Festland, Ionische und Ägäische Inseln), gesondert angegeben werden K r e t a und R h o d o s , Z y p e r n , T ü r k e i , L i b a n o n (schließt Syrien und Israel ein), P o l e n , T s c h e c h o s l o w a k e i , U n g a r n , B u l g a r i e n , R u m ä n i e n , R u ß l a n d , gesondert angegeben werden K r i m und K a u k a s u s .

Eine Übersicht zur Verteilung der einzelnen Sippen vermittelt die Tabelle Seite 42–48.

2. Gliederung des Textes und Abkürzungen

Der Text im Teil VI (Beschreibung der Sippen) ist jeweils in 4 Abschnitte gegliedert:

a) Aufzählung wichtiger Unterscheidungsmerkmale der vegetativen Organe und der Blüten, Angabe der Chromosomenzahl (sofern bekannt), b) erläuternde oder kritische Bemerkungen zur Taxonomie (sofern notwendig), c) Blütezeit und ökologische Angaben, d) Verbreitung (vgl. II, 1 und III, 6).

Fig. 1:
Begrenzung des Areals
(Erklärung im Text)

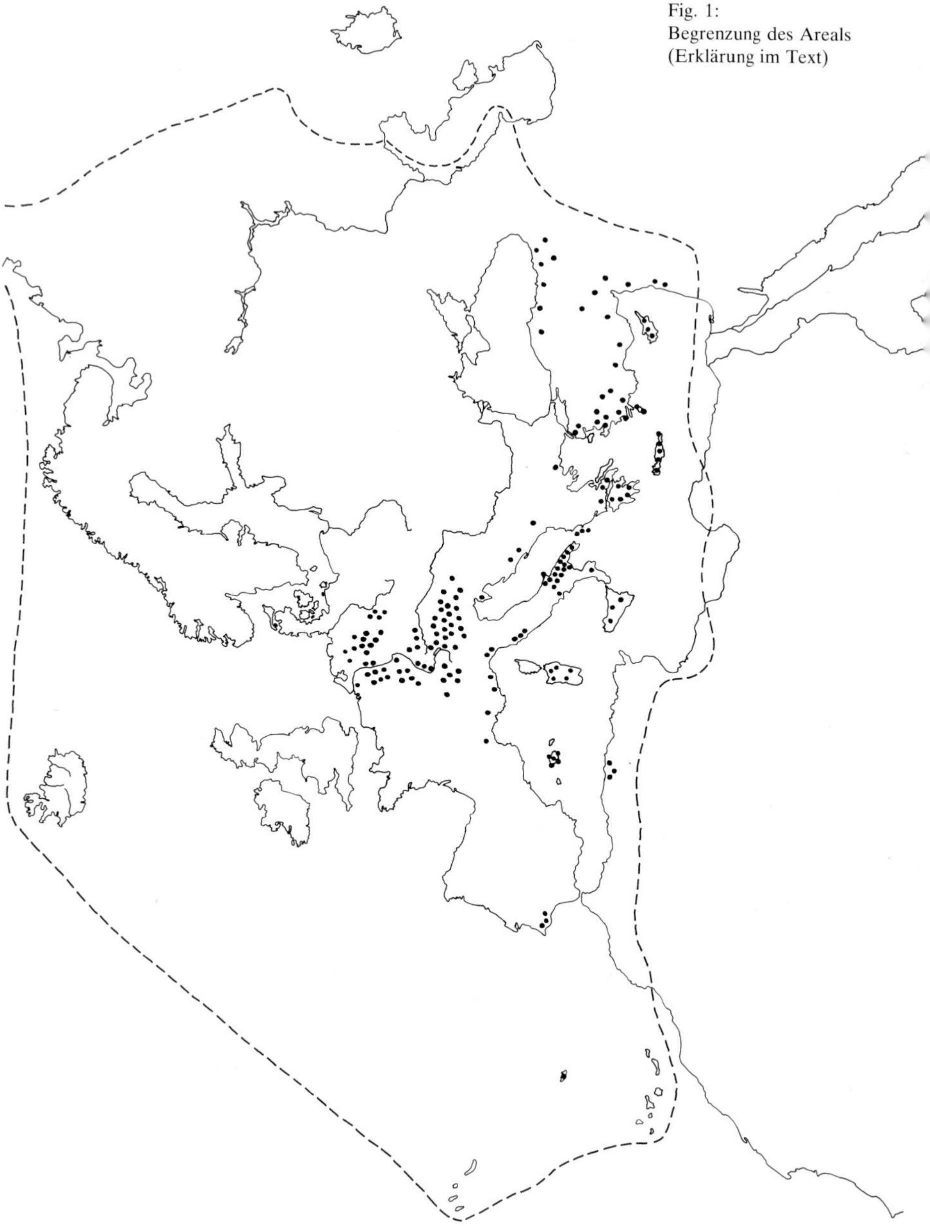

Zeichen und Abkürzungen:

±	=	mehr oder weniger
!	=	(bei den Verbreitungsangaben) – von mir selbst im angegebenen Gebiet beobachtet
Frkn.	=	Fruchtknoten
i. d. R.	=	in der Regel
M.	=	Messungen (vgl. unter pH, Seite 15)
MMG	=	Mittelmeergebiet, und zwar sind damit Gebiete mit Mittelmeerklima gemeint, die auch weitab vom Mittelmeer liegen können (z. B. der Südrand der Alpen oder die Krim). Das Klima ist charakterisiert durch die Ölbaumkultur und das Vorkommen zahlreicher immergrüner Sträucher und Bäume (= immergrüne Zone, vgl. Seite 59–60).
pH	=	Wasserstoffionenkonzentration, siehe Seite 15
PQ	=	Pufferungsquotient (vgl. unter Neutralisationsreserve, Seite 14)
s. l.	=	sensu lato (latiore), im weiten (weiteren) Sinne. Hier meist so zu verstehen, daß damit alle der Gesamtart untergeordneten Sippen gemeint sind.
s. str.	=	sensu stricto (strictiore), im strengen (engeren) Sinne, also nur die Nominatrasse der jeweiligen Art
ssp.	=	subspecies (vgl. Seite 28), Unterart
psp.	=	praespecies (vgl. Seite 28), Unterart
var.	=	varietas, Varietät (vgl. Seite 28)
2n	=	Anzahl der Chromosomen in den Körperzellen (doppelter Chromosomensatz)
★	=	Präspezies (vgl. Seite 28)

Bezüglich des Zitierens der Autoren in der Liste (III, 5) und im Text siehe Seite 28 bis 30

3. Erläuterung der verwendeten Begriffe:

Bezüglich der Abkürzungen und der Gliederung des Textes in Teil VI vgl. oben und Seite 11

Allel	=	siehe unter Gen
allogam	=	fremdbestäubend (durch Insekten)
Anhängsel	=	bei der *Ophrys*-Blüte, siehe Figur 2, Seite 17.
Anthere	=	Staubbeutel
Areal	=	Verbreitungsgebiet
ausgerandet	=	nicht eigentlich gelappt, am Rande nur kleine Buchten oder Einschnitte
autogam	=	selbstbestäubend
Basalfeld	=	meist farblich hervorstechende Fläche an der Basis der Lippe, durch das Mal begrenzt (bei *Ophrys*): Figur 2, Seite 17
Biotop	=	Lebensraum, Standort
Bursicula	=	Täschchen, in dem die Klebscheiben untergebracht sind
Chromosomen	=	Kernschleifen, Träger der Erbanlagen im Zellkern. 2n = Anzahl der C. in den Körperzellen

Deckblätter	=	Blätter des Blütenstandes, in deren Achseln die Blüten stehen. Figur 2 und 3 Seite 17. Bei manchen Arten kräftig und laubartig entwickelt und meist grün, bei anderen dagegen dünn, häutig und weißlich oder rötlich gefärbt, manchmal extrem klein (z. B. *Orchis militaris,* Figur 3).
einseitswendig	=	Die Blüten sind alle ± nach einer Seite hin gewendet, also nicht gleichmäßig um den Stengel verteilt.
endemisch	=	auf ein begrenztes Gebiet (z. B. eine Insel) beschränkt
Epichil	=	der vordere, der Blattspitze entsprechende Abschnitt einer in Längsrichtung gegliederten Lippe. Figur 6 und 8, Seite 19
fertil	=	fruchtbar, zur Erzeugung von Nachkommen bzw. Samenanlagen oder Pollen befähigt
Fruchtblätter	=	innerer Kreis im Aufbau einer Blüte, bilden Fruchtknoten und Narbe
Garigue	=	Vegetationstypus, siehe Seite 59
Gen	=	Erbanlage, steuert die Ausbildung eines oder mehrerer bestimmter Merkmale, tritt meist in mehreren „Ausführungen" auf (= Allele), die verschiedene Ausprägungen des betreffenden Merkmals (z. B. Blütenfarbe) ermöglichen, die Gesamtheit aller Allele einer Art bezeichnet man als ihren G e n p o o l
Habitus	=	Tracht, Gestalt, Umriß
Helm	=	entsteht durch das Zusammenneigen, Verkleben oder Verwachsen der Sepalen und Petalen (Figur 3 Seite 17). Bei einigen Gattungen ausgeprägt, bei anderen ganz fehlend
herzförmig	=	Blattform, Figur 10, Seite 20
Hypochil	=	der hintere, der Blattbasis entsprechende Teil einer gegliederten Lippe, Figur 6 und 8, Seite 19
infraspezifisch	=	unterhalb der Artebene gelegen, Unterarten und Varietäten
Introgression	=	„Einwanderung" von Genen einer Sippe in den Genpool einer anderen durch Bastardierung und Rückkreuzung
Konnektiv	=	siehe Säule
Labellum	=	Lippe
lanzettlich	=	Blattform, Figur 10, Seite 20
linealisch	=	Blattform, Figur 10, Seite 20
Macchie	=	Vegetationstyp, siehe Seite 59
Mal	=	unbehaarte Fläche oder Zeichnung auf der *Ophrys*-Lippe, Figur 2, Seite 17
mediterran	=	zum Mittelmeergebiet gehörig
monotypisch	=	nur einen Typus enthaltend, z. B. eine Gattung mit nur einer Art
Morphologie	=	Lehre von der Gestalt und dem Bau der Pflanzen
Narbe	=	Teil der Fruchtblätter, der der Aufnahme der Pollen dient, bei den Orchideen ursprünglich dreilappig, vgl. unter Rostellum
Neutralisationsreserve	=	Bodenbestandteile, die in der Lage sind, bei Stoffumsetzungen auftretende Säuren zu binden, so daß die Bodenreak-

tion basisch oder neutral bleibt. Die Neutralisation erfolgt meist durch Kalk (Kalziumkarbonat, das den Kalkstein bildet, aber auch in anderen Gesteinen, z. B. Dolomit, enthalten ist). Die Messung erfolgt durch Zugabe einer bestimmten Menge Salzsäure zu einer Bodenprobe und Vergleich der pH-Werte (SUNDERMANN 1963)

Nominatrasse = die Rasse, die von der betreffenden Art zuerst beschrieben wurde, nach der also die Art benannt ist (z. B. *Ophrys sphegodes* ssp. *sphegodes*)

Ökologie = Wissenschaft von den Beziehungen der Lebewesen zu ihrer Umwelt, d. h. aller äußeren Faktoren, die auf sie einwirken: Boden, Klima, Tiere und Pflanzen usw.

Papillen = Ausstülpungen der Oberhaut, die den Eindruck einer sehr kurzen Behaarung erwecken

Petalen = die Blätter des inneren Blütenkreises (= Kronblätter). Im Text sind stets nur die z w e i Blätter gemeint, die mit der Lippe den inneren Kreis bilden. Sie sind in der Regel kleiner als die Sepalen (Seite 17 und 18, Figur 2 und 5)

pH = Maßzahl für den Säure- bzw. Basengehalt einer Flüssigkeit bzw. des Bodens (Wasserstoffionenkonzentration). Die Skala reicht von 0 – 14. Werte zwischen 0 – 6 = sauer, wobei ein k l e i n e r e r pH-Wert eine größere Konzentration freier Säure bedeutet. pH 7 ist neutral, Werte über 7 zeigen basische (alkalische) Reaktion an, die um so stärker ist, je höher der pH-Wert. Jede pH-Stufe entspricht einer Zehnerpotenz, d. h. bei pH 6 sind beispielsweise 10mal soviel, bei pH 5 100mal soviel Wasserstoffionen vorhanden wie bei pH 7. Bei pH 7 stehen H^+ – und OH^--Ionen, also saure und basische Anteile im Gleichgewicht. – Die Messung erfolgt mit Indikatoren (ungenau) oder mit hochempfindlichen elektrometrischen Geräten (Glaselektrode).
Bei den Angaben in Teil IV und Teil VI werden unterschieden: d i r e k t e M e s s u n g e n = Erdproben aus dem Wurzelbereich der angegebenen Art, i n d i r e k t e M e s s u n g e n = Messungen an anderen Arten vom gleichen Standort. Wenn nichts anderes angegeben, so handelt es sich stets um direkte Messungen.

Pineta = Kiefernwald (ital.), pflanzengeographisch heißt die Formation Pinetum

Pollinium = Pollenpaket, meist der gesamte Inhalt einer Staubbeutelhälfte (Pollinarium = Pollenpaket einschließlich Klebscheibe)

Population = Bevölkerung, der gesamte Individuenbestand einer Art; wird manchmal an Stelle des genaueren Begriffes T e i l p o p u l a t i o n verwendet (Pflanzen eines begrenzten Gebietes, z. B. eines Wuchsortes, oder auch die Individuen einer infraspezifischen Sippe).

Präspezies	=	Unterart, morphologische oder ökologische Rasse, vgl. Seite 28
Rasse	=	Subspezies oder Präspezies (siehe Seite 28), es muß zwischen geographischen, morphologischen (Morphotypen) und ökologischen Rassen (Ökotypen) unterschieden werden.
Rhizom	=	Wurzelstock, unterirdischer Teil der Sproßachse mit Erneuerungsknospen, speichert Reservestoffe
Rosette	=	Anhäufung von Blättern am Grunde des Stengels
Rostellum	=	Haftorgan für die Pollinien, Klebdrüse, die vermutlich aus dem dritten Narbenlappen hervorgegangen ist. Nach VERMEULEN (1970 b, c) ist das Rostellum eine von der Narbe unabhängige Neubildung. Bildet bei einigen Arten die Klebscheiben. Bei *Epipactis* als glänzendes, knopfartiges Organ (Rostelldrüse) unterhalb der Anthere bei unbestäubten Blüten sichtbar (Figur 7, Seite 19). Bei den autogamen *Epipactis*-Sippen reduziert oder fehlend.
Säule	=	Gynostemium, aus der Verwachsung von Narben und Staubblättern hervorgegangen (vgl. Seite 22). Den oberen Abschnitt bildet das Konnektiv (Verbindungsstück zwischen den beiden Staubbeutelhälften), das u. a. bei *Ophrys* manchmal verlängert und zugespitzt ist (Figur 2, Seite 17).
Sepalen	=	Kelchblätter, der äußere Kreis der Blütenblätter (Seite 17 und 19, Figur 2, 3, 6 und 7).
Sippe	=	eine Gruppe miteinander verwandter Individuen. Bezeichnung für eine taxonomische Einheit, bei der man sich nicht auf einen bestimmten Rang (Art, Rasse, Varietät) festlegt.
Sphagnum	=	Torfmoos, Gattung der Laubmoose, die für die Torfbildung der Hochmoore von Bedeutung ist. Sphagnum-Arten wachsen nur in saurem Milieu.
Sporn	=	sack- oder schlauchförmiger Anhang der Blütenlippe, der bei vielen Arten Nektar enthält. Er ist nur bei einem Teil unserer Orchideenarten entwickelt und stellt ein wichtiges Unterscheidungsmerkmal dar. Die Öffnung des Sporns befindet sich am oberen Ende (der Basis) der Lippe (Figur 3 und 5, Seite 17 und 18).
Standortbedingungen	=	Summe aller Umweltfaktoren (vgl. Seite 49)
Subspezies	=	Unterart, geographische Rasse, (vgl. Seite 28)
sympatrisch	=	gemeinsam mit anderen verwandten Sippen ein Areal bewohnend, nebeneinander vorkommend
Synonym	=	gleichbedeutender Name für dieselbe Sippe, meist ältere, heute nicht mehr gebräuchliche bzw. nach den Nomenklaturregeln ungültige Bezeichnung.
Taxon	=	systematische Kategorie, z. B. Art, Unterart, Varietät (vgl. Seite 27)
Varietät	=	siehe Seite 28
Zytotaxonomie	=	Zellforschung im Dienste der Systematik, z. B. Zählung der Chromosomen.

4. Skizzen zur Erläuterung der Bestimmungsmerkmale

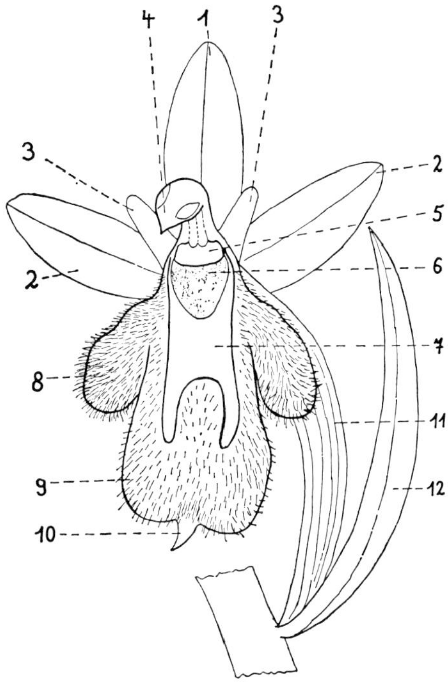

Fig. 2:
Schema einer *Ophrys*-Blüte

1. mittleres Sepalum
2. seitliche Sepala
3. Petala
4. Konnektivfortsatz (Spitze des Säulchens)
5. Narbenhöhle
6. Basalfeld der Lippe
7. Mal der Lippe
8. Seitenlappen der Lippe
9. Mittellappen der Lippe
10. Anhängsel der Lippe
11. Fruchtknoten
12. Deckblatt

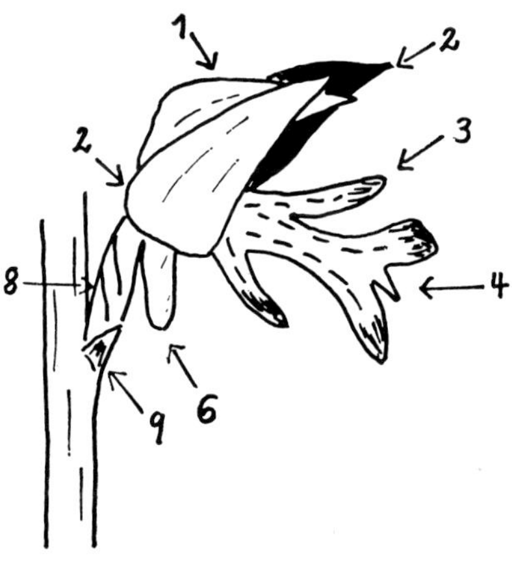

Fig. 3
Blüte von *Orchis militaris:*
Die Sepalen bilden einen Helm, die Blütenlippe ist dreilappig, der Mittellappen ist geteilt, der Sporn abwärts gerichtet; Deckblatt sehr kurz und häutig.

1. mittleres Sepalum
2. seitliche Sepala
3. Seitenlappen der Lippe
4. Mittellappen der Lippe
5. Zipfel des Mittellappens
6. Sporn
7. Sporneingang
8. Fruchtknoten
9. Deckblatt

Die Petala sind im Helm verborgen.

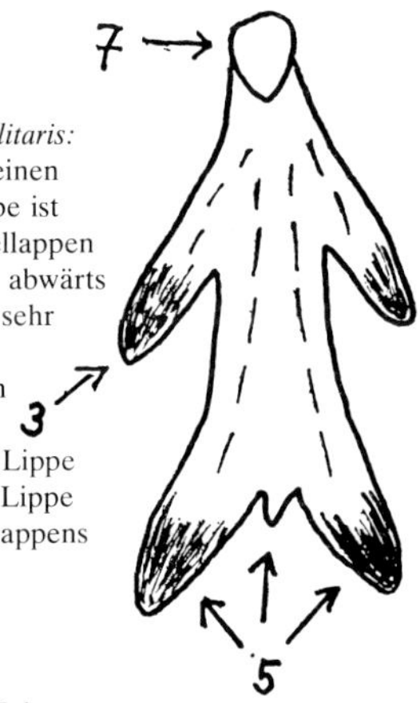

Fig. 4a:
Blütenlippe von
Dactylorhiza maculata ssp. *maculata*
Seitenlappen breit, länger als der schmale Mittellappen.

Fig. 4b:
Blütenlippe von
Dactylorhiza maculata ssp. *fuchsii*
Seitenlappen abgespreizt und ebensolang wie der Mittellappen.

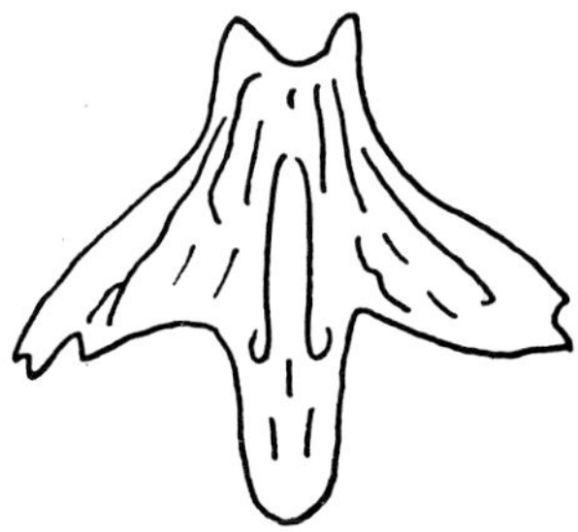

Fig. 5a:
Blüte von *Platanthera chlorantha.*
Die seitlichen Sepalen sind abstehend, die Lippe ist ungeteilt (zungenförmig), der Sporn fadenförmig, die Staubbeutelhälften sind divergierend.

1. mittleres Sepalum
2. seitliche Sepala
3. Petala
4. Lippe (am oberen Ende der Sporneingang)
5. Sporn

Fett gezeichnet:
die beiden Staubbeutelhälften

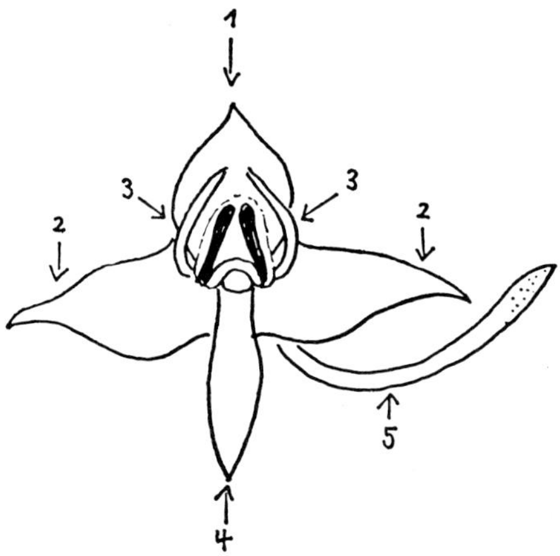

Fig. 5b:
Die parallel angeordneten Staubbeutelhälften von *Platanthera bifolia*

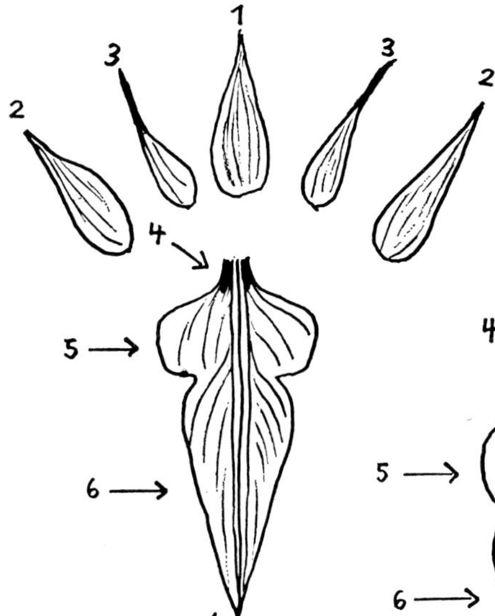

Fig. 6a:
Blütenanalyse von *Serapias cordigera* ssp. *vomeracea*
Die Blütenlippe ist durch einen Einschnitt in einen unteren und einen oberen Abschnitt gegliedert.

1. mittleres Sepalum
2. seitliche Sepala
3. Petala
4. Schwiele (zweiteilig)
5. Hypochil
6. Epichil

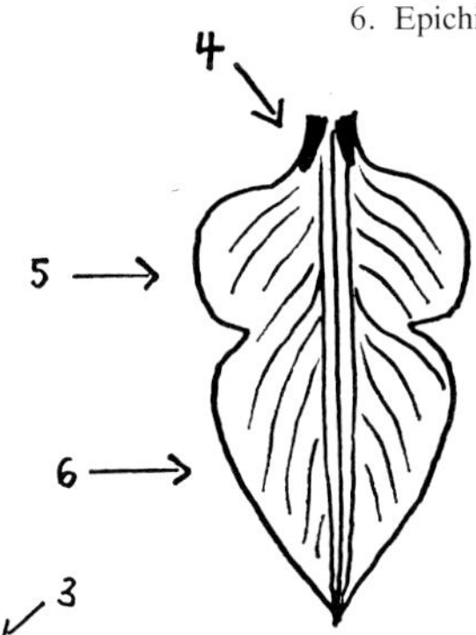

Fig. 6b:
Blütenlippe von *Serapias cordigera* ssp. *neglecta*
(Epichil fast ebenso breit wie das Hypochil)

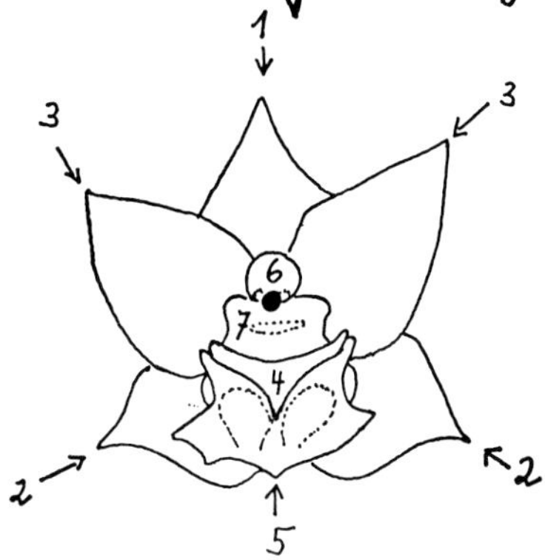

Fig. 7:
Blüte von *Epipactis helleborine* ssp. *helleborine*

1. mittleres Sepalum
2. seitliche Sepala
3. Petala
4. Höhlung des Hypochils
5. Epichil (mit Höckern)
6. Staubbeutel (Anthere)
7. Narbe

Die R o s t e l l d r ü s e ist der glänzende (hier dunkel gezeichnete) Knopf zwischen Anthere und Narbe.

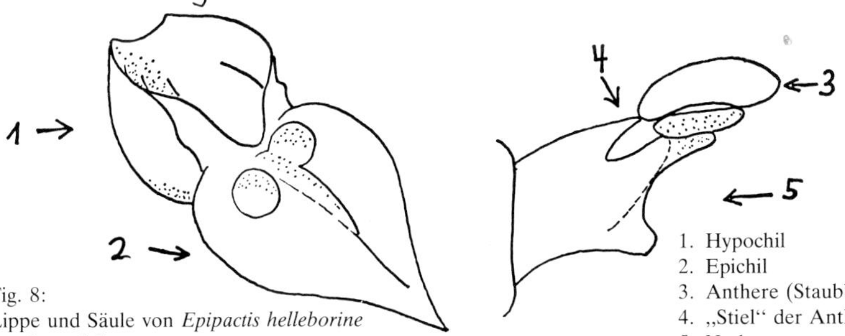

1. Hypochil
2. Epichil
3. Anthere (Staubbeutel)
4. „Stiel“ der Anthere
5. Narbe

Fig. 8:
Lippe und Säule von *Epipactis helleborine* ssp. *leptochila*

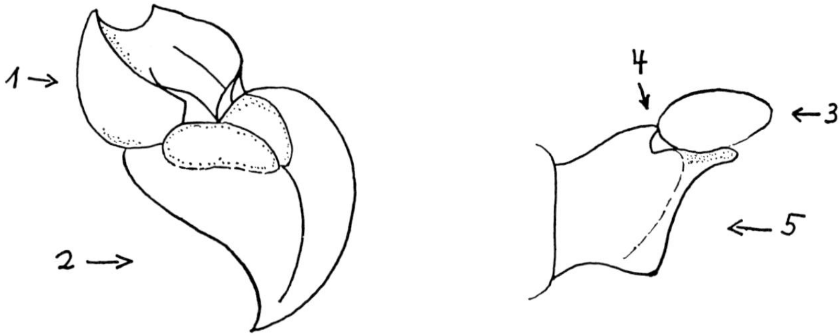

Fig. 9:
Lippe und Säule von *Epipactis helleborine* ssp. *confusa*

1. Hypochil
2. Epichil
3. Anthere
4. Der reduzierte (praktisch fehlende) „Stiel" der Anthere
5. Narbe

Fig. 8 und 9 nach YOUNG (1953)

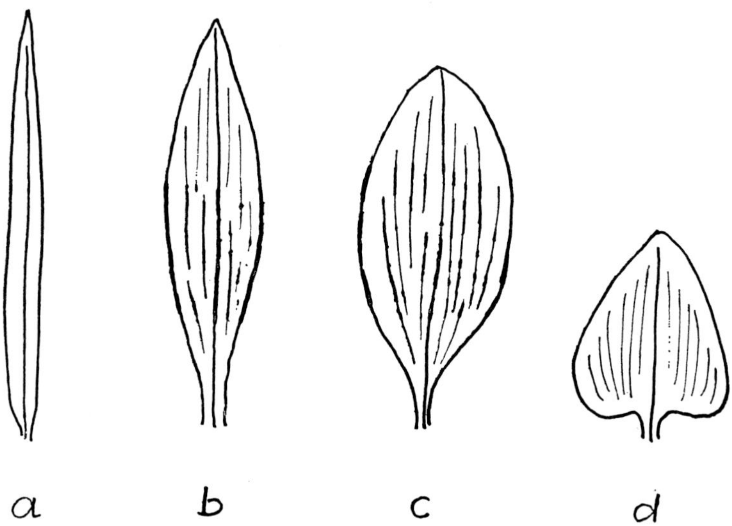

Fig. 10:
Blattformen

a) linealisch
b) lanzettlich
c) oval (eiförmig)
d) herzförmig

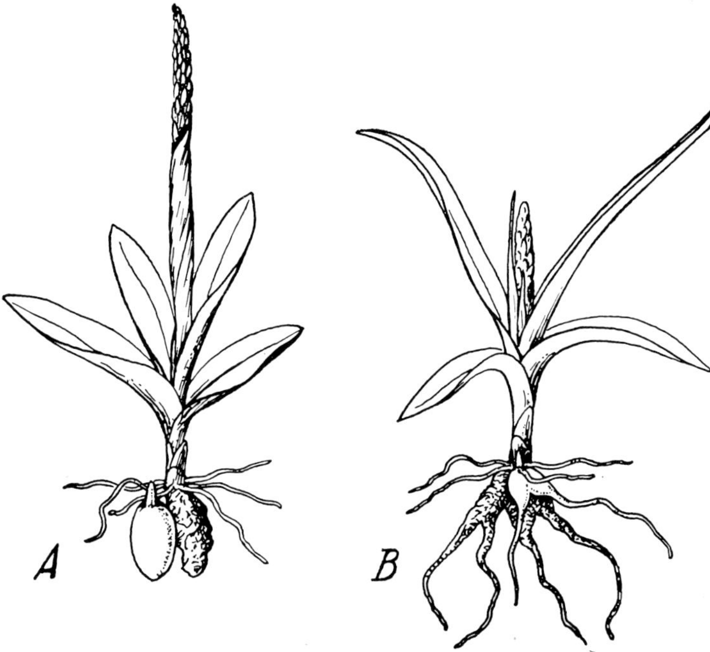

Fig. 11:
Unterscheidungsmerkmale von *Orchis* und *Dactylorhiza* (nach VERMEULEN 1972)
A: *Orchis,* Blütenstand vor dem Aufblühen von einem Scheidenblatt umgeben, Knollen rundlich.
B: *Dactylorhiza,* Blütenstand schon vor der Streckung des Stengels sichtbar, Knollen gespalten.

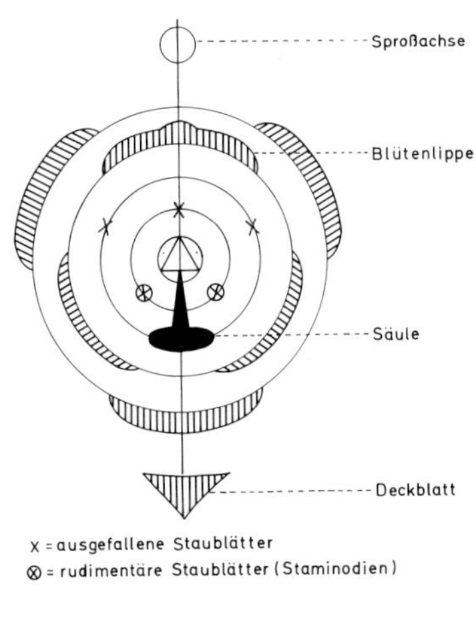

Fig. 12:
Diagramm einer Orchideenblüte (im Knospenzustand) mit nur einem funktionsfähigen Staubblatt

III. Systematik, Evolution und Verbreitung

1. Die Familie Orchidaceae[1])

Die Familie gehört – u. a. gemeinsam mit den Liliengewächsen, Gräsern und Palmen – zur Klasse der Einkeimblätter *(Monocotyledoneae)* innerhalb der bedecktsamigen Blütenpflanzen. Sie ist durch folgende Merkmale ausgezeichnet:

a) Die Blüten sind zweiseitig symmetrisch (zygomorph), also nur durch e i n e Symmetrieachse in zwei spiegelbildlich gleiche Hälften zerlegbar,

b) Ein Blatt des inneren Kreises der Blütenhülle ist als Lippe ausgebildet,

c) Der u n t e r s t ä n d i g e Fruchtknoten ist in der Regel um 180° gedreht (Resupination), so daß die ursprünglich – d. h. in der Knospenlage – nach oben weisende Lippe die richtige Stellung erlangt und als Landeplatz für die Bestäuber dienen kann[2]),

d) Von den ursprünglich (bei den Liliengewächsen) 6 Staubblättern sind nur 2 (bei *Cypripedium*) oder eines (bei allen übrigen Gattungen unseres Gebietes) funktionsfähig entwickelt,

e) Staubblatt (-blätter), Griffel und Narbe sind zu einem einheitlichen Gebilde, der Säule (Columna oder Gynostemium) verwachsen (zu a – e vgl. Fig. 12),

f) Die Samen sind mikroskopisch klein, sie bestehen aus einem undifferenzierten Embryo ohne Nährgewebe, der von einer faserigen Hülle umgeben ist, die der Verbreitung

[1]) über den Namen siehe Seite 137

[2]) Selten unterbleibt diese Wendung oder es erfolgt eine Drehung um 360°, so daß die Lippe nach oben weist (z. B. bei *Malaxis, Gymnadenia nigra*)

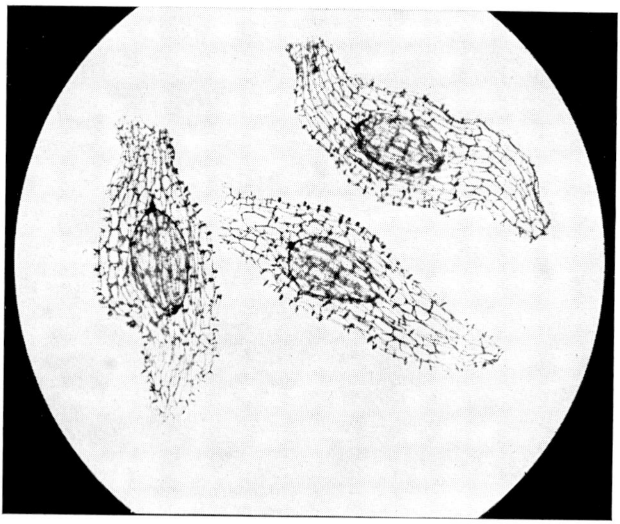

Samen von *Epipactis atrorubens.* Mikroskopisches Präparat (etwa 100fache Vergrößerung)

durch den Wind dient (Abb. Seite 22). Die Anzahl der Samen in einer Fruchtkapsel beträgt mehrere 1000 bis zu 4 Millionen. Ein Same wiegt weniger als $^{1}/_{100}$ Milligramm.

g) Der „unterentwickelte" Embryo bedarf der Nahrungszufuhr von außen. Eine Keimung erfolgt nur dann, wenn im Boden vorhandene Pilze, die für bestimmte Orchideenarten vermutlich spezifisch sind, in den Embryo eindringen und von ihm verdaut werden (Keim-Mykotrophie). Das Keimblatt ist völlig reduziert.

Die Produktion potentieller Nachkommen ist bei den Orchideen zwar sehr groß, aber die Wahrscheinlichkeit, ein geeignetes Keimbett zu finden, ist außerordentlich gering. Die Entwicklung bis zur blühfähigen Pflanze dauert wenigstens drei, oftmals mehr als zehn Jahre.

In tropischen Gebieten sind die Orchideen meist Epiphyten, d. h. sie wachsen auf Bäumen, ohne jedoch Parasiten zu sein, wie fälschlicherweise manchmal angenommen wird. Alle Arten u n s e r e s Gebietes sind dagegen Erdpflanzen mit begrenzter Vegetationsperiode. Die jährliche Neubildung der Blätter erfolgt in Mitteleuropa meist im zeitigen Frühjahr, im Süden des Gebietes bereits im Herbst. Nach der Blütezeit, wenn die unterirdischen Speicherorgane (Knollen oder Wurzelstöcke) gefüllt bzw. neu angelegt sind, sterben die Blätter in der Regel ab[3]). Die Ruheperiode erstreckt sich bei den meisten mitteleuropäischen Arten vom Hochsommer bis Ende der Schneeschmelze, im Mittelmeergebiet überdauern die Orchideen die Trockenzeit (Juni bis Oktober) unterirdisch.

Unter günstigen Bedingungen vermehren sich einige Arten auch vegetativ durch „Ausläufer" (z. B. *Goodyera, Epipactis palustris, Dactylorhiza iberica, Cypripedium*) seltener durch Anlage mehrerer Ersatzknollen (z. B. *Orchis, Serapias, Ophrys*). In der Regel wird jedoch nur ein Ersatztrieb bzw. eine neue Knolle angelegt, die im folgenden Jahr einen neuen Blütensproß hervorbringt. Gelegentlich überschlagen manche Pflanzen bei wechselnden Standortbedingungen (z. B. Klimaeinflüsse) ein oder mehrere Jahre ohne zu blühen.

Während die meisten Orchideen sich nach Abschluß ihrer Entwicklungsphase selbständig ernähren, sind einige Arten zeitlebens auf Pilzernährung angewiesen, weil ihre Blätter zur Nahrungsgewinnung (Assimilation) nicht ausreichen *(Neottia, Corallorhiza, Limodorum, Epipogium)*.

2. Die Gattungen unseres Gebietes

In SCHLECHTERs Handbuch „Die Orchideen" (3. Auflage ab 1970) unterteilt BRIEGER die Orchidaceen in 5 Subfamilien:

Cypripedioideae, Orchidoideae, Neottioideae, Epidendroideae und *Vandoideae*. Die Gattungen unseres Gebietes verteilen sich auf 4 dieser Subfamilien:

Orchidoideae (= *Basitonae*): 1 funktionsfähiges Staubblatt; die Pollinien sind an ihrem unteren Ende mit Stielchen (Caudiculae) versehen, die mit einer Klebscheibe verbunden sind.

Epidendroideae: 1 Staubblatt, der Klebstoff befindet sich an der Spitze der Pollenmasse; Pollinien wachsartig oder knorpelig.

---

[3]) *Goodyera repens* hat auch im Winter grüne Blätter, bei *Spiranthes spiralis* erscheint vor oder während der Blütezeit bereits die neue Blattrosette.

Nr.	Gattung (Genus)	2n	Knollen/Rhizome	Blütenlippe	Rostellum	Stellung im System
1	*Ophrys*	36	Knollen rundlich, ungeteilt	ungeteilt oder geteilt, spornlos	Bursicula und Klebdrüsen doppelt	**Subfamilia: Orchidoideae** (Tribus: *Orchideae*) Subtribus: *Orchidinae*
2	*Serapias*	36		geglied., spornlos	Bursicula einfach, Klebdrüse einfach (bei *Aceras* selten auch doppelt)	
3	*Anacamptis*	36		geteilt, mit Sporn		
4	*Himantoglossum*	36				
5	*Barlia*	60				
6	*Aceras*	42		geteilt, spornlos		
7	*Orchis*	36–42		geteilt oder ungeteilt, mit Sporn	Bursicula einfach, Klebdrüse doppelt	
8	*Traunsteinera*	42		geteilt, mit Sporn		
9	*Neotinea*	40				
10	*Comperia*	30				
11	*Steveniella*	38				
12	*Dactylorhiza*	40–80 (120)	Knollen abgeflacht, gespalten bis tief geteilt	geteilt oder ungeteilt, mit Sporn		
13	*Coeloglossum*	80	Knollen abgeflacht, gespalten bis tief geteilt	geteilt, gezähnt oder ungeteilt, mit Sporn	Bursicula fehlt, Klebdrüse doppelt	Subtribus: *Platantherinae*
14	*Gymnadenia* (einschl. *Nigritella*)	40 (80)				
15	*Pseudorchis*	42 (40)				
16	*Chamorchis*	42		± ungeteilt, spornlos		
17	*Platanthera*	42 (84)		ungeteilt mit Sporn		
18	*Neottianthe*	42	Knollen rundlich, ungeteilt	geteilt, mit Sporn		
19	*Herminium*	40	Knollen ± länglich, ungeteilt	geteilt, spornlos	dreiteilig, meist wenig differenziert	Subtribus: *Habenariinae*
20	*Gennaria*	34–40		geteilt, mit Sporn		
21	*Habenaria*	28/42/62				

22	*Liparis*	32 (26)	Scheinknolle am Grunde des Stengels	ungeteilt, spornlos	meist wenig differenziert	**Subfamilia: Epidendroideae**
23	*Hammarbya*	28		ungeteilt, spornlos, nach oben weisend		
24	*Malaxis*	~30				
25	*Calypso*	28		groß, pantoffelförmig, mit Sporn, Blüten einzeln		
26	*Corallorhiza*	42	fleischiges Rhizom, ohne Wurzeln	kaum geteilt, spornlos		
27	*Spiranthes*	30 (60)	rübenförmige Wurzelknollen	ungeteilt, spornlos	meist wenig differenziert	**Subfamilia: Neottioideae**
28	*Goodyera*	28–32	kriechendes Rhizom			
29	*Listera*	34–42	verkürztes Rhizom mit fleischigen Wurzeln	geteilt, spornlos		
30	*Neottia*	36				
31	*Epipogium*	68	fleischiges Rhizom ohne Wurzeln	geteilt, mit Sporn, nach oben weisend		
32	*Limodorum*	56–64	Rhizom verkürzt oder kriechend, mit ± fleischigen Wurzeln	gegliedert, i. d. R. mit Sporn		
33	*Cephalanthera*	32 (36)		gegliedert, mit oder ohne Sporn		
34	*Epipactis*	40 (36)		gegliedert, spornlos	unterschiedlich entwickelt	
35	*Cypripedium*	20	Rhizom verkürzt oder kriechend, mit ± fleischigen Wurzeln	pantoffelförmig, sehr groß	fehlt	**Subfamilia: Cypripedioideae (Diandrae)**

Neottioideae: 1 Staubblatt, Klebstoff an der Spitze der Pollenmasse; Pollinien körnig, aus Pollentetraden bestehend, die aus je 4 Körnern zusammengesetzt sind.

Cypripedioideae: 2 Staubblätter und alle 3 Narbenlappen sind fertil.

Bei den 3 zuerst genannten Unterfamilien ist nur 1 Staubblatt fertil *(Monandrae)* und der dritte Narbenlappen ist reduziert bzw. zum Rostellum umgewandelt, das häufig Klebdrüsen entwickelt. VERMEULEN (1970b, c) ist allerdings der Ansicht, das Rostellum sei eine vom 3. Narbenlappen unabhängige Neubildung. Der gleiche Autor kommt auch zu einer anderen Gliederung, wonach die *Cypripedioideae* nicht zu den *Orchidaceae* gehören, sondern eine eigene Familie darstellen *(Cypripediaceae).*

In der Übersichtstabelle sind die Gattungen in derjenigen Reihenfolge aufgeführt, in der sie in diesem Buch behandelt werden. Die Bewertung der als Arten, Unterarten und Varietäten beschriebenen Sippen ist im Kapitel III, 4 behandelt.

3. Bemerkungen zur Evolution

Die Orchideen stellen mit etwa 20 000 oder mehr Arten zweifellos die vielgestaltigste Familie des Pflanzenreiches dar. Sie sind stammesgeschichtlich sehr jung, die ältesten einigermaßen s i c h e r e n Belege stammen aus dem oberen Pliozän (SCHMID 1973), das entspricht einem Alter von etwa 2 Millionen Jahren.[4]) Die ältesten bedecktsamigen Blütenpflanzen, zu denen auch die heutigen Orchideen gehören, sind vermutlich in der unteren Kreidezeit, also vor etwa 140 – 120 Millionen Jahren entstanden.

Als wahrscheinlich jüngste Familie der Blütenpflanzen verfügen die Orchideen über eine Variabilität, die innerhalb des Pflanzenreiches als einmalig angesehen werden kann. Das betrifft nicht nur das Hervorbringen verschiedenartigster Organisationstypen, die die Besetzung stark differierender ökologischer Nischen ermöglichten, wobei insbesondere eine Reihe „raffinierter" Bestäubungsmechanismen ins Auge springt. Vielmehr ist der Evolutionsprozeß gerade bei dieser Pflanzenfamilie keineswegs abgeschlossen, was dazu führt, daß innerhalb mancher Gattungen die Merkmale ein derart weites Variationsspektrum aufweisen, welches eine definitive Unterscheidung der einzelnen Arten bzw. Unterarten sehr erschwert oder – wie z. B. im Falle der Gattung *Ophrys* – fast unmöglich macht.

Der Prozeß der Artbildung kann erst dann als abgeschlossen betrachtet werden, wenn morphologisch nahe verwandte Sippen unter natürlichen Bedingungen keine fortpflanzungsfähigen Nachkommen mehr hervorbringen. Die Errichtung von Fortpflanzungsschranken erfolgt durch geographische oder ökologische Differenzierung und (oder) – was bei Sippen, die das gleiche Areal bewohnen, besonders wichtig ist – durch sexualbiologische bzw. genetische Mechanismen.

Dabei ist eine Abgrenzung nahe verwandter und genetisch durchaus noch „verträglicher" Taxa auf dem Wege über spezifische Bestäuber (z. B. bei *Ophrys*) oder durch Selbstbestäubung (z. B. bei *Cephalanthera* und *Epipactis*) häufig ein erster entscheidender Schritt auf dem Wege zu einer genetischen Isolation. Diese ist erst dann erreicht, wenn auch bei versehentlicher Kreuzbestäubung keine lebens- bzw. fortpflanzungsfähigen Nachkommen mehr erzeugt werden können (vgl. das folgende Kapitel).

---

[4]) Der Ursprung der Familie wird auf etwa 25 Millionen Jahre geschätzt (vgl. RENZ 1980).

4. Systematische Kategorien

Die Gliederung des Pflanzenreiches erfolgt auf der Grundlage systematischer Kategorien (Taxa), die jeweils Gruppen von Organismen weiterer oder engerer Verwandtschaft umfassen: Abteilung, Klasse, Ordnung, Familie, Gattung, Art, Unterart (Rasse) und Varietät. Teilweise werden diese Kategorien noch weiter unterteilt.

Die Abgrenzung der jeweiligen Verwandtschaftskreise stößt auf große Schwierigkeiten, weil ihre Kriterien nicht durch eindeutige Definitionen festgelegt werden können. Während für die größeren Einheiten ein Ermessensspielraum unumgänglich ist, besteht immerhin die Möglichkeit, die Grundeinheit aller Systeme – die Art – auf der Grundlage genetischer, physiologischer und ökologischer Fakten zu objektivieren. Vorschläge in dieser Richtung sind insbesondere von zahlreichen Evolutionsforschern gemacht worden (z. B. DOBZHANSKY 1958, MAYR 1963, STEBBINS 1966). Als (z. Z.) einzig brauchbares und einer Nachprüfung zugängliches Kriterium erweist sich die Fortpflanzungsisolation.

Die im Laufe der Evolution erreichten Isolationsgrade sind sehr unterschiedlich. Daraus ergeben sich Schwierigkeiten besonders bei der Abgrenzung von Arten und derjenigen Taxa, die unterhalb der Artebene einzuordnen sind. Morphologische Eigenschaften sind als entscheidende Kriterien oft ungeeignet, weil Kombinationen von Merkmalen, die zur Differenzierung verwendet werden, häufig so stark variieren, daß sie eine sichere Beurteilung nicht ermöglichen. Das gilt insbesondere für die durch ihre evolutorische Dynamik ausgezeichneten Gattungen *Ophrys, Serapias, Dactylorhiza* und *Epipactis* (vgl. z. B. *Ophrys fuciflora,* Seite 105 und 106).

Die Einstufung der in dieser Flora aufgeführten Sippen in Arten, Unterarten (Rassen) und Varietäten erfolgt auf der Grundlage folgender Kriterien (SUNDERMANN 1975):

a) Zu einer **Spezies** (Art) werden alle Individuen zusammengefaßt, die unter natürlichen Bedingungen fruchtbare Nachkommen miteinander erzeugen können (reelle oder potentielle Fortpflanzungsgemeinschaft). Sie sind durch einen gemeinsamen Genpool ausgezeichnet, dessen Allele in geographisch oder ökologisch differenzierten Teilpopulationen in der Regel mit unterschiedlicher Häufigkeit auftreten[5]). Die Angehörigen einer Art sind von anderen, nahe verwandten Sippen sexualbiologisch und (oder) genetisch isoliert und bilden mit solchen keine Mischpopulationen. Zwischen einzelnen Teilpopulationen einer Art kann Intersterilität auftreten.

Die räumliche Trennung allein ist kein Artkriterium, sofern Angehörige geographisch isolierter Teilpopulationen unter natürlichen Verhältnissen prinzipiell fruchtbar sein können. Bei sympatrischen Arten wird reproduktive Isolation vorausgesetzt, was nicht ausschließt, daß Bastardierung zwischen ihnen in Einzelfällen vorkommt. Wenn jedoch in Teilgebieten des Areals zweier weitgehend isolierter Sippen die sexualbiologischen Schranken durchbrochen werden (z. B. zwischen *Ophrys sphegodes* und *O. bertolonii*) und Mischpopulationen auftreten, liegt ein Grenzfall vor, der die Definition der Art in Frage stellt. Man kann aus solchen Beobachtungen folgern, daß der Prozeß der Artbildung noch nicht zu einer vollständigen Stabilisierung geführt hat. Der Schluß, durch solche „Rückfälle" würden neue Arten entstehen, ist als generelle Aussage unzulässig oder zumindest voreilig. Die Bedeutung von Bastardierung und Introgression für die Artbildung kann zwar grundsätzlich nicht bestritten werden, sie wird aber häufig überschätzt (STEBBINS 1966, SUNDERMANN 1976, s. auch Seite 247).

[5]) SUNDERMANN 1972a

b) Eine **Subspezies** (Unterart, geographische Rasse) bilden diejenigen Teilpopulationen einer Art, die sich gegenüber der Nominatrasse und anderen Rassen der gleichen Art nicht nur morphologisch, sondern auch geographisch (u. U. auch ökologisch) unterscheiden.

Die Areale der Subspezies sind entweder völlig voneinander isoliert (Inselareale) oder sie können durch Gürtelzonen miteinander verbunden sein, in denen Übergangsformen auftreten.

Als Subspezies im engeren Sinne werden (hier) also nur solche Teilpopulationen aufgefaßt, die geographisch isoliert sind und die sich außerdem durch auffallende morphologische Kriterien unterscheiden (vgl. dazu die Ausführungen im Kapitel III, 5).

c) Zu einer **Präspezies** (morphologische oder ökologische Rasse) gehören diejenigen Individuenverbände mit zahlenmäßig sehr umfangreichen Teilpopulationen, die sich durch einheitliche morphologische und (oder) ökologische Kriterien von anderen Teilpopulationen der gleichen Art deutlich unterscheiden.

Es handelt sich um Sippen mit bestimmten Merkmalskombinationen, die in verschiedenen Teilen des Areals auftreten können. Sie sind mit anderen Sippen der Art sympatrisch und können daher nicht als geographische Rassen (Subspezies) betrachtet werden. Es handelt sich um Morphotypen, die nicht oder nicht überall reproduktiv isoliert sind, die sich aber (möglicherweise) in einem Artbildungsprozeß befinden. Dieser Sachverhalt unterscheidet sich von dem bei der Subspezies gegebenen dadurch, daß hier nicht eine (wahrscheinlich) zufällige Anhäufung bzw. die Reduktion der Häufigkeit bestimmter Allele vorliegt, sondern offensichtliche Selektionsvorgänge an der Entstehung der jeweiligen Morphotypen bzw. Ökotypen beteiligt sind.[6])

Mit der Unterscheidung von Sub- und Praespezies soll zum Ausdruck gebracht werden, daß der Entstehung von Morphotypen innerhalb einer Art zwei ganz verschiedene Sachverhalte zugrunde liegen können. Keineswegs soll damit eine neue Rangstufe eingeführt werden.

Die in dieser Flora erforderlich werdenden Neukombinationen müssen jedoch – um den Nomenklaturregeln gerecht zu werden – mit der Bezeichnung „Subspezies" vorgenommen werden. Dieser Sachverhalt wird in Kapitel III, 5 ausführlich dargestellt. – Die als psp. angesehenen und als ssp. bezeichneten Sippen sind durch ein * gekennzeichnet.

d) **Varietäten** sind diejenigen Individuen, die durch genetische Veränderungen (Mutationen) auffallend von der Mehrzahl der Individuen der betreffenden Art oder Rasse abweichen.

Sie können im gesamten Areal der Art (Rasse) mit weiter Streuung einzeln, in Gruppen oder (selten) in größeren Verbänden auftreten. Hierher gehören z. B. Albinos, Pflanzen ohne Blattgrün oder mit abweichender Blütenstruktur.

5. Liste der Gattungen, Arten, Unterarten und Varietäten mit Autorennamen

Die folgende Liste dient der raschen Orientierung über die Anordnung und Aufteilung der Gattungen und Arten sowie vor allem der Nennung der Autorennamen, deren ständige Wiederholung im Text sehr störend wirken würde. Synonyme sind in der Liste nicht

[6]) Das bedeutet nicht, daß Selektionsvorgänge bei der Entstehung geographischer Rassen auszuschließen sind.

(oder nur bei Neukombinationen) aufgeführt, sie werden – sofern wegen evtl. Verwechslungsmöglichkeiten notwendig – bei den Sippenbeschreibungen neben den deutschen Namen oder in eckigen Klammern angegeben.

Aus der unübersehbaren Fülle der in der Fachliteratur auf verschiedenen Rangstufen (vor allem als Formen, Spielarten und Varietäten) beschriebenen und erwähnten Sippen wurden diejenigen ausgewählt, die hinreichend deutlich gegeneinander abgrenzbar sind und für die nach meiner Auffassung der Status eines eigenständigen Taxons berechtigt erscheint.

In der Liste werden nur diejenigen Rangstufen verwendet, die in Kapitel III, 4 definiert sind. Um der Schwierigkeit auszuweichen, daß die **Präspezies** im ICBN[7]) als Kategorie nicht vorgesehen ist, werden diese als Subspezies kombiniert. Sie **werden jedoch in der Liste und in den Sippenbeschreibungen mit einem * besonders gekennzeichnet.** Dabei muß ausdrücklich darauf hingewiesen werden, daß für die von mir als Präspezies (als evolutorischer Sachverhalt) eingestuften Sippen der Status einer Subspezies anerkannt wird (ICBN, Art. 33; vgl. auch die Definition der Präspezies S. 28).

Gegenüber der 2. Auflage dieses Buches, in der die betreffenden Sippen als Präspezies (psp.) bezeichnet und daher nicht neu kombiniert wurden, erfolgt nun eine Neukombination unter der legitimen Bezeichnung ssp., sofern diese nicht bereits durch andere Autoren gültig vorgenommen wurde. Diese Neukombinationen (comb. nov.) werden im Anhang zu dieser Sippenliste nach den Vorschriften des ICBN vorgenommen.

Die Sippen sind nach dem Zahlensystem geordnet. Dabei bezeichnet die 1. Zahl die fortlaufend numerierten Gattungen, die 2. Zahl die Nummer der Art innerhalb der betreffenden Gattung, die 3. Zahl die Unterart (Sub- bzw. Präspezies) der jeweiligen Art; die 4. Zahl gibt die Varietäten an. Wird eine Art nicht weiter unterteilt, so entfallen die beiden letzten Ordnungsstellen. Bei Varietäten, die bei mehreren Unterarten der gleichen Art auftreten, steht an der dritten Stelle eine 0.

Die Autoren werden nach internationaler Vorschrift zitiert, d. h. der Begründer des jeweiligen Basionyms[8]) erscheint als Klammerautor, sofern die von ihm erstmals benannte Sippe später einer anderen Gattung oder Art zugewiesen oder in eine andere Rangstufe versetzt wurde. Hinter der Klammer erscheint derjenige Autor, der die z. Z. als zutreffend angenommene Kombination gültig vorgenommen hat. Wegen der wechselhaften Geschichte der meisten Taxa entfällt nur sehr selten die Angabe von Klammerautoren und nur sehr wenige Arten tragen heute noch die von Linné eingeführten Namen.

Sofern die in der Liste aufgeführten Sippen auf einer anderen als der hier angenommenen Rangstufe beschrieben wurden, ist hinter der Angabe des Jahres, in der die entsprechende Veröffentlichung erfolgte, die ursprünglich verwendete Rangstufe (bzw. die Zuordnung zu anderen Gattungen oder Arten) angegeben. Es bedeuten: **p.sp.** = pro specie, als Art; **p.ssp.** = pro subspecie, als Unterart; **p.var.** = pro varietate, als Varietät; **p.lus.** = pro lusu, als Spielart; **p.form.** = pro forma, als Form. Die Abkürzung **p.p.** bedeutet pro parte (zum Teil), d. h. nur ein Teil der ursprünglichen Gattung oder Art umfaßt das heutige Taxon oder das heutige Taxon umfaßt mehr als das ursprüngliche. Wenn das entsprechende Taxon früher unter einer anderen Gattung oder Art beschrieben wurde, so ist dies durch einen **:** zwischen Jahreszahl oder Rangstufe und der älteren Taxonbezeichnung angegeben.

[7]) International Code of Botanical Nomenclature

[8]) Der für ein bestimmtes Taxon (z. B. für eine ssp.) unter einer anderen Gattung oder in einer anderen (beliebigen) Kombination nach ICBN gültig verwendete Name (Epitheton).

Beispiel: *Ophrys* L. 1737 *fuciflora* (F. W. Schmidt 1793: Arachnites) Moench 1802 ssp. *apiformis* (Desf. 1800 p.var.: *O. insectifera;* Maire et Weiller 1959 p.ssp.: *O. scolopax*) Sunderm. comb.nov. bedeutet: Der Gattungsname *Ophrys* wurde zuerst 1737 von Linné begründet, der Artname *fuciflora* wurde in gültiger Kombination – und zwar unter der Gattung *Arachnites* – zuerst 1793 von F. W. Schmidt verwendet. Moench schuf dann 1802 die heute als gültig angesehene Kombination *Ophrys fuciflora.* – Der Name *apiformis* taucht zuerst 1800 bei Desfontaines auf, und zwar als Varietät unter *Ophrys insectifera,* womit aber zweifellos die heute ganz anders eingestufte Pflanze gemeint war. Maire und Weiller übernahmen dieses Epitheton 1959 und stuften die Pflanze als S u b s p e z i e s unter *Ophrys scolopax* Cav. ein (gültiges Basionym ist also *apiformis*). Da aber *O. scolopax* aus den auf S. 106 genannten Gründen als Art nicht aufrecht erhalten werden kann, muß hier eine Umkombination dieser als Subspezies anerkannten Sippe unter *O. fuciflora* erfolgen. – Dabei bleibt unberücksichtigt, daß die gleiche Sippe 1962 von GUITONNEAU unter der Bezeichnung *Ophrys ouritensis* als Art beschrieben wurde, da dieses Epitheton weder zeitlich noch der Rangstufe nach eine Bedeutung hat.

Bei den als V a r i e t ä t e n eingestuften Taxa bleibt teilweise unklar, welche Rangstufe ihnen in den Erstbeschreibungen zugemessen wurde, weil die in der Standardliteratur zitierten Angaben ungenau oder widersprüchlich sind. Aus diesem Grunde und um zu vermeiden, daß eine unnötig große Anzahl von Neukombinationen angeboten wird, unterbleiben bei den Varietäten sowohl Neukombinationen als auch -beschreibungen.

Dennoch tauchen in dieser Liste einige neue Varietäten auf, die bisher noch nicht beschrieben wurden. Diese Formen können auch deshalb nicht gültig beschrieben werden, weil von ihnen nur photographische Belege, jedoch keine Herbarexemplare gesammelt wurden. Es liegt also für diejenigen Varietäten, die ohne den Namen des Autors aufgeführt sind, kein Holotypus vor, der nach den Nomenklaturregeln für die gültige Beschreibung vorausgesetzt wird. Da aber die erwähnten Varietäten tatsächlich existieren, sollen sie in dieser Zusammenstellung nicht unerwähnt bleiben, wenn auch daraus keinerlei Konsequenzen für ihre spätere Benennung erwachsen.

In einigen Fällen wurden gegenüber der 2. Auflage Umstufungen vorgenommen (Subspezies in Spezies), was dadurch gekennzeichnet ist, daß die alte Artnummer beibehalten und in a und b gegliedert wurde. Dadurch wird einerseits die innerhalb der Gattungen durchlaufende Numerierung nicht geändert, zum anderen soll dadurch zum Ausdruck gebracht werden, daß die unter der gleichen Nummer zusammengefaßten Arten sehr nahe miteinander verwandt sind und Grenzfälle zwischen Spezies und Subspezies darstellen. Eine Begründung für die geänderte Einstufung wird bei der jeweiligen Sippenbeschreibung gegeben. In einem Falle ist auch eine Subspezies ganz aus einem Komplex herausgenommen und als Art mit neuer Nummer der Gattung angefügt worden *Dactylorhiza foliosa).* In anderen Fällen wurden Spezies und Subspezies zusätzlich aufgenommen, deren Status erst kürzlich geklärt werden konnte (z. B. *Platanthera azorica* und *Orchis mascula* ssp. *scopulorum*).

1 *Ophrys* L. 1737
1.1 *bombyliflora* Link 1799
1.1.0.1 var. *flavescens*
1.2 *speculum* Link 1799
1.2.0.1 var. *regis-ferdinandii* (Achtaroff et Kellerer 1939 p.ssp.) Soó 1959
1.2.0.2 var. *flavescens*
1.3 *insectifera* L. 1753 emend. Grufberg 1759

1.3.0.1	var. *ochroleuca* (Camus 1908 p.lus.)
1.4	*fusca* Link 1799
1.4.1	*ssp. *fusca*
1.4.1.1	var. *flavescens*
1.4.1.2	var. *vasconica* (Danesch 1969 p.ssp.)
1.4.2	*ssp. *iricolor* (Desf. 1807 p.sp.) Schwarz 1934
1.4.3	*ssp. *omegaifera* (Fleischm. 1925 p.sp.) Nelson 1962
1.4.4	*ssp. *pallida* (Rafin. 1810 p.sp) Camus 1908
1.4.5	*ssp. *atlantica* (Munby 1856 p.sp.) Camus 1928
1.5	*lutea* Cavan. 1793
1.5.1	*ssp. *lutea*
1.5.2	*ssp. *murbeckii* (Fleischm. 1927 p.sp.) Soó 1927
1.5.0.1	var. *melena* (Renz 1928 p.ssp.) Nelson 1962
1.5.0.2	var. *flavescens* Gärtner ap. Klein 1978 (nomen illegit.)
1.6	*sphegodes* (auch *sphecodes*) Mill. 1768
1.6.1	*ssp. *sphegodes*
1.6.2	*ssp. *litigiosa* (Camus 1896 p.sp.) Becherer 1925
1.6.3	*ssp. *aesculapii* (Renz 1928 p.sp.) Soó 1959
1.6.4	*ssp. *atrata* (Lindl. 1827 p.sp.) E. Mayer 1952
1.6.5	*ssp. *mammosa* (Desf. 1807 p.sp.) Soó 1958
1.6.6	*ssp. *transhyrcana* (Czernjak. 1923 p.sp.) Soó 1959
1.6.7	*ssp. *spruneri* (Nym. 1882 p.sp.) Nelson 1962
1.6.8	*ssp. *panormitana* (Todaro 1842 p.var.: *O. fuciflora*) Nelson 1962
1.6.9	*ssp. *sipontensis* Gumprecht 1967
1.6.10	*ssp. *garganica* Nelson 1962 (nomen illegit.)
1.6.11	*ssp. *provincialis* Nelson 1962 (nomen illegit.)
1.6.12	*ssp. *arachnitiformis* (Gren. et Phil. 1859 p.sp.) Sunderm. comb. nov.
1.6.13	*ssp. *lunulata* (Parlatore 1838 p.sp., Camus 1908 p.ssp.: *O. araneifera*) Sunderm. comb. nov.
1.6.14	*ssp. *helenae* (Renz 1928 p.sp.) Soó 1973
1.6.0.1	var. *flavescens* Schulze 1899
1.6.0.2	var. *planimaculata*
1.7	*ferrum-equinum* Desf. 1807
1.7.1	*ssp. *ferrum-equinum*
1.7.2	*ssp. *gottfriediana* (Renz 1928 p.sp.) Nelson 1962
1.7.o.1	var. *flavescens*
1.8	*bertolonii* Moretti 1823
1.8.1	*ssp. *bertolonii*
1.8.2	*ssp. *bertoloniiformis* (Danesch 1971 p.sp.) Sunderm. comb. nov.
1.9	*tenthredinifera* Willd. 1805
1.9.0.1	var. *viridiflora* (Cort. 1916 p.lus.)
1.10 a	*fuciflora* (F. W. Schmidt 1793: Arachnites) Moench 1802
1.10 a.1	*ssp. *fuciflora*
1.10 a.1.1	var. *candica* (Nelson 1962 p.ssp., nomen illegit.) Sunderm. 1975
1.10 a.2	*ssp. *apulica* Danesch 1970
1.10 a.3	*ssp. *oxyrrhynchos* (Todaro 1840 p.sp.) Soó 1927
1.10 a.4	*ssp. *exaltata* (Tenore 1819 p.sp.) Nelson 1962
1.10 a.5	*ssp. *bornmuelleri* (Schulze 1899 p.sp.) Willing 1975

1.10 a.5.1 var. _grandiflora_ (Fleischm. et Soó 1927 p.form.) Willing 1975
1.10 a.6 *ssp. _scolopax_ (Cavanilles 1793 p.sp.) Sunderm. comb. nov.
1.10 a.7 ssp. _apiformis_ (Desf. 1800 p.var.: _O. insectifera; Maire_ et Weiller 1959 p.ssp.: _O. scolopax_) Sunderm. comb. nov.
1.10. a.8 *ssp. _cornuta_ (Steven 1809 p.sp., Camus 1908 p.ssp.: _O. scolopax_) Sunderm. comb. nov.
1.10 a.9 *ssp. _lacaitae_ (Lojac. 1908 p.sp.) Sunderm. comb. nov.
1.10 a.10 *ssp. _elatior_ Gumprecht 1980
1.10 a.0.1 var. _flavescens_ (Rosbach 1880 p.form.)
1.10 b _carmeli_ Fleischm. et Bornm. 1923
1.10 b.1 *ssp. _carmeli_
1.10 b.2 *ssp. _attica_ (Boissier et Ophanides 1859 p.var.: _O. arachnites_) Renz 1978
1.10 b.3 *ssp. _orientalis_ (Renz 1930 p.ssp.: _O. cornuta_) Soó 1973
1.11 _schulzei_ Bornm. et Fleischm. 1911
1.12 _apifera_ Hudson 1762
1.12.0.1 var. _friburgensis_ Freyhold 1879
1.12.0.2 var. _flavescens_ (Rosbach 1880 p.lus.)
1.13 _argolica_ Fleischm. ap. Vierhapper 1919
1.13.1 ssp. _argolica_
1.13.2 ssp. _elegans_ (Renz 1929/30 p.ssp.: _O. gottfriediana_) Nelson 1962
1.13.0.1 var. _flavescens_
1.14 _reinholdii_ Spruner ap. Fleischm. 1908
1.14.1 *ssp. _reinholdii_
1.14.2 *ssp. _straussii_ (Fleischm. et Borm. 1923 p.sp.) Nelson 1962
1.15 _kurdica_ Rückbrodt 1975
1.16 _kotschyi_ Fleischm. et Soó 1926
1.16.1 ssp. _kotschyi_
1.16.2 ssp. _cretica_ (Vierhapper 1916 p.form.: _O. spruneri_, Renz 1943 p.ssp.: _O. spruneri_) Sunderm. 1975
1.16.2.1 var. _albovirescens_ (Klein 1976 p.form.,nomen illegit.)
2. _Serapias_ L. 1753
2.1 a _cordigera_ L. 1763[9])
2.1 a.1 *ssp. _vomeracea_ (Burm.fil. 1770: _Orchis_) Sunderm. comb. nov.
2.1 a.2 *ssp. _laxiflora_ (Soó 1927 p.ssp.: _S. parviflora_) Sunderm. comb. nov.
2.1 a.3 *ssp. _neglecta_ (de Notaris 1844 p.sp.) Rouy 1912
2.1 a.4 *ssp. _orientalis_ (Nelson 1968 p.sp.) Sunderm. comb. nov.
2.1 a.5 *ssp. _cordigera_
2.1 a.6 *ssp. _olbia_ (Verguin 1907 p.sp.) Sunderm. comb. nov.
2.1 a.0.1 var. _pallescens_ (Mutel 1836 p.lus.)
2.1 b _parviflora_ Parlatore 1837
2.1 b.1 *ssp. _parviflora_
2.1 b.2 *ssp. nov.[10])

---

[9]) Da _cordigera_ der älteste gültige Artname ist, müßte die ssp. _cordigera_ an den Anfang des Systems gestellt werden. Um jedoch die vermutete Evolution der infraspezifischen Sippen deutlich zu machen und die Reihenfolge in der 1975 publizierten Liste nicht zu ändern, wird die Nominatrasse ausnahmsweise an 5. Stelle geführt.

[10]) Eine Beschreibung und Benennung dieser 1979 entdeckten Sippe bleibt vorbehalten.

2.1 b.0.1	var. *albiflora* (Camus 1929 p.lus.)
2.2	*lingua* L. 1753
2.2.0.1	var. *leucantha* (Guimares 1887 p.lus.)
3.	*Anacamptis* Rich. 1818
3.1	*pyramidalis* (L. 1753: *Orchis*) Rich. 1818
3.1.0.1	var. *albiflora* (Raulin 1861 p.lus.)
3.1.0.2	var. *tanayensis* Chenev. 1897
4.	*Himantoglossum* Sprengel emend. W. D. Koch 1837
4.1	*hircinum* (L. 1753: *Satyrium*) Sprengel 1826
4.1.1	ssp. *hircinum*
4.1.2	ssp. *caprinum* (M. Bieb. 1819 p.sp.: *Orchis*) Sunderm. 1973
4.1.3	ssp. *calcaratum* (Beck 1890 p.sp.) Soó 1928
4.1.4	ssp. *adriaticum* (Baumann 1978) Sunderm. comb. nov.
4.1.5	ssp. *affine* (Boiss. 1884: *Aceras*, Camus 1928 p.ssp.: *Lorogl. hircin.*) Sunderm. comb. nov.
4.2	*formosum* (Steven 1813: *Orchis*) C. Koch 1849
5.	*Barlia* Parlatore 1858
5.1	*robertiana* (Loisl. 1807: *Orchis*) Greuter 1967
5.1.0.1	var. *candida* (Soó 1930/40 p.lus.)
6.	*Aceras* R. Br. 1813
6.1	*anthropophorum* (L. 1753: *Ophrys*) R.Br. ap. Aiton fil. 1813
7.	*Orchis* L. 1753
7.1	*coriophora* L. 1753
7.1.1	ssp. *coriophora*
7.1.2	ssp. *fragrans* (Poll. 1811 p.sp.) Sudre 1907
7.1.0.1	var. *albiflora* (Macchiati 1881 p.lus.)
7.2	*sancta* L. 1759
7.3	*ustulata* L. 1753
7.3.0.1	var. *albiflora* Thielens 1873
7.4	*tridentata* Scopoli 1772
7.4.1	*ssp. *tridentata*
7.4.2	*ssp. *lactea* (Poir. 1798 p.sp.) Rouy 1912
7.4.0.1	var. *albiflora* (Waisb. 1903 p.lus.)
7.5	*galilaea* (Bornm. et Schulze 1898 p.var.: *O. punctulata*) Schltr. 1923
7.6	*punctulata* Steven ex Lindl. 1835
7.6.1	ssp. *punctulata*
7.6.2	ssp. *stevenii* (Rchb. fil. 1849 p.sp., Camus 1928 p.ssp.: *O. simia*) Sunderm. comb. nov.
7.7	*purpurea* Hudson 1762
7.7.0.1	var. *albiflora* (Rossb. 1880 p.lus.)
7.8	*militaris* L. 1753
7.8.0.1	var. *albiflora* (Blümml 1900 p.lus.)
7.9	*simia* Lamarck 1779
7.9.0.1	var. *alba* (Zimm. 1911 p.lus.)
7.10	*italica* Poiret 1798
7.10.0.1	var. *albiflora* (Nicotra ex Paol. 1898 p.lus.)
7.10.0.2	var. *purpurea* Vöth 1973 (nomen illegit.)
7.11	*morio* L. 1753

7.11.1	*ssp. *morio*
7.11.2	*ssp. *picta* (Loisl. 1827 p.sp.) Richter 1890
7.11.3	*ssp. *champagneuxii* (Barnéoud 1843 p.sp.) Camus 1929
7.11.4	ssp. *syriaca* (Boiss. et Blanche 1882 p.sp.) Camus et Bergon 1908
7.11.0.1	var. *alba* (Koch 1837 p.lus.)
7.12	*longicornu* Poiret 1789
7.12.0.1	var. *albiflora* (Camus 1921 p.lus.)
7.13	*papilionacea* L. 1759
7.13.1	*ssp. *papilionacea*
7.13.2	*ssp. *rubra* (Jacquin 1787 p.sp.) Sunderm. comb. nov.
7.13.3	ssp. *bruhnsiana* (Gruner 1867) Soó 1930/40
7.13.0.1	var. *candida* Soó 1930/40
7.14	*collina* Banks et Soland. ex Russell 1798
7.14.1	ssp. *collina*
7.14.1.1	var. *albiflora* (Sommier et Gatto 1915 p.lus.)
7.14.2	ssp. (?) *chlorotica* (Woronow 1909 p.sp.)[11])
7.15	*patens* Desfont. 1799
7.15.1	ssp. *patens*
7.15.2	ssp. *nitidifolia* Teschner 1975
7.16	*spitzelii* Sauter ap. Koch 1837
7.16.0.1	var. *albiflora*
7.17	*canariensis* Lindl. 1835
7.18	*boryi* Rchb. fil. 1851[12])
7.19	*quadripunctata* Cyr. ap. Tenore 1811
7.19.0.1	var. *brancifortii* (Biv. 1813 p.sp.) Boiss. 1882
7.19.0.2	var. *albiflora*
7.20	*anatolica* Boiss. 1844
7.20.0.1	var. *troodii* (Renz 1929 p.sp.) Soó 1930/40
7.20.0.2	var. *sitiaca* (Renz 1932 p.ssp.)
7.20.0.3	var. *albiflora* (Raulin p.lus.)
7.21	*mascula* L. 1755
7.21.1	*ssp. *mascula*
7.21.2	*ssp. *olbiensis* (Reuter ex Greiner 1859 p.sp.) Asch. et Gr. 1907
7.21.3	*ssp. *signifera* (Vest 1827 p.sp.) Soó 1927
7.21.4	*ssp. *pinetorum* (Boiss. et Kotschy 1859 p.sp.) Camus 1908
7.21.5	*ssp. *laxifloraeformis* Rivas Goday in Bell. Rodrigues 1945
7.21.6	ssp. *scopulorum* (Summerh. 1961 p.sp.) Sunderm. comb. nov.
7.21.0.1	var. *alba* (Goir 1883 p.lus.)
7.22	*pallens* L. 1771
7.22.0.1	var. *albiflora* (Harz ap. Schlechtendahl e.a. 1895 p.lus.)
7.22.0.2	var. *rubiflora* (dto.)
7.23	*provincialis* Balbis 1806
7.23.0.1	var. *rubra* Chabert
7.24	*pauciflora* Tenore 1811
7.25	*laxiflora* Lamarck 1779
7.25.1	*ssp. *laxiflora*

[11]) Wegen der unklaren Stellung dieser Pflanze wird auf eine legitime Einstufung verzichtet.

[12]) Die kürzlich beschriebene *O. israelitica* Baumann et Dafni 1979 wird im Text auf S. 159 erwähnt.

7.25.2 *ssp. *palustris* (Jacquin 1786 p.sp.) Bounier et Layens 1894
7.25.2.1 var. *elegans* (Heuff. 1835 p.sp.) Beck 1903
7.25.3 ssp. *robusta* (Stephenson 1931 p.var.: *O. palustris*) Sunderm. comb. nov.
7.25.0.1 var. *albiflora* (Guss. 1910 p.lus.)
7.25.0.2 var. *rosea* (Cortesi 1916 p.lus.)

8. *Traunsteinera* Rchb. 1842
8.1 *globosa* (L. 1759: *Orchis*) Rchb. 1842
8.1.1 ssp. *globosa*
8.1.1.1 var. *albiflora* Schur 1866
8.1.2 ssp. *sphaerica* (M. Bieb. 1808 p.sp.: *Orchis*) Soó 1927

9. *Neotinea* Rchb. fil. 1852
9.1 *maculata* (Desfont. 1799: *Satyrium*) Stearn 1974
9.1.0.1 var. *alba* (Cortesi 1905 p.lus.)

10. *Comperia* C. Koch 1849
10.1 *comperiana* (Steven 1829: *Orchis*) Asch. et Gr. 1907

11. *Steveniella* Schltr. 1918
11.1 *satyrioides* (Steven 1809: *Orchis*) Schltr. 1918
12. *Dactylorhiza* Necker ex Nevski 1937[13])
12.1 *iberica* (M. Bieb. 1806: *Orchis*) Soó 1960/62
12.2 *sambucina* (L. 1755: *Orchis*) Soó 1960/62
12.2.1 *ssp. *sambucina*
12.2.2 *ssp. *insularis* (Moris 1827 p.var.) Soó 1960/62
12.2.2.1. var. *bartonii* (Huxley et Hunt 1967 p.ssp., Landwehr 1969 p.var.)
12.2.3 *ssp. *pseudosambucina* (Tenore 1815 p.sp.: *Orchis*, Klinge 1898 p.ssp.: *Orchis mediterranea*) Sunderm. comb. nov.
12.2.4 *ssp. *siciliensis* (Klinge 1898 p.ssp.: *Orchis mediterranea*) Sunderm. comb. nov.
12.2.5 *ssp. *georgica* (Klinge 1898 p.sp. vel ssp.: *Orchis mediterranea*) Sunderm. comb. nov.
12.2.0.1 var. *lutea* (Zimmerm. 1912 p.lus.)
12.2.0.2 var. *rubra* (Winterl. 1788 p.sp.)
12.2.0.3 var. *incarnata* (Gaud. 1829 p.lus.)
12.2.0.4 var. *candida* (Rouy 1912 p. subvar.)
12.3 *incarnata* (L. 1755: *Orchis*) Soó 1960/62
12.3.1 *ssp. *incarnata*
12.3.1.1 var. *pulchella* (Druce 1917)
12.3.1.2 var. *straminea* (Rchb. fil. 1851) Soó 1960/62
12.3.1.3 var. *haematodes* (Rchb. 1830) Schulze ap. Asch. et Gr. 1907
12.3.2 ssp. *africana* (Klinge 1898 p.ssp.: *Orchis orientalis*) Sunderm. comb. nov.
12.3.3 ssp. *turcestanica* (Klinge 1898 p.ssp.: *Orchis orientalis*) Sunderm. comb. nov.

---

[13]) Die Kombinationen sind ursprünglich mit *Orchis* erfolgt, was hier bei den infraspezifischen Taxa nicht ausdrücklich angezeigt wird, sofern keine Neukombination erfolgt. – Die von NELSON (1976) vorgenommenen Neukombinationen entsprechen nicht den Vorschriften des ICBN und können daher nicht übernommen werden.

12.3.4 ssp. *cilicica* (Klinge 1898 p.ssp.: *Orchis orientalis*) Sunderm. 1975
12.3.5 *ssp. *praetermissa* (Druce 1913 p.sp.) Sunderm. comb. nov.
12.3.6 *ssp. *shagnicola* (Höpper 1926 p.sp., Vermeulen 1958 p.ssp.: *O. traunsteineri*) Sunderm. comb. nov.
12.3.7 *ssp. *cruenta* (O. F. Müller 1782 p.sp., Asch. et Gr. 1907 p.ssp.: *O. incarnata*) P. D. Sell 1967
12.3.8 *ssp. *coccinea* (Pugsley 1935 p.var.: *Orchis latifolia*) Soó 1960/62
12.4 *majalis* (Rchb. 1828: *Orchis*) Hunt et Summerh. 1965
12.4.1 *ssp. *majalis*
12.4.2 ssp. *cordigera* (Fries 1842 p.sp.) Sunderm. 1975
12.4.3 ssp. *caucasica* (Klinge 1898 p.ssp.: *Orchis monticola*) Sunderm. 1975
12.4.4 ssp. *lapponica* (Laest ap. Hartm. 1843 p.var.: *Orchis angustifolia*, Soó 1927 p.ssp.: *Orchis latifolia*) Sunderm. 1975
12.4.5 *ssp. *occidentalis* (Pugsley 1935 p.var.) P. D. Sell 1968
12.4.6 *ssp. *purpurella* (Stephens. 1920 p.sp.) Moresby Moore et Soó 1978
12.4.7 *ssp. *baltica* (Klinge ap. Lehmann 1895 p.ssp.) Sunderm. comb. nov.
12.4.8 *ssp. *russowii* (Klinge 1893 p.var. vel ssp.: *Orchis angustifolia*) Sunderm. comb. nov.
12.4.9 *ssp. *traunsteineri* (Sauter ap. Rchb. 1830 p.sp., Klinge 1893 p.var. vel ssp.: *Orchis angustifolia*) Sunderm. comb. nov.
12.4.0.1 var. *albiflora* (Correvon 1923 p.lus.)
12.5 *maculata* (L. 1753: *Orchis*) Soó 1960/62
12.5.1 *ssp. *maculata*
12.5 2 *ssp. *fuchsii* (Druce 1914 p.sp.) Hylander (1945)
12.5.3 *ssp *saccifera* (Brogn. ap. Bory 1832 p.sp., Simk. 1887 p.ssp.: *Orchis maculata*) Sunderm. comb. nov.
12.5.4 ssp. *triphylla* (C. Koch 1849 p.sp.) Sunderm. comb. nov.
12.5.5 ssp. *osmanica* (Klinge 1898 p.ssp.: *Orchis orientalis*) Sunderm. comb. nov.
12.5.6 *ssp. *transsilvanica* (Schur 1853 p.sp. nom. nud.) Soó 1960/62
12.5.0.1 var. *albiflora* Harz 1895
12.5.0.2 var. *rubra*
12.6 *foliosa* (Soland ap. Lowe 1831) Soó 1960/62
13. *Coeloglossum* Hartm. 1820
13.1 *viride* (L. 1753: *Satyrium*) Hartm. 1820
14. *Gymnadenia* (R. Br. 1813 p.p.) Wettstein 1889
14.1 *conopsea* (L. 1753: *Orchis*) R. Br. 1813
14.1.0.1 var. *densiflora* Lindl. 1835
14.1.0.2 var. *albiflora* Zapal. 1906
14.2 *odoratissima* L. C. Rich. 1818
14.2.0.1 var. *alba* (Zimmerm. 1912 p.lus.)
14.4.0.2 var. *ecalcarata* (Rchb. fil. 1851 p.form.)
14.3 *nigra* (L. 1735: *Satyrium*) Wettst. 1889
14.3.1 *ssp. *nigra*
14.3.o.1 var. *lutea* (ap. Jaccard 1895)
14.3.0.2 var. *alba* (Harz ap. Schlechtend. 1896 p.lus.)
14.3.0.3 var. *rosea* (Visiani et Saccardo 1883) Wettst. 1889

14.3.2 *ssp. *rubra* (Richter 1890 p.sp. – Beauverd 1925 p.ssp.: *Nigritella nigra*) Sunderm. comb. nov.
15. *Pseudorchis* Seguier 1754[14])
15.1 *albida* (L. 1753: *Satyrium*) A. et D. Löve 1969
15.2 *frivaldii* (Hampe ex Griesebach 1844) Hunt 1971
16. *Chamorchis* L. C. Rich. 1818
16.1 *alpina* (L. 1753: *Ophrys*) L. C. Rich. 1818
17. *Platanthera* L. C. Rich. 1818
17.1 *bifolia* (L. 1753: *Orchis*) L. C. Rich. 1818
17.2 *chlorantha* Cust. ex Rchb. 1828
17.2.1 ssp. *chlorantha*
17.2.2 ssp. *algeriensis* (Battandier et Trabut 1892 p.sp.) Emberger 1935
17.3 *oligantha* Turoz. 1856
17.4 *hyperborea* (L. 1767: *Orchis*) Lindl. 1835
17.5 *micrantha* (Hochst. ex Seub. 1844: *Habenaria*) Schltr. 1920
17.6 *azorica* Schltr. 1920
18. *Neottianthe* Schltr. 1919
18.1 *cucullata* (L. 1753: *Orchis*) Schltr. 1919
19. *Herminium* Guettard (1750?)
19.1 *monorchis* (L. 1753: *Ophrys*) R. Br. 1813
20. *Gennaria* Parlatore 1858
20.1 *diphylla* (Link 1799: *Satyrium*) Parlatore 1858
21. *Habenaria* Willd. 1805
21.1 *tridactylites* Lindl. 1835
22. *Liparis* L. C. Rich. 1818
22.1 *loeselii* (L. 1753: *Ophrys*) L. C. Rich. 1818
23. *Hammarbya* Kuntze 1891
23.1 *paludosa* (L. 1753: *Ophrys*) Kuntze 1891
24. *Malaxis* Soland. 1778
24.1 *monophyllos* (L. 1753: *Ophrys*) Swartz 1800
25. *Calypso* Salisb. 1807
25.1 *bulbosa* (L. 1753: *Cypripedium*) Rchb. fil. 1851
25.1.0.1 var. *candida*
26. *Corallorhiza* Chatelain 1760
26.1 *trifida* Chatelain 1760
27. *Spiranthes* L. C. Rich. 1818
27.1 *spiralis* (L. 1753: *Ophrys*) Chevall. 1827
27.2 *aestivalis* (Poiret 1797: *Ophrys*) L. C. Rich. 1818
27.3 *romanzoffiana* Chamisso 1828
28. *Goodyera* R. Br. 1813
28.1 *repens* (L. 1753: *Satyrium*) R. Br. 1813
28.2 *macrophylla* Lowe 1831
29. *Listera* R. Br. 1813
29.1 *ovata* (L. 1753: *Ophrys*) R. Br. 1813
29.2 *cordata* (L. 1753: *Ophrys*) R. Br. 1813
30. *Neottia* Guettard 1750

[14]) Die Priorität von *Pseudorchis* gegenüber *Leucorchis* wird inzwischen wieder bezweifelt (RAUSCHERT 1974, WIRTH 1977).

30.1 *nidus-avis* (L. 1753: *Ophrys*) L. C. Rich. 1818
30.1.0.1 var. *nivea* Magn. ap. Schulze 1894
31. *Epipogium* Swartz 1814
31.1 *aphyllum* (F. W. Schmidt 1791: *Orchis*) Swartz 1814
31.1.0.1 var. *lacteum* (Keller 1930/40)
32. *Limodorum* Boehmer ap. Ludw. 1760
32.1 *abortivum* (L. 1753: *Orchis*) Swartz 1799
32.1.1 *ssp. *abortivum*
32.1.1.1 var. *rubrum*
32.1.2 *ssp. *trabutianum* (Battandier 1886 p.sp.) Rouy 1912
33. *Cephalanthera* L. C. Rich. 1818
33.1 *damasonium* (Mill. 1768: *Serapias*) Druce 1906
33.1.1 *ssp. *damasonium*
33.1.1.1 var. *chlorotica*
33.1.2 *ssp. *caucasica* (Kränzl. 1931 p.sp.) Sunderm. comb. nov.
33.1.3 *ssp. *kotschyana* (Renz et Taubenh. 1980) Sunderm. comb. nov.
33.2 *longifolia* (Huds. 1762: *Serapias*) Fritsch 1888
33.3 *cucullata* Boiss. et Heldr. 1853
33.3.1 ssp. *cucullata*
33.3.2 ssp. *epipactoides* (Fisch. et Mey. 1854 p.sp.) Sunderm. 1975
33.3.2.1 var. *chlorotica*
33.3.3 ssp. *kurdica* (Bornm. ap. Kränzl. 1895 p.sp.) Sunderm. 1975
33.3.4 ssp. *floribunda* (Woronow 1908 p.sp.) Sunderm. 1975
33.4 *rubra* (L. 1767: *Serapias*) L. C. Rich. 1818
33.4.0.1 var. *albiflora* Harz 1895
34. *Epipactis* Zinn 1757
34.1 *helleborine* (L. 1753: *Serapias*) Crantz 1769
34.1.1 *ssp. *helleborine*
34.1.2 *ssp. *varians* (Crantz 1769 p.var.) Sunderm. comb. nov.
34.1.3 *ssp. *condensata* (Boiss. ex Young 1970 p.sp.) Sunderm. comb. nov.
34.1.4 *ssp. *troodii* (Lindb. fil. 1942 p.sp.) Sunderm. comb. nov.
34.1.5 *ssp. *persica* (Hauskn. ap. Soó 1927 p.sp.) Sunderm. comb. nov.
34.1.6 *ssp. *phyllanthes* (Smith 1852 p.sp.) Sunderm. comb. nov.
34.1.7 *ssp. *confusa* (Young 1953 p.sp.) Sunderm. comb. nov.
34.1.8 *ssp. *muelleri* (Godfery 1921 p.sp.) Soó 1927
34.1.9 *ssp. *dunensis* (Stephenson 1918 p.var.) Soó 1927
34.1.10 *ssp. *leptochila* (Godfery 1919 p.var.) Soó 1927
34.1.11 *ssp. *pontica* (Taubenheim 1975 p.sp.) Sunderm. comb. nov.
34.1.12 *ssp. *tremolsii* (Pau 1914 p.sp.) Klein 1979
34.1.0.1 var. *albiflora* (Graber 1923 p.lus.)
34.1.0.2 var. *rosea* (Erdner ap. Asch. et Gr. 1907 p.lus.)
34.2 *microphylla* (Ehrh. 1789: *Serapias*) Swartz 1800
34.3 *atrorubens* (Hoffm. 1804: *Serapias*) Besser 1809
34.3.1 ssp. *atrorubens*
34.3.1.1 var. *albiflora* (Camus 1921 p.lus.)
34.3.1.2 var. *borbasii* Soó 1927
34.3.2 ssp. *parviflora* A. et C. Nieschalk 1971
34.4 *palustris* (L. 1753: *Serapias*) Crantz 1769

34.4.0.1 var. *albiflora* Lüscher 1910
34.5 *veratrifolia* Boiss. et Hohenacker 1854
35. *Cypripedium* L. 1753 (1737)
35.1 *calceolus* L. 1753
35.1.0.1 var. *flavescens* Rion 1872
35.2 *macranthum* Swartz 1800
35.3 *guttatum* Swartz 1800
35.3.0.1 var. *redowskii* Rchb. fil. 1851

Anhang zur Sippenliste: Neukombinationen (combinationes novae)

Aus den auf S. 29 genannten Gründen ist eine legitime Neukombination folgender Sippen auf Subspeziesrang notwendig. Eine Neukombination bzw. Legitimierung von Varietäten unterbleibt grundsätzlich (s. S. 30).

1. *Ophrys sphegodes* Mill. ssp. *arachnitiformis* (Gren. et Phil.) Sunderm. **comb. nov.** (Basionym: *O. arachnitiformis* Gren. et Phil.; Mem. Soc. Emulation du Doubs (Besançon) Ser. 3, **4,** 395–404, 1859)
2. *Ophrys sphegodes* Mill. ssp. *lunulata* (Parl) Sunderm. **comb. nov.** (Basionym: *O. lunulata* Parlatore; Giorn. Sci. Sicil. **62,** 4, 1838 – Syn.: *O. araneifera* ssp. *lunulata* Camus 1908)
3. *Ophrys bertolonii* Moretti ssp. *bertoloniiformis* (Danesch) Sunderm. **comb. nov.** (Basionym: *O. bertoloniiformis* O. et E. Danesch; Orchidee **22,** 117, 1971)
4. *Ophrys fuciflora* (F. W. Schmidt) Moench ssp. *scolopax* (Cavanilles) Sunderm. **comb. nov.** (Basionym: *O. scolopax* Cavan.; Icon. et Descr. Pl. **2,** 46, 1793 – Syn.: *O. insectifera* ssp. *scolopax* Moggr. 1870)
5. *Ophrys fuciflora* (F. W. Schmidt) Moench ssp. *apiformis* (Desf.) Sunderm. **comb. nov.** (Basionym: *O. insectifera* var. *apiformis* Desfontaines; Flora Atlantica **2,** 321, 1800 – Syn.: *O. scolopax* ssp. *apiformis* Maire et Weiller 1959)
6. *Ophrys fuciflora* (F. W. Schmidt) ssp. *cornuta* (Steven) Sunderm. **comb nov.** (Basionym: *O. cornuta* Steven; Mem. Soc. Nat. Eur. Mosq. 2, 1908 – Syn.: *O. scolopax* ssp. *cornuta* Camus 1908)
7. *Ophrys fuciflora* (F. W. Schmidt) ssp. *lacaitae* (Lojacono) Sunderm. **comb. nov.** (Basionym: *O. lacaitae* Lojacono; Flora sicula **3,** 40, 1908)
8. *Serapias cordigera* L. ssp. *vomeracea* (Burm. fil.) Sunderm. **comb. nov.** (Basionym: *Orchis vomeracea* Burman; Flora Cors., 237, 1770)
9. *Serapias cordigera* L. ssp. *laxiflora* (Soó) Sunderm. **comb. nov.** Da der von Chaubard (Nouv. Fl. Pelop.) 1838 begründete Name illegitim ist, wird hier als Basionym angesehen: *S. parviflora* Parl. ssp. *laxiflora* Soó, Fedde Rep. **24,** 33, 1927)
10. *Serapias cordigera* L. ssp. *orientalis* (Nelson) Sunderm. **comb. nov.** (Basionym: *S. orientalis* Nelson; Mon. Ikon. d. Orchideengattungen *Serapias* etc., 16–19, 1968)
11. *Serapias cordigera* L. ssp. *olbia* (Verguin) Sunderm. **comb. nov.** (Basionym: *S. olbia* Verguin, Bull. Soc. Bot. Fr. **54,** 597–599, 1907)

12. *Himantoglossum hircinum* Spreng. ssp. *adraticum* (Baumann) Sunderm. **comb. nov.** (Basionym: *H. adriaticum* Baumann; Orchidee **29,** 165–172, 1978)

13. *Himantoglossum hircinum* Spreng. ssp. *affine* (Boiss.) Sunderm. **comb. nov.** (Basionym: *Aceras affinis* Boissier; Fl. Orientalis **5,** 56, 1884)

14. *Orchis punctulata* Steven ssp. *steveni* (Rchb. fil.) Sunderm. **comb. nov.** (Basionym: *O. stevenii* Reichenb. fil.; Bot. Zeit. **7,** 892, 1849)

15. *Orchis papilionacea* L. ssp. *rubra* (Jacquin) Sunderm. **comb. nov.** (Basionym: *O. rubra* Jacquin; Icon. Plant. Rar., Taf. 183, 1787)

16. *Orchis mascula* L. ssp. *scopulorum* (Summerh.) Sunderm. **comb. nov.** (Basionym: *O. scopulorum* Summerhayes; Bol. Soc. Brot. **2,** Sér. 35, 55–57, 1961)

17. *Orchis laxiflora* Lamk. ssp. *robusta* (Stephenson) Sunderm. **comb. nov.** (Basionym: *O. palustris* var. *robusta* Stephenson, J. Bot. London **69,** 179, 1931 – Syn.: *O. robusta* Gölz et Reinhard 1977)

18. *Dactylorhiza sambucina* (L.) Soó ssp. *pseudosambucina* (Ten.) Sunderm. **comb. nov.** (Basionym: *Orchis pseudo-sambucina* Tenore; Syn., ed. 1, 72, 1815 – Syn.: *O. mediterranea* ssp. *pseudosambucina* Klinge 1898)

19. *Dactylorhiza sambucina* (L.) Soó ssp. *siciliensis* (Klinge) Sunderm. **comb. nov.** (Basionym: *Orchis mediterranea* ssp. *siciliensis* Klinge; Acta Hort. Petropol. **17,** 165–166, 1898)

20. *Dactylorhiza sambucina* (L.) Soó ssp. *georgica* (Klinge) Sunderm. **comb. nov.** (Basionym: *Orchis mediterranea* ssp. *georgica* Klinge; l.c., p. 166–167)

21. *Dactylorhiza incarnata* (L.) Soó ssp. *africana* (Klinge) Sunderm. **comb. nov.** (Basionym: *Orchis orientalis* ssp. *africana* Klinge; l.c., p. 186–187)

22. *Dactylorhiza incarnata* (L.) Soó ssp. *turcestanica* (Klinge) Sunderm. **comb. nov.** (Basionym: *Orchis orientalis* ssp. *turcestanica* Klinge; l.c., p. 183–185)

23. *Dactylorhiza incarnata* (L.) Soó ssp. *praetermissa* (Druce) Sunderm. **comb. nov.** (Basionym: *Orchis praetermissa* Druce; Rep. Not. Exch. Cl. **3,** 341, 1913)

24. *Dactylorhiza incarnata* (L.) Soó ssp. *sphagnicola* (Höppner) Sunderm. **comb. nov.** (Basionym: *Orchis sphagnicola* Höppner; Sitzgsber. Nathist. Ver. Preuß. Rhld. u. Westf., Abt. D, 14, 1926)

25. *Dactylorhiza majalis* (Rchb.) Hunt et Summerh. ssp. *baltica* Sunderm. **comb. nov.** (Basionym: *Orchis latifolia* ssp. *baltica* Klinge ap. Lehmann; Fl. Pol. Liol., 188, 1895)

26. *Dactylorhiza majalis* (L.) Hunt et Summerh. ssp. *russowii* (Klinge) Sunderm. **comb. nov.** (Basionym: *Orchis angustifolia* var. *russowii* Klinge; Revis. d. *Orch. cordigera* u. *Orch. angustifolia,* Diss., Jurew, 84, 1893)

27. *Dactylorhiza majalis* (L.) Hunt et Summerh. ssp. *traunsteineri* (Sauter) Sunderm. **comb. nov.** (Basionym: *Orchis traunsteineri* Sauter ap. Rchb.; Fl. Germ. Exc., 140, 1830)

28. *Dactylorhiza maculata* (L.) Soó ssp. *saccifera* (Brogn.) Sunderm. **comb. nov.** (Basionym: *Orchis saccifera* Brogn. ap. Bory; Exp. scient. Moreé **3,** 259, 1832)

29. *Dactylorhiza maculata* (L.) Soó ssp. *triphylla* (C. Koch) Sunderm. **comb. nov.** (Basionym: *Orchis triphylla* C. Koch, Linnaea **22,** 283, 1849)

30. *Dactylorhiza maculata* (L.) Soó ssp. *osmanica* (Klinge) Sunderm. **comb. nov.** (Basionym: *Orchis orientalis* ssp. *osmanica* Klinge; Acta Horti Petropol. **17,** 188–189, 1898)

31. *Gymnadenia nigra* (Wettst.) ssp. *rubra* (Richter) Sunderm. **comb. nov.** (Basionym: *Nigritella rubra* Richter; Pl. Eur. I, 278, 1890 – Syn.: *N. nigra* ssp. *rubra* Beauverd 1929)

32. *Cephalanthera damasonium* (Mill.) Druce ssp. *caucasica* (Kränzlin 1931) Sunderm. **comb. nov.** (Basionym: *C. caucasica* Kränzlin; Feddes Repert., Beiheft **65,** 67, 1931)

33. *Cephalanthera damasonium* (Mill.) Druce ssp. *kotschyana* (Renz et Taubenh.) Sunderm. **comb. nov.** (Basionym: *Ceph. kotschyana* Renz et Taubenheim, Not. Roy, Bot. Gard. Edinburgh, **38**, 97–101, 1980)

34. *Epipactis helleborine* (L.) Crantz ssp. *varians* (Crantz) Sunderm. **comb. nov.** (Basionym: *Epip. helleborine* var. *E. varians* Crantz; Stirp. Austr. **2,** fasc. 6, 171, 1769 – Syn.: *E. latifolia* ssp. *varians* Asch. et Gr. 1907)

35. *Epipactis helleborine* (L.) Crantz ssp. *condensata* (Boiss. ex Young) Sunderm. **comb. nov.** (Basionym: *E. condensata* Boissier ex Young; Jber. Nat. Ver. Wuppertal **23,** 106, 1970)

36. *Epipactis helleborine* (L.) Crantz ssp. *trodii* (Lindb.) Sunderm. **comb. nov.** (Basionym: *E. troodii* Lindb. fil.; Soc. Sci. Fenn. Arsbok **20B** (Nr. 7), 4, 1942)

37. *Epipactis helleborine* (L.) Crantz ssp. *persica* (Hausskn.) Sunderm. **comb. nov.** (Basionym: *E. persica* (Soó) Hausskn. ex Nannfeldt; Bot. Not., 1–28, 1946)

38. *Epipactis helleborine* (L.) Crantz ssp. *phyllanthes* (Smith) Sunderm. **comb. nov.** (Basionym: *E. phyllanthes* G. E. Smith; Gnrs' Chron., 660, 1852)

39. *Epipactis helleborine* (L.) Crantz ssp. *confusa* (Young) Sunderm. **comb. nov.** (Basionym: *E. confusa* Young; Bot. Not. (Lund), H3, 263–266, 1953)

40. *Epipactis helleborine* (L.) Crantz ssp. *pontica* (Taubenh.) Sunderm. **comb. nov.** (Basionym: *E. pontica* Taubenheim; Orchidee **26,** 68–74, 1975)

6. Verbreitungsübersicht

Die Angaben zur Verbreitung sind von mir teilweise überprüft (! im Text), zu einem großen Teil aber auch der Literatur entnommen. Manche Vorkommen wurden seit längerer Zeit nicht bestätigt, in einigen Fällen liegen bei den Literaturangaben vielleicht Verwechslungen mit anderen Sippen vor. Die Tabelle kann daher nicht ganz vollständig sein, und sie kann in einigen (wenigen) Fällen auch Fehler enthalten.

Es bedeuten:

● = im Gebiet zerstreut bis häufig. Es sind hier auch seltene Vorkommen und ebenso indifferente Angaben eingeschlossen.

× = im Gebiet äußerst selten oder nur in einem begrenzten Randgebiet vorkommend.

? = unbestätigte Angaben oder vermutete Vorkommen.

Zur Umgrenzung der angegebenen Gebiete vgl. S. 11.

	Atlantische Inseln	Nordafrika	Spanien	Balearen	Frankreich	England und Irland	Skandinavien	Deutschland	Benelux	Alpenländer	Italien	Korsika	Sardinien	Sizilien	Jugoslawien	Griechenland	Kreta	Rhodos	Zypern	Türkei	Libanon	Tschechoslow. – Ungarn	Bulgarien – Rumänien	Polen – Rußland	Krim – Kaukasus
Ophrys bombyliflora	●	●	●	●	×			×			●	●	●	●	●	●	●	●		×					
Ophrys speculum		●	●	●	?						×	●	●	●		●		●		●	●				
Ophrys insectifera			●		●	●	●	●	●	●	●				●							●	●	●	
Ophrys fusca ssp. fusca		●	●	●	●						●	●	●	●	●	●	●	●	●	●	●		●		
ssp. iricolor											●	●	●		●	●	●	●	●	●					
ssp. omegaifera		●	●	●													●	●	●	●	●				
ssp. pallida		●											?	●											
ssp. atlantica		●	●																						
Ophrys lutea ssp. lutea		●	●	●	●						●	●	●	●	●	●	●	●	●	●	●				
ssp. murbeckii																									
Ophrys sphegodes ssp. sphegodes			●		●	×		●	●	●	●	●			●	●	●			●		●	●		●
ssp. litigiosa			●		●			●		●	×				●										
ssp. aesculapii																●									
ssp. atrata			●	●	●						●	●	●	●	●	×									
ssp. mammosa																●	●	●	●	●					
ssp. transhyrcana																			●	●	●				
ssp. spruneri																●	●		?	●					
ssp. panormitana														●											
ssp. sipontensis											●														
ssp. garganica			●								●														
ssp. provincialis			●		●																				
ssp. arachnitiformis			●		●						●	●	●		●										
ssp. lunulata														●											
ssp. helenae																●									
Ophrys ferrum-equinum ssp. ferrum-equinum																●		●		●					
ssp. gottfriediana																●									

Ophrys bertolonii ssp. bertolonii											●			●	●										
ssp. bertoloniiformis			?	●	●						●			●											
Ophrys tenthredinifera		●	●	●	×						●	●	●	●	●	●	●	●	?	●					
Ophrys fuciflora ssp. fuciflora		?	●	?	●	×		●	●	●	●	?	●	●	●	×	●	●		●	●	●			
ssp. apulica											●			×		×									
ssp. oxyrrhynchos														●											
ssp. exaltata											●	●													
ssp. bornmuelleri																			●	●	●				
ssp. scolopax			●	×	●						×	●	●			●		●	●	●					
ssp. apiformis		●	?																						
ssp. cornuta											×				●	●	●	●	●	●		●	●		●
ssp. lacaitae											●			●											
ssp. elatior								×																	
Ophrys carmeli ssp. carmeli																				?	●				
ssp. attica																●		●	●	●	●				
ssp. orientalis																×		●	●	●	●				
Ophrys schulzei																				●	●				
Ophrys apifera		●	●	●	●	●		●	●	●	●	●	●	●	●	●	●	●	●	●	●	●	●		●
Ophrys argolica ssp. argolica																●	×			?					
ssp. elegans																			●	?					
Ophrys reinholdii ssp. reinholdii																●		●		●					
ssp. straussii																				●	●				
Ophrys kurdica																				●					
Ophrys kotschyi ssp. kotschyi																			●	?					
ssp. cretica																●	●	×							
Serapias cordigera ssp. vomeracea		●	●	●	●						●	●	●	●	●	●	●	?	●	●	●		●		●
ssp. laxiflora											●			●	●	●	●	●	●	●					
ssp. neglecta					●						●	●	●	?		●									
ssp. orientalis											●					●	●	?	●	●					
ssp. cordigera	●	●	●		●						●	●	●	●	●	×				×					
ssp. olbia					●																				
Serapias parviflora ssp. parviflora	●	●	●	●	●						●	?	●	●	●	●		●							
ssp. nova ?			×																						
Serapia lingua		●	●	●	●						●	●	●	●	●	●	●								
Anacamptis pyramidalis		●	●	●	●	●	×	●	●	●	●	●	●	●	●	●	●	●	●	●	●	●	●	?	●
Himantoglossum hircinum ssp. hircinum		●	●	?	●	●		●	●	●	●	?	?	●											

	Atlantische Inseln	Nordafrika	Spanien	Balearen	Frankreich	England und Irland	Skandinavien	Deutschland	Benelux	Alpenländer	Italien	Korsika	Sardinien	Sizilien	Jugoslawien	Griechenland	Kreta	Rhodos	Zypern	Türkei	Libanon	Tschechoslow. – Ungarn	Bulgarien – Rumänien	Polen – Rußland	Krim – Kaukasus
ssp. caprinum															●	●	●			?		?	●		●
ssp. calcaratum															●					?					
ssp. adriaticum										?	●				●							?			
ssp. affine																×				●	●				
Himantoglossum formosum																									●
Barlia robertiana	●	●	●	●	●						●	●	●	●	●	●	●	●	●	●					
Aceras anthropophorum		●	●	●	●	●		●	●	●	●	●	●	●	●	●	●	●	●	●	●				
Orchis coriophora ssp. coriophora					●			×	?	●					●							●		●	?
ssp. fragrans		●	●	●	●						●	●	●	●	●	●	●	●	●	●	●				●
Orchis sancta																●		●	●	●	●				
Orchis ustulata			●		●	●	●	●	●	●	●				●	●						●	●	●	●
Orchis tridentata ssp. tridentata			●		●			●		●	●	●	●	●	●	●	●		?	●	?	●	●	●	●
ssp. lactea		●	●	●	●						●	●	●	●	?	●	●	●		●	●				
Orchis galilaea																					●				
Orchis punctulata ssp. punctulata																×		●	?	●	●				●
ssp. stevenii																				?					●
Orchis purpurea		●	●		●	●	×	●	●	●	●	●	●	?	●	●				●		●	●	●	●
Orchis militaris			●		●	●	●	●	●	●	●				●	●				×		●	●	●	●
Orchis simia		●	●	●	●	×		×	●	×	●				●	●	●	●	●	●	●	×	●		●
Orchis italica		●	●	●							●			●	●	●	●	●	●	●	●				
Orchis morio ssp. morio					●	●	●	●	●	●	●	●	?	?	●	●						●	●	●	●
ssp. picta		●	●	?	●						●	●	?	●	●	●		●		●			●		●
ssp. champagneuxii		●	●	?	●						?														
ssp. syriaca																			●	●	●				
Orchis longicornu		●	●	●	?						●	●	●	●											

Orchis papilionacea ssp. papilionacea ssp. rubra		●	●	?	●						●	●	●	●	●	●	●	●		●	●			●	●
ssp. bruhnsiana																									●
Orchis collina ssp. collina		●	●	●	×						●		?	●		●	●	●	●	●	●				●
ssp. chlorotica																									●
Orchis patens ssp. patens		●									×														
ssp. nitidifolia																	●								
Orchis spitzelii		●	●		●		×			●	●				●	●				●			●		?
Orchis canariensis	●																								
Orchis boryi																●	●								
Orchis quadripunctata											●		●	●	●	●	●		●	×	●				
Orchis anatolica																●	●	●	●	●	●				
Orchis mascula ssp. mascula		●	●	●	●	●	●	●	●	●	●	●			●	●	?	●		●		●	?	●	?
ssp. olbiensis		●	●	●	●						×	●	●												
ssp. signifera										?					?							●	●	●	●
ssp. pinetorum																				●	?				●
ssp. laxifloraeformis		●	●		×																				
ssp. scopulorum	●																								
Orchis pallens			?		●			●		●	●				●	●				●		●	●	●	●
Orchis provincialis		●	●		●						●	●	●	●	●	●	×	●		●			●		●
Orchis pauciflora											●			●	●	●	●								
Orchis laxiflora ssp. laxiflora		?	●	?	●	×			?		●	●	●	●	●	●	●	●	●	●	●				
ssp. palustris			●		●		×	●	●	●	●				●	●				●		●	●	●	●
ssp. robusta		●		●																					
Traunsteinera globosa ssp. globosa			●		●			●		●	●				●					?		●	●	●	●
ssp. sphaerica																				●					●
Neotinea maculata	●	●	●	●	●	×					●	●	●	●	●	●	●	●	●	●	●				
Comperia comperiana																×				●	●				●
Steveniella satyrioides																				●					●
Dactylorhiza iberica																●			●	●	●				●
Dactylorhiza sambucina ssp. sambucina			●		●		●	●		●	●			?	●	●						●	●	●	
ssp. insularis			●								×	●	●	?											
ssp. pseudosambucina		?	?								●			?	●	●	●	?	●	●			●		?
ssp. siciliensis		●	●								●			●											
ssp. georgica																									●

	Atlantische Inseln	Nordafrika	Spanien	Balearen	Frankreich	England und Irland	Skandinavien	Deutschland	Benelux	Alpenländer	Italien	Korsika	Sardinien	Sizilien	Jugoslawien	Griechenland	Kreta	Rhodos	Zypern	Türkei	Libanon	Tschechoslow. – Ungarn	Bulgarien – Rumänien	Polen – Rußland	Krim – Kaukasus
Dactylorhiza incarnata ssp. incarnata			●		●	●	●	●	●	●	●				●	?				×		●	●	●	?
ssp. africana		●	●		●							●		●											
ssp. turcestanica																				●					?
ssp. cilicica																				●					
ssp. praetermissa					●	●	×	×	●																
ssp. sphagnicola								●																	
ssp. cruenta					●	×	●	?		●	×									?				●	
ssp. coccinea						●																			
Dactylorhiza majalis ssp. majalis			●		●	●	●	●	●	●	●				●							●		●	
ssp. cordigera															●								●		
ssp. caucasica																				●					●
ssp. lapponica							●																		
ssp. occidentalis						●																			
ssp. purpurella						●	●																		
ssp. baltica																								●	
ssp. russowii								×																●	
ssp. traunsteineri					?	●	●	●	?	●	?											?		?	
Dactylorhiza maculata ssp. maculata		?	●		●	●	●	●	●	●	●				●	?						●	●	●	
ssp. fuchsii																									
ssp. saccifera		?	●	?	?						●	?	●	●	●	●				×			●		
ssp. triphylla																				●					?
ssp. osmanica																				●					
ssp. transsilvanica															●							?	●	?	
Dactylorhiza foliosa	●																								
Coeloglossum viride			●		●	●	●	●	●	●	●				●	●				●		●	●	●	●
Gymnadenia conopsea			●		●	●	●	●	●	●	●	●		●	●	●				●		●	●	●	●

Gymnadenia odoratissima			●		●		×	●	●	●	●				●							●	●	×	
Gymnadenia nigra ssp. nigra			●		●		●	●		●	●				●	●						●	●		
ssp. rubra										●	●				●								●		
Pseudorchis albida			●		●	●	●	●	●	●	●	●			●	?						●	●	●	
Pseudorchis frivaldii															●	?							●		
Chamorchis alpina							●	●		●	●				●							●	●	●	
Platanthera bifolia		●	●	●	●	●	●	●	●	●	●	●	●	●	●	●				●		●	●	●	●
Platanthera chlorantha ssp. chlorantha		×	●	?	●	●	●	●	●	●	●	●	●	?	●	●			●	●		●	●	●	●
ssp. algeriensis		●																							
Platanthera oligantha							●																	●	
Platanthera hyperborea	nur Island																								
Platanthera micrantha	●																								
Platanthera azorica	●																								
Neottianthe cucullata																								●	
Herminium monorchis			●		●	●	●	●	●	●	●				●							●	●	●	●
Gennaria diphylla	●	●	●	×								●	●												
Habenaria tridactylites	●																								
Liparis loeselii					●	●	●	●	●	●	×				●							●		●	
Hammarbya paludosa					●	●	●	●	●	●												●		●	
Malaxis monophyllos							●	●		●	×				●							●	●	●	
Calypso bulbosa							●																	×	
Corallorhiza trifida					●	●	●	●	●	●	●				●	●				?		●	●	●	●
Spiranthes spiralis		●	●	●	●	●	×	●	●	●	●	●	●	●	●	●	●	?	?	●	●	●	●	●	●
Spiranthes aestivalis		●	●	?	●	?		×	●	●	×	●	●		●	●						●			
Spiranthes romanzoffiana						×																			
Goodyera repens					●	●	●	●	●	●	●				●	●				●		●	●	●	●
Goodyera macrophylla	●																								
Listera ovata			●		●	●	●	●	●	●	●	●	●	●	●	●	●			●		●	●	●	●
Listera cordata			×		●	●	●	●	●	●	●				●	●				●		●	●	●	●
Neottia nidus-avis		×	●		●	●	●	●	●	●	●	●	●	●	●	●				●		●	●	●	●
Epipogium aphyllum					●	×	●	●	●	●	●				●	●				●		●	●	●	●
Limodorum abortivum ssp. abortivum		●	●	●	●			×	●	●	●	●	●	●	●	●	●	●	●	●	●	●	●		●
ssp. trabutianum		●	●																						
Cephalanthera damasonium ssp. demasonium		?	●	●	●	●	●	●	●	●	●	●	●	●	●	●	●		●	●	●	●	●	●	●
ssp. caucasica																									●
ssp. kotschyana																				●					

	Atlantische Inseln	Nordafrika	Spanien	Balearen	Frankreich	England und Irland	Skandinavien	Deutschland	Benelux	Alpenländer	Italien	Korsika	Sardinien	Sizilien	Jugoslawien	Griechenland	Kreta	Rhodos	Zypern	Türkei	Libanon	Tschechoslow. – Ungarn	Bulgarien – Rumänien	Polen – Rußland	Krim – Kaukasus
Cephalanthera longifolia		●	●		●	●	●	●	●	●	●	●	●	●	●	●	●	?	●	●	●	●	●	●	●
Cephalanthera cucullata ssp. cucullata																	●								
ssp. epipactoides																×		●		●					
ssp. kurdica																				●	×				
ssp. floribunda																				?					●
Cephalanthera rubra		●	●		●	●	●	●	●	●	●	?	●	●	●	●	●		●	●		●	●	●	●
Epipactis helleborine ssp. helleborine		●	●	●	●	●	●	●	●	●	●	●	●	●	●	●	●	●	●	●	●	●	●	●	●
ssp. varians			●		●	●		●	●	●	●				●							●	●	●	
ssp. condensata																			●	●	●				
ssp. troodii																			●						
ssp. persica																				●					
ssp. phyllanthes					●	●	●																		
ssp. confusa							●	●																	
ssp. muelleri					●			●	●	●					●							●			
ssp. dunensis						●																			
ssp. leptochila					●	●	●	●	●	●						●									
ssp. pontica																				●					
ssp. tremolsii			●																						
Epipactis microphylla			●	●	●			●	●	●	●	●	●	●	●	●	●			●		●	●	●	●
Epipactis atrorubens ssp. atrorubens			●		●	●	●	●	●	●	●				●	●						●	●	●	●
ssp. parviflora			●																						
Epipactis palustris			●		●	●	●	●	●	●	●				●	●				×		●	●	●	●
Epipactis veratrifolia																			●	●	●				●
Cypripedium calceolus					●	●	●	●		●	●				●	●						●	●	●	●
Cypripedium macranthum																								●	
Cypripedium guttatum																								●	

IV. Ökologie und Naturschutz

1. Standortfaktoren

Der Begriff „Standort" beinhaltet die Summe aller Faktoren, die auf eine Pflanze einwirken. Dieses Wort hat also eine völlig andere Bedeutung als „Fundort" oder „Wuchsort", es entspricht indessen dem Begriff „Umwelt". Die Faktoren, welche die Umwelt einer Pflanze darstellen, lassen sich untergliedern in b i o t i s c h e (Pflanzen und Tiere) und a b i o t i s c h e (Licht, Luft, Wasser, Klima und Boden).

Unter den hier behandelten Orchideen gibt es viele Arten, die bezüglich ihrer Ansprüche an den Standort spezialisiert sind. Dazu gehören besonders die Saprophyten, das sind diejenigen Arten, die reduzierte Blätter haben und kaum Chlorophyll (Blattgrün) entwickeln. Sie sind auf das Vorhandensein organischer Substanzen im Boden (Humus) angewiesen, die mit Hilfe ihrer Wurzelpilze (Mykorrhiza) aufgeschlossen werden. Andere kommen nur auf dauernd durchnäßten oder auf schattigen Standorten vor. Auch bezüglich der Bodenreaktion (pH-Wert) stellen zahlreiche Arten bestimmte Ansprüche, die allerdings über ein mehr oder weniger breites Spektrum verteilt sind (siehe unten). Nur in wenigen Fällen ist die ökologische Toleranz erheblich, so bei *Listera ovata, Gymnadenia conopsea* und *Dactylorhiza maculata,* die auf sehr nassen wie sehr trockenen, voll belichteten wie ziemlich schattigen, sauren wie basischen Standorten anzutreffen sind.

Bei meinen Untersuchungen über Orchideenstandorte wurde der Bodenreaktion besondere Aufmerksamkeit gewidmet. Bei 786 Bodenproben wurde der pH-Wert elektrometrisch ermittelt (Glaselektrode)[15]), bei etwa 100 weiteren mittels Indikatoren. Zur Beurteilung der Bodenansprüche, die für die einzelnen Arten in Teil VI angegeben sind, wird zwischen direkten und indirekten Messungen unterschieden (vgl. Seite 15). Da die Indikatormessungen sehr ungenau sind, wurden sie bei der Auswertung nicht berücksichtigt.

Die Ergebnisse der Bodenuntersuchungen lassen folgende Schlüsse zu:

a) Die Mehrzahl der europäisch-mediterranen Orchideenarten ist basiphil, d. h. sie bevorzugt Kalkböden. Diese Tatsache ist seit langem bekannt, jedoch können nach den vorliegenden Reihenuntersuchungen, die nach einem einheitlichen Verfahren durchgeführt wurden, Aussagen über die Toleranzgrenzen gemacht werden. Das gilt zumindest für diejenigen Arten, für die eine größere Anzahl direkter Messungen vorliegt. Bei der Beurteilung ihrer Ansprüche an die Bodenreaktionen wurden teilweise auch die Ergebnisse der indirekten Messungen mit berücksichtigt.

Als streng basiphil können wohl fast alle Arten der Gattung *Ophrys* angesehen werden. Bei 217 direkten Messungen treten nur vereinzelt Werte unter 7 auf, und zwar bei *O. fusca* (6,9), *O. sphegodes* (6,8), *O. fuciflora* (6,7) und *O. tenthredinifera* (6,4). Vergleiche hierzu Diagramm 1, das gleichzeitig die Aussagekraft der vorliegenden Messungen im Falle einer genügend großen Anzahl für einzelne Arten oder Gruppen bestätigt.

[15]) Die Messungen erfolgten nach einem einheitlich beibehaltenen Verfahren ohne Zugabe von KCl (SUNDERMANN 1963).

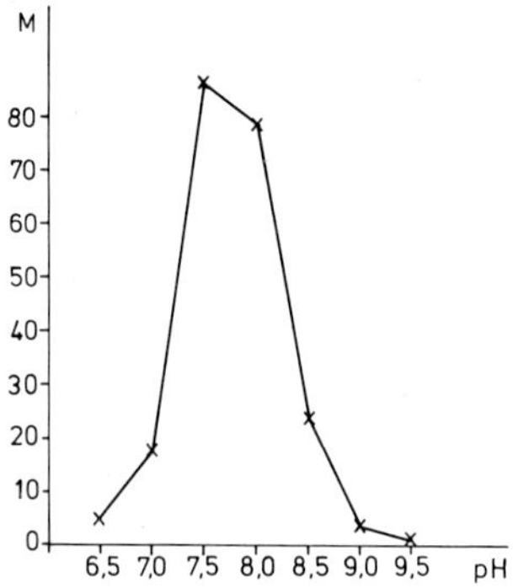

Diagramm 1
Verteilung von 217 direkten Meßwerten bei *Ophrys* (Werte gerundet)

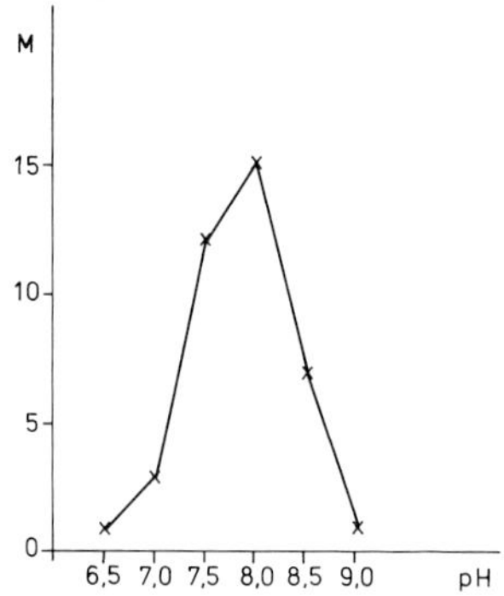

Diagramm 2
Verteilung von 39 Meßwerten (direkte Messungen, Werte gerundet) bei *Ophrys fuciflora* s. l.

Ebenfalls ausschließlich oder doch vorwiegend sind die folgenden Arten auf basische (bzw. neutrale) Böden beschränkt: *Himantoglossum hircinum, Aceras anthropophorum, Anacamptis pyramidalis, Orchis tridentata, purpurea, militaris, simia, italica, collina, patens, spitzelii* (?), *quadripunctata* (?), *anatolica* (?), *pallens, pauciflora, Comperia taurica, Chamorchis alpina, Epipactis microphylla* und *Cypripedium calceolus*. Wie aus der folgenden Aufstellung hervorgeht, tolerieren einige dieser Arten auch schwach saure Böden. Die Verteilung der Meßwerte ist am Beispiel von *Ophrys fuciflora* dargestellt (Diagramm 2).

Direkte Messungen	Anzahl	Grenzen	Durchschnitt
Ophrys insectifera	26	7,4–8,5	7,9
Ophrys sphegodes	55	6,8–9,0	7,8
Ophrys fuciflora	39	6,7–8,8	7,8
Himantoglossum hircinum	19	6,2–8,5	7,5
Orchis purpurea	10	7,5–8,7	–
Orchis militaris	17	7,4–9,0	–
Indirekte Messungen[16]):	Anzahl	Grenzen	Durchschnitt
Orchis italica	56	6,9–9,1	7,9
Orchis tridentata	41	6,2–8,5	7,7
Anacamptis pyramidalis	28	7,0–9,5	–
Barlia robertiana	31	6,7–9,0	7,7
Neottia nidus-avis	24	6,4–8,5	–
Limodorum abortivum	20	6,6–9,2	–
Cephalanthera damasonium	37	6,5–8,5	–

Ob es einige Arten gibt, die absolut an Kalkböden oder an eine basische Bodenreaktion gebunden sind, läßt sich auf der Grundlage der vorliegenden Daten nicht mit Sicherheit

[16]) unter Einschluß der jeweiligen Direktmessungen

feststellen. Für *Orchis purpurea* liegen 10 direkte und 29 indirekte Messungen vor; bis auf eine liegen alle oberhalb 7,2, eine i n d i r e k t e Messung ergab 6,7. Für *Orchis militaris* ergaben 17 direkte und 31 indirekte Messungen nur Werte oberhalb 7,3. Die Vermutung, daß diese beiden und die Mehrzahl der *Ophrys*-Arten streng basiphil sind, wird durch zahlreiche zusätzliche Messungen der Neutralisationsreserve (vgl. Seite 14) bestätigt, woraus hervorgeht, daß diese Pflanzen nicht nur von der aktuellen Basizität des Bodens abhängig sind, sondern darüber hinaus auch erhebliche Kalküberschüsse verlangen.

Bei einigen Arten läßt sich beobachten, daß sie im Süden ihres Verbreitungsgebietes weniger anspruchsvoll sind. In Mitteleuropa wurden *Ophrys sphegodes* und *O. fuciflora* nur auf Böden mit großer Neutralisationsreserve angetroffen, also auf Substraten, deren pH-Wert auch nicht vorübergehend auf Werte unter 7,1 herabsinken kann. *O. insectifera* und *O. apifera* kommen an Standorten mit sauren Böden zwar niemals vor, aber ihre Ansprüche an die Kalkreserve sind nicht so ausgeprägt. Diese beiden Arten sind offensichtlich an ein rauheres Klima angepaßt, sie gehen von allen *Ophrys* am weitesten nach Norden. Außerhalb des Klimaminimums – also im MMG – tolerieren einige *Ophrys*-Arten auch Werte um den Neutralpunkt, ihre Abhängigkeit von der Kalkreserve ist dort nicht signifikant. Daraus läßt sich folgern, daß die Anforderungen an die Basizität – und damit auch an die Struktur des Bodens – im klimatischen Grenzbereich besonders ausgeprägt sind. Die Feststellung, daß der Kalkgehalt des Bodens nach Norden hin immer bedeutsamer wird, findet sich auch bei ZIEGENSPECK (1936, Seite 635, 662).

In dem umfangreichen Werk von ZIEGENSPECK finden sich weitere wertvolle Angaben zur Ökologie der europäischen Orchideen[17]).

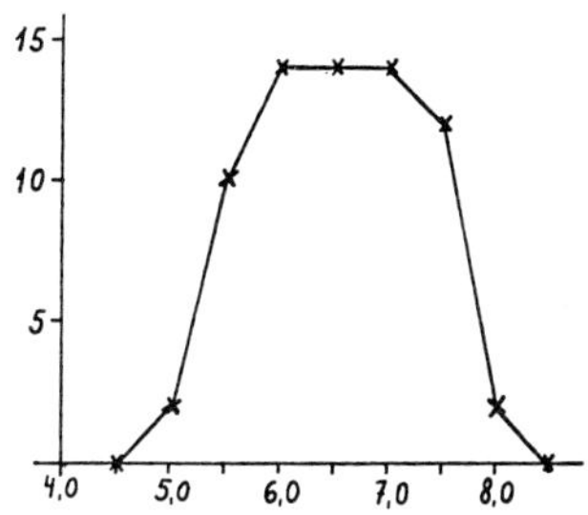

Diagramm 3
Verteilung von 68 direkt ermittelten pH-Werten bei *Dactylorhiza majalis* s. l. (Werte gerundet)

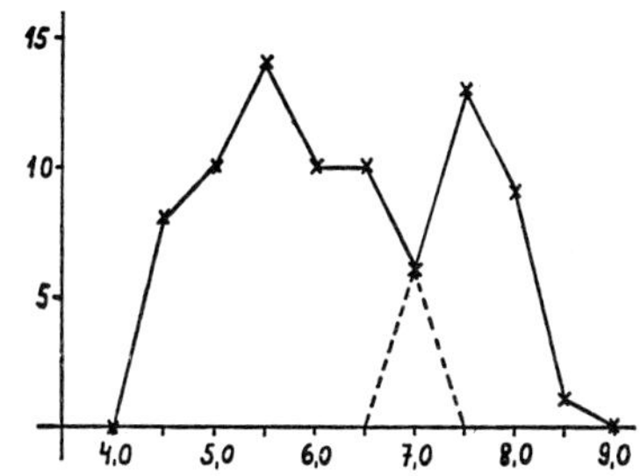

Diagramm 4
Verteilung von 82 direkt ermittelten ph-Werten bei *Dactylorhiza maculata* s. l. (Werte gerundet), wahrscheinlicher Überschneidungsbereich gestrichelt

b) Eine zweite Gruppe von Arten ist bezüglich der Bodenreaktion weniger anspruchsvoll, obgleich die meisten von ihnen Kalkböden bevorzugen. Während bei der zuvor besprochenen Gruppe die unteren Grenzwerte oberhalb von pH 6 gelegen sind, tolerieren einige Angehörige der zweiten Gruppe pH-Werte zwischen 4,5 und 8,5.

[17]) Die bei ZIEGENSPECK angegebenen pH-Werte weichen oft von meinen Messungen ab, indem sie vielfach sehr stark in den sauren Bereich hineinragen (z. B. Werte unter 4!). Da keine Angaben über die Meßmethoden gemacht werden, lassen sich diese Abweichungen nicht diskutieren.

Dabei gibt es zwei verschiedene „Verhaltensweisen“. Sofern eine genügend große Anzahl von Meßwerten für eine Art vorliegt, verteilen sich die Einzelwerte innerhalb gegebener Variationsgrenzen i. d. R. nach den Gesetzen des Zufalls (Gauß'sche Kurve). Dieser Fall sei am Beispiel von *Dactylorhiza majalis* demonstriert (Diagramm 3).

Ganz anders stellt sich die Verteilung jedoch bei *Dactylorhiza maculata* dar. Hier zeigt das Diagramm in einem Streubereich zwischen 4,5 und 8,5 z w e i Maxima, und zwar im sauren (5,5) und im basischen Bereich (7,5). Bei der relativ großen Anzahl von 82 direkten Meßwerten kann dieses Ergebnis nicht als überzufällige Abweichung angesehen werden. Vielmehr verbirgt sich dahinter die Existenz von zwei ökologischen Rassen, deren Toleranzbereiche sich im Mittelfeld überschneiden.

Die Vermutung, daß *D. maculata* s. l. in zwei Ökotypen aufgespalten ist, läßt sich aus Feldbeobachtungen ableiten, wonach diese Art entweder nasse und saure Wiesen (meist *Maculata*-Typus) oder kalkhaltige Halbtrockenrasen (bzw. trockene Bergwiesen) besiedelt (meist *Fuchsii*-Typus). Es ist jedoch schwer feststellbar, ob die beiden durch ihre Chromosomenzahlen definierten Subspezies mit den beiden Ökotypen identisch sind (vgl. Seite 197).

Noch auffallender ist ein gleichartiges Ergebnis bei der Auswertung von insgesamt 103 Meßwerten (34 direkte und 69 indirekte) bei *Gymnadenia conopsea*. Hier zeigen sich ebenfalls zwei deutlich herausragende Häufungen, und zwar im sauren Bereich bei 5,5 und im basischen Bereich bei 7,5. Das ausgeprägte Minimum bei 6,5 läßt vermuten, daß die Toleranzgrenzen von zwei offensichtlich existierenden Ökotypen sich nur wenig überschneiden.

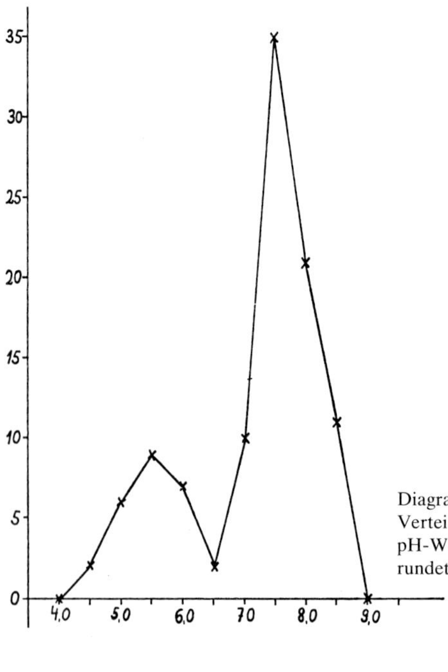

Diagramm 5
Verteilung von 103 direkt und indirekt ermittelten pH-Werten bei *Gymnadenia conopsea* (Werte gerundet)

Meine bereits früher ausgesprochene Annahme, die Spezies *Gymnadenia conopsea* sei in zwei morphologisch nicht unterscheidbare Ökotypen gegliedert, gewinnt durch die bisher vorliegenden Ergebnisse zumindest an Wahrscheinlichkeit. Im Flachland und in den Mittelgebirgen wurde nur der basiphile Typus beobachtet, in den Alpen kommen beide vor. Die azidiphile Rasse (vgl. Seite 16) scheint auf höhere Lagen beschränkt zu sein, sie ist häufig in Bergheiden der alpinen (und subalpinen) Region.

c) Nur wenige Arten sind auf saure Böden mit pH-Werten zwischen 3,5 (?) und 6,5 beschränkt. Dazu gehören *Listera cordata, Hammarbya paludosa, Pseudorchis albida* und vielleicht auch *Calypso borealis, Platanthera micrantha* und *Habenaria tridactylites*. Eine Art, die saure Böden bevorzugt, die aber auch auf schwach basischem Substrat vorkommt, ist *Dactylorhiza sambucina,* ähnliches gilt für *Orchis provincialis*.

2. Standörtliche Vegetationstypen (Formationen)

Die folgenden Angaben über die Vergesellschaftung der Orchideenarten miteinander und ihre Verteilung auf verschiedene Vegetationstypen beziehen sich auf meine eigenen Erfahrungen, die ich seit 1957 in Mitteleuropa und besonders im MMG gewinnen konnte. Die Beobachtungen sind so weit gestreut, daß regionale Zufälligkeiten in der Artenzusammensetzung der Standorte im großen und ganzen als ausgeglichen angenommen werden können. Auf der Karte (Figur 1, S. 15) entspricht ein Punkt etwa 5 registrierten Standorten.

Die Auswertung berücksichtigt nur solche Orchideenwuchsplätze, die bezüglich ihrer Vegetation und der Boden- und Belichtungsverhältnisse einheitlich sind und die mindestens 2 Orchideenarten enthalten. Alle diesen Bedingungen entsprechenden Biotope wurden auf Lochkarten registriert. Insgesamt liegen 827 solcher Aufzeichnungen vor, davon entfallen auf Mitteleuropa mit Ausnahme der Alpen 189, auf die Alpen und das Voralpengebiet 130 und auf das MMG (einschließlich Kleinasien) 508.

Da jedoch einerseits die untersuchten Flächen von sehr unterschiedlicher Größe sind (100 m^2 bis einige Hektar) und andererseits auch die Anzahl der Beispiele für manche Vegetationstypen zu gering ist, lassen sich die in der folgenden Tabelle aufgeführten Zahlen nicht als statistisch gesicherte Werte auffassen. Außerdem ist zu berücksichtigen, daß Einzelfunde oder Fundorte, die nicht bestimmten Typen eindeutig zugeordnet werden können, in der Tabelle nicht enthalten sind. Die Angaben lassen jedoch Schlüsse auf die „relative Häufigkeit“ der Arten innerhalb bestimmter Formationen zu.

Dieses Gesamtbild kann aber leicht täuschen, weil die regionale Verteilung mancher Arten sehr unterschiedlich ist; so fehlen z. B. *Ophrys speculum* und *O. tenthredinifera* im nördlichen MMG (fast?) ganz. *Ophrys bombyliflora* ist im Norden äußerst selten.

Wertet man für ein kleineres Areal die Häufigkeit aus, so ergibt sich beispielsweise für die Insel Mallorca folgendes Bild: An 27 untersuchten Standorten traten auf: *Ophrys bombyliflora* 26mal, *Ophrys speculum* 25mal, *Ophrys tenthredinifera* 24mal, *Serapias parviflora* 18mal, *Ophrys fusca* s. l. 14mal, *Orchis coriophora* ssp. *fragrans* 8mal, *Ophrys bertolonii* 8mal, *Barlia robertiana* 6mal, *Orchis tridentata (lactea)* 5mal, *Ophrys sphegodes (atrata)* 4mal, *Serapias lingua* 3mal, *Aceras anthropophorum* 2mal, *Orchis italica* 2mal, *Limodorum abortivum* 2mal, *Ophrys lutea* 1mal, *Anacamptis pyramidalis* 1mal, *Neotinea maculata* 1mal (ohne Begleiter).

Vergleichend sei dieses Verfahren auch für die Insel Kreta angewendet. An 28 untersuchten Standorten traten auf: *Ophrys lutea* 17mal, *Ophrys fusca* s. l. 16mal, *Orchis pa-*

pilionacea 16mal, *Orchis italica* 15mal, *Ophrys fuciflora* s. l. 13mal, *Ophrys sphegodes* s. l. 12mal, *Ophrys bombyliflora* 12mal, *Orchis tridentata (lactea)* 11mal, *Orchis collina* 10mal, *Ophrys tenthredinifera* 8mal, *Barlia robertiana* 8mal, *Serapias cordigera* s. l. 7mal, *Orchis quadripunctata* 5mal, *Ophrys kotschyi* ssp. *cretica* 6mal, *Anacamptis pyramidalis* 5mal, *Orchis pauciflora* 5mal, *Orchis anatolica* 4mal, *Orchis coriophora* ssp. *fragrans* 4mal, *Aceras anthropophorum* 3mal, *Serapias lingua* 2mal, *Neotinea maculata* 2mal, *Ophrys apifera* 1mal, *Orchis simia* 1mal, *Orchis laxiflora* 1mal, *Orchis boryi* 1mal, *Dactylorhiza sambucina* ssp. *pseudosambucina* 1mal, *Limodorum abortivum* 1mal.

Diese Beispiele ließen sich durch viele andere ergänzen. Es fällt schon hier die Umkehrung der Häufigkeit des Auftretens beispielsweise von *Ophrys lutea* und *Orchis italica* auf. *Orchis papilionacea* scheint auf Mallorca, *Ophrys speculum* auf Kreta ganz zu fehlen.

Ebenso erhält man ein völlig anderes Ergebnis, wenn man den Anteil der Arten in den verschiedenen Formationen nur für das Hauptverbreitungsgebiet einer Art berücksichtigt. In der Auswertung für das gesamte MMG liegt beispielsweise *Ophrys speculum* im „Ödland" bei 25 %, in der Macchie bei 40 %. Zählt man jedoch den Anteil dieser Art für beide Vegetationstypen ausschließlich für das Hauptverbreitungsgebiet (Nordafrika, Portugal, Mallorca, Sardinien, Sizilien, Griechenland, Rhodos, Türkei und Libanon) aus, so ergeben sich Anteile von 61 % für „Ödland" und 73 % für die „Macchie". Sie gehört also zu denjenigen Arten, die für diese Standorttypen als durchaus charakteristisch angesehen werden können.

Es muß ausdrücklich betont werden, daß es sich nicht um pflanzensoziologische Untersuchungen handelt, die eine völlig andere Methodik erfordern. Hier wird lediglich festgestellt, wie sich die Orchideenarten auf verschiedene Formationen verteilen. Im Gegensatz zu einer Pflanzengesellschaft i. e. S. (Assoziation) sind Formationen physiognomisch (und ökologisch) einheitliche Vegetationstypen, die unter ähnlichen Bedingungen wiederkehren (FUKAREK 1964). Dazu ist außerdem zu bemerken, daß man nur selten „reine Typen" vorfindet, vielmehr sind die Vegetationseinheiten durch zahlreiche Übergänge miteinander verbunden. Daher sind hier einige in der Fachliteratur unterschiedlich bewertete Formationen, wie z. B. Macchie und Garigue, zu einer Einheit zusammengefaßt. Dem liegt die Erfahrung zugrunde, daß diese sich bezüglich der Orchideen kaum unterscheiden. Das gleiche gilt für den mediterranen Trockenrasen (Ödland), zu dem auch die meist sehr lichtdurchlässigen Ölhaine hinzugerechnet werden.

In der folgenden Aufstellung sind diejenigen Vegetationstypen berücksichtigt, in denen Orchideen häufiger anzutreffen sind. Die Arten sind dabei in Anlehnung an die Stetigkeitsskala von BRAUN – BLANQUET (nach FUKAREK 1964) in zwei Häufigkeitsgruppen[18]) eingeteilt:

A = in über 60 % der Fälle beobachtet

B = in 20 bis 60 % der Fälle beobachtet

Die Auflistung der Orchideenarten innerhalb der Vegetationstypen entspricht weitgehend der jeweiligen Häufigkeit ihres Auftretens. Die Bezeichnungen *Ophrys fuciflora* s. l. und *Serapias cordigera* s. l. beinhalten auch *Ophrys carmeli* bzw. *Serapias parviflora.*

---

[18]) Stetigkeitswerte der A-Gruppe sind in der Tabelle fett gedruckt.

Stetigkeit von einigen ausgewählten Arten in bestimmten Vegetationstypen. Angaben in Prozent der untersuchten Standorte.

Vegetationstypen / Arten	Mitteleuropa mit Alpen (u. Pontus)					Mittelmeergebiet		
	Halbtrockenrasen	Buchenwälder	Berg-Nadelwälder	Hochgebirgswiesen	Naßwiesen	Ödland	Macchien	Pineten
Ophrys bombyliflora	–	–	–	–	–	46	29	28
Ophrys speculum	–	–	–	–	–	25	40	30
Ophrys insectifera	**74**	7	10	–	–	–	–	–
Ophrys fusca s. l.	–	–	–	–	–	22	60	45
Ophrys lutea	–	–	–	–	–	**64**	53	25
Ophrys sphegodes s. l.	13	–	–	–	–	**63**	42	46
Ophrys tenthredinifera	–	–	–	–	–	38	27	38
Ophrys fuciflora s. l.	28	–	–	–	–	43	42	38
Ophrys apifera	34	–	–	–	1	6	2	4
weitere Ophrys-Arten	–	–	–	–	–	38	25	24
Serapias cordigera s. l.	–	–	–	–	–	50	34	48
Serapias lingua	–	–	–	–	–	20	10	15
Anacamptis pyramidalis	18	–	–	–	–	19	11	10
Himantoglossum hircinum	22	–	–	–	–	3	–	–
Barlia robertiana	–	–	–	–	–	17	14	17
Aceras anthropophorum	20	–	–	–	–	12	13	16
Orchis coriophora	–	–	–	–	–	16	16	18
Orchis ustulata	17	–	–	13	–	3	1	–
Orchis tridentata	11	–	–	–	–	13	16	13
Orchis purpurea	24	12	3	–	–	2	6	–
Orchis militaris	49	5	3	–	4	–	–	–
Orchis italica	–	–	–	–	–	29	34	27
Orchis morio bzw. longicornu	6	–	–	–	3	30	21	25
Orchis papilionacea	–	–	–	–	–	26	32	16
Orchis quadripunctata bzw. anatolica	–	–	–	–	–	2	16	20
Orchis mascula	26	20	3	3	–	1	–	1
Traunsteinera globosa	–	–	–	31	–	–	–	–
Neotinea maculata	–	–	–	–	–	3	7	30
Dactylorhiza incarnata s. l.	–	–	–	–	41	–	–	–
Dactylorhiza majalis s. l.	1	–	–	–	**73**	–	–	–
Dactylorhiza maculata s. l.	11	10	53	50	47	–	–	–
Coeloglossum viride	2	–	3	**66**	1	–	–	–
Gymnadenia conopsea	**75**	3	17	**94**	60	–	–	–
Gymnadenia nigra	–	–	–	**66**	–	–	–	–
Pseudorchis albida	–	–	13	**72**	1	–	–	–
Platanthera bifolia	28	2	23	41	11	1	–	–
Platanthera chlorantha	35	22	17	3	3	–	–	1
Listera ovata	56	22	37	9	33	–	–	–
Neottia nidus-avis	1	**83**	47	–	–	–	–	–
Limodorum abortivum	1	5	–	–	–	1	8	32
Cephalanthera damasonium	15	**68**	7	–	–	–	1	1
Cephalanthera rubra	5	32	20	–	–	–	–	4
weitere Cephalanthera-Arten	2	13	13	–	–	1	3	17
Epipactis helleborine s. l.	6	**73**	53	3	–	–	2	7
Epipactis atrorubens	24	12	40	3	–	–	–	–
Epipactis palustris	–	–	–	–	**64**	–	–	–
Anzahl der untersuchten Standorte	85	60	30	32	73	183	119	71
pH-Werte von	7,1	5,9	6,0	4,7	5,4	6,6	5,4	5,9
pH-Werte bis	8,5	8,5	7,6	7,6	8,5	9,4	8,5	8,9
Anzahl der Messungen	76	23	9	25	49	82	54	41

I. H a l b t r o c k e n r a s e n (Magerwiesen): Meist kurzgrasige, offene Standorte auf gut durchlüfteten Kalkböden. Oft mit lockeren Beständen von Bäumen und Sträuchern: Kiefern, Wachholder, Hartriegel, Hasel, Schlehen, Weißdorn u. a. Dieser Typus entspricht pflanzensoziologisch den Fiederzwenken- und Trespenrasen (Mesobrometen), die meist durch das Auftreten der Gräser Fiederzwenke *(Brachypodium pinnatum)* oder Aufrechte Trespe *(Bromus erectus)* gekennzeichnet sind. Weiterhin sind für diese Formation folgende Arten charakteristisch: Deutscher Enzian *(Gentiana germanica)*, Fransenenzian *(Gentiana ciliata)*, Küchenschelle *(Pulsatilla vulgaris)*, Wundklee *(Anthyllis vulneraria)*, Esparsette *(Onobrychis viciifolia)* und Schopfige Kreuzblume *(Polygala comosa)*.

Magerrasen unterscheiden sich von Fettwiesen (die keine oder kaum Orchideen enthalten) dadurch, daß sie n i c h t g e d ü n g t und nur einmal im Jahr gemäht werden (einschürige Wiesen). In den meisten Fällen aber dienen (oder dienten) sie als extensives Weidegelände, besonders für Schafe.

Durch zunehmenden Ausfall der landwirtschaftlichen Nutzung sowie Aufforstung oder Besiedlung sind sie in besonders hohem Maße gefährdet (vgl. Naturschutz Seite 61). WILMANNS (1973) spricht von „Streßfaktoren der Vegetation“, die zur Zerstörung wichtiger und typischer Elemente der Landschaft führen.

A: *Gymnadenia conopsea, Ophrys insectifera*

B: *Listera ovata, Orchis militaris, Platanthera chlorantha, Ophrys apifera, Ophrys fuciflora, Orchis mascula, Platanthera bifolia, Epipactis atrorubens, Orchis purpurea, Himantoglossum hircinum*

ferner: *Aceras anthropophorum, Anacamptis pyramidalis, Orchis ustulata, Ophrys sphegodes* und *Cephalanthera damasonium*, die besonders auf stark bebuschten Standorten auftritt, die infolge ausfallender Beweidung Übergangsstadien zum Hochwald darstellen.

Auf diesem Standorttypus wurden bis zu 12 Orchideenarten gleichzeitig angetroffen. *Ophrys apifera* ist wahrscheinlich häufiger als aus der Tabelle hervorgeht. Sie ist in Mitteleuropa weiter verbreitet als *O. sphegodes* und *O. fuciflora*. Da sie später blüht als die Mehrzahl der übrigen Orchideen und weil sie oft mehrere Jahre mit dem Blühen aussetzt, wird sie wohl manchmal übersehen.

Der relativ hohe Anteil von *Orchis mascula* muß für den Halbtrockenrasen im strengeren Sinne eingeschränkt werden. Diese Art kommt zwar in der Formation vor, jedoch kaum in unmittelbarer Nachbarschaft von solchen Arten, die besonders trockene Standorte anzeigen. So konnte in den 49 Fällen des Auftretens von *Orchis militaris* nur 7mal die gleichzeitige Anwesenheit von *O. mascula* festgestellt werden, während die in der Gesamtwertung etwa gleich häufigen Arten *Ophrys fuciflora* 19mal und *O. apifera* 18mal gemeinsam mit *O. militaris* auftraten. *O. mascula* stellt offenbar höhere Ansprüche an den Wasserhaushalt des Bodens, und sie bevorzugt an trockenen Standorten etwas beschattete Wuchsplätze.

II. K i e f e r n w ä l d e r : Trockene Standorte auf kalkhaltigen Sanden oder auf Kalkverwitterungsböden, die dem zuvor beschriebenen in mancher Hinsicht ähneln. KNAPP (1948) beschreibt einen „Orchideen-Moos-Kiefernwald“ mit den Charakterarten *Goodyera repens, Cephalanthera rubra* und *Epipactis atrorubens*. Dieser Typus ist jedoch sehr selten (Mainzer Sand).

In trockenen Kiefernwäldern mit basischem Untergrund treten außerdem auf: *Gymnadenia conopsea, Cephalanthera damasonium, Platanthera chlorantha, Ophrys insectifera, Neottia nidus-avis, Epipactis helleborine* u. a.

III. Kalk-Buchenwälder: Hochwälder aus Buchen, oft untermischt mit anderen Laubbäumen. Die Strauchschicht fehlt oder ist minimal entwickelt, kennzeichnende Pflanzen sind u. a. Einbeere *(Paris quadrifolia)*, Bingelkraut *(Mercurialis perennis)*, Leberblümchen *(Hepatica nobilis)*, Waldmeister *(Galium odoratum)*, Frühlings-Platterbse *(Lathyrus vernus)* und Seidelbast *(Daphne mezereum)*.

Der Orchideen-Buchenwald (Cephalanthero-Fagetum) findet sich vor allem in den Gebirgen Mitteleuropas, wo er besonders reichhaltig in Muschelkalkgebieten und auf dem oberen Jura (Malm) entwickelt ist, im nördlichen Mittelmeergebiet sowie auch in der nördlichen Türkei (Pontus). Es wurden bis zu 12 Orchideenarten an einem Standort beobachtet.

A: *Neottia nidus-avis, Epipactis helleborine, Cephalanthera damasonium*

B: *Cephalanthera rubra, Platanthera chlorantha, Listera ovata, Orchis mascula*

ferner: *Cephalanthera longifolia, Epipactis atrorubens, Orchis purpurea* u. a.

IV. Bergnadelwälder: Meist Fichtenwälder der montanen und subalpinen Stufe zwischen 600 und 1800 m. In den unteren Lagen handelt es sich meist um ursprüngliche Buchenwälder, die mit Fichten aufgeforstet wurden. Während in den bodensauren Wäldern (auf „Urgestein“) fast nur *Dactylorhiza maculata, Listera cordata* und *Pseudorchis albida* auftreten, sind die übrigen Arten auf Nadelwälder mit neutraler bis basischer Reaktion beschränkt.

A: –

B: *Dactylorhiza maculata, Epipactis helleborine, Neottia nidus-avis, Epipactis atrorubens, Goodyera repens, Listera ovata, Listera cordata, Platanthera bifolia, Cephalanthera rubra*

ferner: *Corallorhiza trifida, Gymnadenia conopsea, Cephalanthera longifolia, Cypripedium calceolus*

V. Mitteleuropäische Bergwiesen: Offene, meist frische Standorte der Mittelgebirge und der Alpen zwischen etwa 600 bis 1600 m, die teilweise zwischen Halbtrockenrasen und Hochgebirgswiesen vermitteln. Es wurden bis zu 9 Arten an einem Fundort beobachtet.

A: *Dactylorhiza maculata*

B: *Gymnadenia conopsea, Listera ovata, Orchis mascula, Coeloglossum viride, Platanthera bifolia, Orchis morio, Orchis ustulata, Pseudorchis albida*

ferner: *Dactylorhiza sambucina, Platanthera chlorantha, Epipactis atrorubens* u. a.

VI. Mediterrane Bergwiesen: Dem vorigen Typus ähnlich, aber mit zahlreichen Pflanzen, die ausschließlich im MMG verbreitet sind; Böden schwach sauer bis basisch (pH 6,2–7,9), 600–1200 m: *Orchis morio, O. tridentata, O. mascula, O. quadripunctata, O. anatolica, O. purpurea, Dactylorhiza sambucina, Aceras anthropophorum, Himantoglossum hircinum* u. a.

VII. Hochgebirgswiesen (Matten): „Naturwiesen", die – im Gegensatz zu den meisten anderen Wiesentypen – auch ohne den Einfluß des Menschen ihre Struktur beibehalten würden. Mäßig beweidete (Borstgras- oder Blaugras-)Rasen, die stellenweise den Charakter einer „Heide" haben und oft mit zahlreichen Zwergsträuchern (Alpenrosen, Heidekraut, Blaubeere, Alpenheide u. a.) durchsetzt sind, zwischen 1600 und 2500 m. Diese Standorte haben eine sehr konstante Orchideenflora, sie zeigen unterschiedliche, meist jedoch saure Bodenreaktionen und reichen bis in die subalpine Zone, wo sie allerdings nur durch den Einfluß des Menschen entstehen und aufrecht erhalten werden. In tieferen Lagen konnten gleichzeitig bis zu 11 Orchideenarten beobachtet werden.

A: *Gymnadenia conopsea, Pseudorchis albida, Gymn. nigra, Coeloglossum viride*

B: *Dactylorhiza maculata, Platanthera bifolia, Traunsteinera globosa, Gymn. odoratissima*

ferner: *Orchis ustulata, Listera ovata, Chamorchis alpina* u. a.

VIII. Naßwiesen in Mitteleuropa (einschließlich Alpen): Von Grund- oder Quellwasser gespeiste „Sumpfwiesen" von schwach saurer bis neutraler oder basischer Bodenreaktion (ohne oder doch fast ohne Torfmoose), Quellfluren und Flachmoore. Charakteristische Pflanzen sind Sumpfdotterblume *(Caltha palustris)*, Kohlkratzdistel *(Cirsium oleraceum)*, Sumpfkratzdistel *(Cirsium palustre)*, Waldsimse *(Scirpus silvaticus)*, Sumpfschachtelhalm *(Equisetum palustre)* u. a., in den Alpen fast stets Simsenlilie *(Tofieldia calyculata)*, Sumpfherzblatt *(Parnassia palustris)* und Fettkraut *(Pinguicula vulgaris)*.

Dieser Typus ist bezüglich der Orchideenflora im Flachland, im Mittelgebirge und in den Alpen (bis etwa 1500 m) ziemlich einheitlich ausgeprägt, es treten gleichzeitig bis zu 7 Arten auf.

A: *Dactylorhiza majalis, Epipactis palustris*

B: *Gymnadenia conopsea, Dactylorhiza maculata, Dact. incarnata, Listera ovata*

ferner: *Liparis loeselii, Platanthera bifolia, Orchis militaris, Orchis morio, Orchis laxiflora* ssp. *palustris* u. a.

IX. Mediterrane Naßwiesen: Sie unterscheiden sich bezüglich der Orchideen erheblich vom mitteleuropäischen Typus. In den meisten Fällen ist nur eine Art vertreten, nämlich *Orchis laxiflora*, die oft Massenbestände von einigen Hundert bis vielen Tausend Exemplaren bildet und den Aspekt bestimmt. Als Begleiter treten auf *Serapias cordigera* s. l. und *Orchis coriophora* ssp. *fragrans*. In höheren Lagen (1000 bis 1700 m) kommen auch *Dactylorhiza incarnata*[19]) und (im Osten) *Dact. iberica* ebenfalls in individuenreichen Beständen vor.

X. Sphagnum-Moore („Hochmoore"): Meist extrem saure, nasse Standorte mit Torfmoosen, die nur selten von Orchideen besiedelt werden. In derartigen Biotopen kommen wohl nur eine oder zwei der folgenden Arten gleichzeitig vor: *Dactylorhiza maculata, Dact. majalis* ssp. *traunsteineri, Dact. incarnata* ssp. *sphagnicola, Hammarbya paludosa, Platanthera bifolia* und selten auch *Listera ovata*.

---

[19]) Die Höhenangaben gelten für *D. incarnata* ssp. *cilicica, D. incarnata* ssp. *africana* kommt auch in tiefen Lagen vor.

XI. Ö d l a n d (mediterrane Trockenrasen): Offene, grasige Triften, Affodillfluren und lockere Olivenhaine, deren Unterwuchs durch Kulturmaßnahmen nicht wesentlich beeinträchtigt wird, sowie Sekundärstandorte wie aufgelassenes Kulturland, Straßenränder, Ruinengelände. Sofern es sich um mäßig beweidete Flächen mit kalkhaltigem Untergrund handelt, finden die Orchideen hier optimale Bedingungen. Deshalb nimmt dieser Standorttypus in der Auswertung auch den breitesten Raum ein. Die untersuchten Flächen liegen alle auf ± kalkhaltigem Gestein (pH-Werte oberhalb 6,5) und enthalten bis zu 17 Orchideenarten pro Standort. Bezüglich der „relativen Häufigkeit" einzelner Arten vgl. die Ausführungen auf S. 53.

Unter der pauschalen Bezeichnung „Ödland" werden hier alle diejenigen Flächen zwischen Meereshöhe und etwa 600 m zusammengefaßt, auf denen Gräser eine beherrschende Rolle spielen. Oft ist der Kleinfrüchtige Affodill *(Asphodelus microcarpus)* eine den Aspekt bestimmende Pflanze, daneben treten auch zahlreiche andere Stauden in Erscheinung (z. B. *Anemone coronaria, Anemone hortensis, Muscari racemosum, Muscari comosum, Ornithogalum tenuifolium, Allium neapolitanum, Iris chamaeiris* u. a.) sowie vereinzelt auch Sträucher der Macchie.

A: *Ophrys lutea, Ophrys sphegodes* s. l.

B: *Serapias cordigera* s. l., *Ophrys bombyliflora, Ophrys fuciflora* s. l., *Ophrys tenthredinifera, Orchis morio, Orchis italica, Orchis papilionacea, Ophrys speculum, Ophrys fusca, Serapias lingua*

ferner: weitere *Ophrys*-Arten (innerhalb ihres Verbreitungsgebietes auch zur Gruppe B gehörig), *Orchis coriophora* ssp. *fragrans, Barlia robertiana, Aceras anthropophorum, Orchis tridentata* u. a.

XII. M a c c h i e n : Im engeren Sinne ein aus 1 bis 3 m hohen, meist immergrünen Sträuchern und Bäumen zusammengesetzter Buschwald. Charakteristisch für diesen Standorttypus sind Steineiche *(Quercus ilex)*, Kermeseiche *(Quercus coccifera)*, Erdbeerbaum *(Arbutus unedo)*, Baumheide *(Erica arborea)*, Rosmarin *(Rosmarinus officinalis)*, Mastix *(Pistacia lentiscus)*, Stachelginster *(Calycotome spec.)*, Wilder Ölbaum *(Olea europaea)*, Klebrige Cistrose *(Cistus monspeliensis)* und andere Cistrosen-Arten. Sie sind im typischen Falle so dicht, daß ein Unterwuchs meist fehlt. Nur an offenen Stellen treten Orchideen (und andere Stauden) auf – oftmals in beträchtlicher Artenzahl.

Eine weniger dicht und aus kleineren Sträuchern zusammengesetzte Formation wird als Garigue bezeichnet (Tomillares in Spanien, Phrygana in Griechenland). Neben den für die Macchie kennzeichnenden Arten sind dies folgende Kleinsträucher: *Thymus capitatus, Poterium spinosum, Thymelaea spec., Lavandula stoechas* sowie verschiedene Wolfsmilcharten (z. B. *Euphorbia spinosa*). Auffallend ist der große Anteil von Pflanzen mit stark duftenden Blättern. Da zwischen einer aufgelockerten Macchie und einer Garigue zahlreiche Übergänge existieren und beide Formationen nur schwer zu unterscheiden sind, werden sie in der Auswertung zusammengefaßt. Die Auswertung enthält Standorte bis etwa 600 m Meereshöhe. Es wurden bis zu 14 Orchideenarten an einem Fundplatz gezählt.

A: –

B: *Ophrys fusca, Ophrys lutea, Ophrys fuciflora* s. l., *Ophrys sphegodes* s. l., *Ophrys speculum, Serapias cordigera* s. l.,*Orchis italica, Orchis papilionacea, Ophrys bombyliflora, Ophrys tenthredinifera, Orchis morio* ferner: *Limodorum abortivum,* weitere *Ophrys-* und *Orchis-*Arten, *Barlia robertiana, Anacamptis pyramidalis, Serapias lingua* u. a.

XIII. P i n e t e n (mediterran): Nadelwald bis etwa 600 m Meereshöhe, i. d. R. von der Aleppokiefer *(Pinus halepensis)* gebildet, seltener von der Schirmpinie *(Pinus pinea)* oder von Zypressen *(Cupressus sempervirens).* Meist gut durchlichtete Standorte mit ± dichtem Unterwuchs von Sträuchern der Macchie und oft zahlreichen Orchideen (gleichzeitig bis zu 15 Arten), besonders auf kalkhaltigen Sanden im Küstenbereich.

A: –

B: *Serapias cordigera* s. l., *Ophrys sphegodes, Ophrys fusca, Ophrys tenthredinifera, Ophrys fuciflora* s. l., *Limodorum abortivum, Neotinea maculata, Ophrys bombyliflora, Ophrys speculum, Orchis italica, Orchis morio, Ophrys lutea*

ferner: weitere *Ophrys-*Arten, *Orchis coriophora* ssp. *fragrans, Barlia robertiana, Aceras anthropophorum* u. a.

XIV. B e r g w ä l d e r im Bereich des Mediterrangebietes (hier einschließlich Pontus) werden meist von Nadelhölzern gebildet *(Pinus halepensis, P. brutia, Cupressus sempervirens, Abies cephalonica* u. a.). In Höhen zwischen 800 m und 1600 m wurden u. a. folgende Orchideenarten beobachtet: *Cephalanthera rubra* und andere *Cephalanthera-*Arten, *Epipactis helleborine* s. l., *Orchis quadripunctata* bzw. *O. anatolica, Limodorum abortivum* und *Neotinea maculata.*

Die Laubwälder bestehen meist aus sommergrünen Eichen (vor allem *Quercus pubescens*). Die Buchenwälder sind hier ausgeklammert (vgl. dort). In Eichenwäldern bzw. -gebüschen treten u. a. auf: *Epipactis helleborine, Orchis italica, Orchis purpurea, Aceras anthropophorum, Himantoglossum hircinum, Ophrys fuciflora* s. l. und *Dactylorhiza sambucina* ssp. *pseudosambucina* (auf sauren Böden).

Es treten also in den unter XI.–XIV. geschilderten mediterranen Vegetationseinheiten sehr viele verschiedene Orchideenarten auf, jedoch nicht mit auffallend hoher Stetigkeit. Ebenso sind die Unterschiede in der relativen Häufigkeit zwischen den einzelnen Arten ziemlich unbedeutend. Auffallend ist dagegen der sehr große Anteil der *Ophrys-*Arten.

3. Orchideen und Naturschutz

In einigen Ländern stehen alle Orchideenarten unter Naturschutz, d. h. sie dürfen weder abgepflückt, noch von ihrem Wuchsort entfernt oder gar für den Handel verwendet werden. Daß eine ganze Familie pauschal unter Schutz gestellt wird, ist zweifellos ein außergewöhnliches Verfahren. Man ersieht daraus, daß den Orchideen ein besonderer Nimbus anhaftet. Obgleich es in anderen Familien einige Arten gibt, die weitaus seltener und schutzbedürftiger sind als m a n c h e Orchideen, ist diese Maßnahme in der Mehrzahl der Fälle dennoch berechtigt.

Eine andere Frage, ob man der Gefährdung von Pflanzen durch den sogenannten A r t e n s c h u t z begegnen kann, ist wohl kaum eindeutig zu beantworten. Die in Deutschland fast vollständig ausgestorbene *Orchis coriophora* ist ein sehr wenig attraktives Gewächs, das keineswegs einer Nachstellung zum Opfer gefallen ist. Sie bewohnte in Mitteleuropa frische und extensiv genutzte Wiesen, also solche Standorte, die durch Düngung fast ohne Ausnahme in Fettwiesen umgewandelt wurden. Durch eine entscheidende Veränderung des Biotops sind die Grenzen der Anpassungsfähigkeit dieser und vieler anderer Orchideenarten überschritten, und dadurch ist ihr Rückgang verursacht.

Die Erhaltung seltener Pflanzen als Bestandteile der „natürlichen“ Vegetation kann nur dann wirksam gefördert werden, wenn man in erster Linie den Schutz ihrer Standorte anstrebt. Andererseits ist die Gefahr einer Ausrottung durch Sammler oder Liebhaber nicht zu unterschätzen. Das gilt besonders für attraktive Orchideen wie z. B. Frauenschuh, Riemenzunge, Knabenkräuter und Ragwurzarten.

Die Beeinflussung der Natur durch den Menschen ist für die Erdorchideen oft von großer und durchaus auch positiver Bedeutung. Die meisten Vegetationseinheiten in Europa sind anthropogenen Ursprungs. So bleibt eine „Wiese“ nur dadurch erhalten, daß sie bewirtschaftet, d. h. regelmäßig gemäht oder beweidet wird. Selbst die Wälder haben meist einen ganz anderen Charakter, als sie ihn unter natürlichen Verhältnissen, d. h. ohne forstliche Pflege, haben würden. Orchideen treten vorwiegend und in größerer Anzahl an solchen Standorten auf, die vom Menschen geschaffen wurden und einer extensiven Nutzung (und damit auch Pflege) unterliegen. Wird die Art der Nutzung aufgegeben, so ändert sich die Pflanzengesellschaft und im Zuge natürlicher Sukzessionen verschwinden auch die standorttypischen Orchideen. Ein Vorgang übrigens, der durch den Rückgang der Landwirtschaft und die Aufgabe von Nutzflächen (Sozialbrache) in Europa in den letzten Jahrzehnten besondere Ausmaße angenommen hat.

Ein als Weide genutzter Halbtrockenrasen mit einer prachtvollen Orchideenflora wird nach Einstellung der Beweidung über ein Bebuschungsstadium in aller Regel in einen Wald übergehen. Es ist daher völlig nutzlos, Naturschutzgebiete auszuweisen, wenn nicht gleichzeitig die Fortführung der bisherigen Bewirtschaftungsform oder die regelmäßige Durchführung von Pflegemaßnahmen gesichert ist. Die oft vertretene Einstellung, man müsse die Natur sich selbst überlassen, ist der Anfang vom Ende mancher Orchideenschutzgebiete gewesen.

Im Mittelmeergebiet kommen die Orchideen oft in großen Massen und besonders auf Sekundärstandorten (z. B. aufgelassenem Kulturland) vor. Auch hier führt ein Ausbleiben jeglicher Nutzung über kurz oder lang zu ihrem Rückgang. Die reichhaltigsten Vorkommen sind auf mäßig beweideten Flächen mit geringer Bebuschung anzutreffen, die ihre Struktur über lange Zeiträume beibehalten. In manchen Gegenden des östlichen Mediterrangebietes (besonders in der Türkei), wo die Bevölkerung auf die Nutzung jedes Grashalmes angewiesen ist, wird dagegen eine derart intensive Beweidung betrieben, daß die Orchideen trotz sehr günstiger Grundbedingungen (Boden und Klima) auf weite Strecken hin ausgestorben sind. In der Türkei kommt noch eine weit verbreitete „Unsitte“ hinzu, nämlich das Ernten von Orchideenknollen zum Zwecke des Verkaufs oder der Herstellung von Getränken oder Speiseeis (VÖTH 1973). Früher wurde ein Teil der gesammelten und getrockneten Knollen zu pharmazeutischen Zwecken nach Europa exportiert (um 1890 etwa 25 000 kg jährlich). Trotz dieses erheblichen Raubbaues ist an ungestörten Stellen noch immer eine reichhaltige Orchideenflora anzutreffen.

Die Existenz solcher „Reservate“ (z. B. Militärgelände oder Aufforstungsgebiete) gewährleistet zwar eine Wiederbesiedlung benachbarter Gebiete, sobald sich die Verhältnisse an einigen Stellen (meist nur vorübergehend) bessern, jedoch sind alle seltenen Arten durch diese gezielte Nachstellung und durch die Überbeweidung potentiell guter Standorte erheblich bedroht. So kann man feststellen, daß von *Himantoglossum hircinum* ssp. *affine, Ophrys schulzei* und *Ophrys kurdica* nur noch sehr wenige, schwach besetzte Fundorte existieren. Diese Orchideen steuern ganz offensichtlich einer völligen Ausrottung zu, wenn es nicht gelingt, die bestehenden Verhältnisse zu ändern. Ähnliches gilt für die ebenfalls sehr seltenen Arten *Comperia comperiana, Steveniella satyrioides* und *Orchis punctulata.*

Eine Hoffnung, diese Dinge in den südlichen und inbesondere den südöstlichen Ländern in den Griff zu bekommen, besteht jedoch nicht.

Obgleich in Mittelmeerländern kein Artenschutz und nur selten ein Biotopschutz praktiziert wird, sind die Orchideen infolge optimaler Bedingungen (Ausnahmen siehe oben) arten- und zahlenmäßig als Elemente der Vegetation reichlich vertreten. Das gilt teilweise auch für die Alpen, während im übrigen Europa einige Arten im Grenzbereich ihrer Existenzmöglichkeit leben bzw. die Anzahl geeigneter Standorte (vor allem Moore i. w. S.) im Laufe der vergangenen 100 Jahre erheblich reduziert worden ist. Daher sind in diesem Bereich Maßnahmen zum Schutz der Orchideen – insbesondere ihrer Biotope – dringend notwendig.

Was speziell diese Pflanzenfamilie betrifft, so sind in einigen Regionen Aktivitäten entwickelt worden, die eine Bestandsaufnahme sowie Naturschutzmaßnahmen zum Ziel haben („Arbeitskreis zur Beobachtung und zum Schutz heimischer Orchideen" seit 1964 in der DDR, „Arbeitskreis heimische Orchideen" in Baden-Württemberg seit 1969).

Die Gefahren, die unseren Orchideen durch die Liebhaberei erwachsen, sind zwar nicht zu unterschätzen, sie werden aber häufig in einem falschen Licht gesehen (HABER 1970). Das in früheren Jahren übliche Sammeln von Herbarbelegen hat zum Glück nachgelassen, und zwar nicht zuletzt deshalb, weil die Dokumentation durch Farbfotografie weitaus bessere und attraktivere Möglichkeiten bietet. Da aber an bekannten Fundorten alljährlich eine Invasion von Fotografen stattfindet, die zwar die begehrten Objekte nicht beschädigen, dafür aber ihre Umgebung stark beeinträchtigen und Jungpflanzen zerstören, ist eine Gefahr durch eine andere ersetzt worden.

Das Sammeln von Orchideenfotos entspringt gleichermaßen dem Besitztrieb wie das Bedürfnis, diese Pflanzen im eigenen Garten zu beherbergen. Während einige Veröffentlichungen dazu auffordern, solche gärtnerischen Experimente anzustellen, bestätigt sich doch immer wieder, daß es nur in sehr seltenen Fällen gelingt, Erdorchideen in Gärten anzusiedeln. Insofern sind alle in diese Richtung zielenden Versuche – sofern sie nicht ernsthaften wissenschaftlichen Zwecken dienen – ein unnötiges Risiko, das in vielen Fällen zu einer Bedrohung der Bestände führen kann. Als besonders verwerflich ist das Ausgraben von Orchideen für Zwecke des Handels anzusehen. Die von Versandgärtnereien angebotenen Knollen sind keineswegs durch Züchtung gewonnen, sondern ohne jeden Zweifel an natürlichen Wuchsorten gesammelt worden. Hingegen sollte man es nicht unterbinden, Methoden zur Vermehrung und Kultivierung von Erdorchideen zu entwickeln, damit ein doch offensichtlich bestehender Bedarf auf legale Weise befriedigt werden kann. Bei den Arten der Gattung *Cypripedium* scheint dies bereits weitgehend gelungen zu sein.

Man kann nicht leugnen, daß das Wort Naturschutz mit allerlei Emotionen belastet ist, das gilt auch für einen Teil derjenigen Menschen, die sich mit großem Engagement für ihn einsetzen. Naturschwärmerei allein und die damit oftmals verbundene Geheimniskrämerei leisten jedoch keine konstruktiven Beiträge zur Erhaltung der Arten und ihrer Biotope. Dagegen könnte ein gangbarer Weg darin bestehen, einen möglichst großen Kreis von potentiellen Naturliebhabern „aufzuwecken" und ihnen durch sachliche Aufklärung ihre Mitverantwortung an der Erhaltung der Kostbarkeiten unserer Flora und Fauna bewußt zu machen. Diesem Zweck soll auch das vorliegende Buch dienen!

V. Bestimmungsschlüssel

Dieser Schlüssel berücksichtigt nur einfache Bestimmungsmerkmale, und zwar i. d. R. nur von oberirdischen Teilen der Pflanzen. Da die ausgewählten Merkmale in vielen Fällen keine systematische Bedeutung haben, können Arten gleicher Gattungen u. U. an verschiedenen Stellen des Schlüssels herausfallen. Für die Gattungen *Ophrys, Serapias, Orchis, Dactylorhiza, Platanthera, Cephalanthera* und *Epipactis* sind spezielle Schlüssel angefügt.

Es kann selbstverständlich nur die reguläre Ausbildung der Merkmale berücksichtigt werden. Daher sollten bei jeder Bestimmung, die möglichst am Fundort vorzunehmen ist, mehrere Pflanzen zum Vergleich herangezogen werden. Häufiger auftretende Abweichungen sind im Schlüssel berücksichtigt, indem diejenigen Sippen, bei denen diagnostisch wichtige Merkmale (z. B. Länge der Deckblätter) nicht eindeutig ausgeprägt sind, an mehreren Stellen herausfallen. Man kommt in solchen Fällen auch bei Beschreitung verschiedener Bestimmungswege zum Ziel. Gelegentlich sind am Ende eines Bestimmungsschrittes Verwechslungsmöglichkeiten in Klammern angegeben. Das betrifft besonders solche Sippen, bei denen eine Vielzahl von Merkmalen variabel ist.

In jedem Falle ist es erforderlich, das Bestimmungsergebnis mit der Sippenbeschreibung zu vergleichen. Die Zahlen hinter dem Bestimmungsergebnis entsprechen der Nummer der betreffenden Sippe (Teil VI).

Bei jeder Pflanzenbestimmung kann man in einer „Sackgasse“ landen, wenn z. B. beide am Schluß angegebenen Alternativen nicht zutreffend sind. Dann muß man im Schlüssel bis zu der Stelle zurückgehen, wo man keine eindeutige Entscheidung treffen konnte, und von dort aus den anderen Weg verfolgen.

Im allgemeinen geht der Schlüssel bis zu den Unterarten. Wo diese jedoch nicht durch eindeutige Kriterien unterscheidbar sind, ist es erforderlich, die in Teil VI angegebenen Diagnosen der Sub- oder Praespezies einer Art für eine Differenzierung heranzuziehen. Oft ergeben sich schon aus den geographischen Angaben Lösungsmöglichkeiten. In wenigen Fällen, wo eine Aufschlüsselung der Merkmale nicht möglich ist (besonders bei *Dactylorhiza*!), werden Alternativmöglichkeiten durch Kurzdiagnosen angegeben (a–x).

Ein besonders wichtiger Hinweis: Die Blütenfärbung unterliegt oft großen Schwankungen. Bei manchen Arten, deren Blüten in der Regel bunt sind, treten gelegentlich Albinos, also rein weiß gefärbte Blüten (bei *Ophrys* gelb) auf. Da dieser Fall bei den meisten Arten sehr selten vorkommt (etwa 1 : 1000), gibt es in einer größeren Population keine Irrtümer. Jedoch neigen einige Arten besonders stark zur Ausbildung fast rein weißer Blüten, z. B. *Anacamptis pyramidalis* (im MMG) und *Dactylorhiza maculata*.

Die Abbildungen sollten erst am Ende der Bestimmung zur Bestätigung herangezogen werden. Eine Bestimmung allein nach Bildern führt leicht zu Irrtümern.

Die im Schlüssel verwendeten Bezeichnungen sind in Teil II, 3 und 4, Seiten 13–21 angegeben.

Anwendung: Unter jeder Nummer (z. B. 1 und 1*) sind zwei Möglichkeiten einander gegenübergestellt. Es handelt sich um zwei Fragen, deren eine mit „ja", die andere mit „nein" beantwortet werden muß. Am Ende der Frage, die man mit „ja" beantwortet hat, steht entweder eine Nummer, unter der man in gleicher Weise verfahren muß, oder es ist das Endergebnis angegeben.

Beispiel: (die richtige Lösung ist jeweils unterstrichen):

1	Pflanze mit voll ausgebildeten, grünen Laubblättern	6
1*	Pflanze ohne grüne Laubblätter	2
6	Stengel mit nur 1 oder 2 (3) großen Blüten (3–6 cm), Blütenlippe mit schuhförmigem Hohlraum	7
6*	Blüten kleiner, nicht schuhförmig, meist mehr als 3	10
10	Blütenlippe mit Sporn	27
10*	Blütenlippe ohne Sporn	11
11	Lippe nach oben gewölbt, so daß auf der Rückseite eine wannenförmige Vertiefung entsteht. Die Blüte erweckt einen insekten- oder spinnenähnlichen Eindruck (Figur 2, Seite 17) **Gattung Ophrys,** Seite 69	
11*	Blüte anders gestaltet	12

Bei Nr. 11 ist also ein erstes Zwischenergebnis erreicht: die Gattung. Es kann durch Vergleich mit dem Schema einer *Ophrys*-Blüte überprüft werden (Hinweis auf Seite 17). Da für die Gattung *Ophrys* ein spezieller Schlüssel vorliegt, muß auf Seite 69 – wiederum beginnend bei 1 – in gleicher Weise fortgefahren werden. Im Hauptschlüssel gelangt man oft ohne Benutzung eines Gattungsschlüssels zum Ziel.

Bei längeren Bestimmungsschritten ist hinter der Nummer in Klammern diejenige Nummer angegeben, von der man zuletzt ausgegangen ist.

1	Pflanze mit voll ausgebildeten, grünen Laubblättern	6
1*	Pflanze ohne grüne Laubblätter, der Stengel nur mit schuppen- oder scheidenförmigen Blättern besetzt	2
2	Blüten ohne Sporn	4
2*	Blüten mit Sporn	3
3	Lippe und Sporn nach oben weisend, Pflanze gelblich bis rötlich **Epipogium aphyllum 31.1**	
3*	Lippe und Sporn nach unten weisend, Pflanze violett überlaufen, Blüten weiß mit violett, sehr selten rot **Limodorum abortivum 32.1**	
4	Pflanze und Blüten gelblichbraun, Blütenlippe zweispaltig **Neottia nidus-avis 30.1**	
4*	Pflanze grünlichweiß oder violett, Blütenlippe nicht zweispaltig . . .	5
5	Lippe angedeutet dreilappig **Corallorhiza trifida 26.1**	
5*	Lippe in Epichil und Hypochil gegliedert, Pflanze violett überlaufen **Limodorum abortivum ssp. trabutianum 32.1.2**	

6 (1) Stengel mit nur 1 oder 2 (3) großen Blüten (3–6 cm), Blütenlippe mit schuhförmigem Hohlraum 7

6* Blüten kleiner, nicht schuhförmig, meist mehr als 3 10

7 An der Basis des Stengels nur ein Blatt, Stengel blattlos **Calypso bulbosa 25.1**

7* Stengel im mittleren Teil beblättert 8

8 Blütenlippe gelb **Cypripedium calceolus 35.1**

8* Blütenlippe rot oder weiß 9

9 3–4 Blätter am Stengel verteilt, Blütenlippe rot oder rosa **Cypripedium macranthum 35.2**

9* 2 Blätter in der Mitte des Stengels, Blütenlippe weiß mit rötlichen Flekken **Cypripedium guttatum 35.3**

10 (6) Blütenlippe mit Sporn (Bei *Coeloglossum* ist der Sporn sehr klein!) . 27

10* Blütenlippe ohne Sporn 11

11 Lippe nach oben gewölbt, so daß auf der Rückseite eine wannenförmige Vertiefung entsteht. Die Blüte erweckt einen insekten- oder spinnenähnlichen Eindruck (Figur 2, Seite 17). **Gattung Ophrys,** Seite 69

11* Blüte anders gestaltet 12

12 Kleine, bis 10 cm hohe Hochgebirgspflanze mit grasartig schmalen Blättern und ± ungeteilter, gelblicher Blütenlippe **Chamorchis alpina 16.1**

12* Pflanze anders 13

13 Pflanze mit nur 2 „gegenständigen“ Blättern etwa im unteren Drittel des Stengels 14

13* Blätter nicht gegenständig bzw. an der Basis des Stengels 15

14 Blätter oval, Blüten grün, Pflanze über 20 cm hoch **Listera ovata 29.1**

14* Blätter herzförmig, Blüten rotbraun, Pflanze höchstens 20 (25) cm hoch **Listera cordata 29.2**

15 Blütenlippe durch einen Einschnitt in einen vorderen (Epichil) und einen hinteren (basalen) Abschnitt (Hypochil) gegliedert (vgl. Figur 6–8, S. 19). Das Hypochil ist manchmal im Helm versteckt 25

15* Blütenlippe nicht gegliedert, allenfalls in mehrere Zipfel aufgeteilt . . 16

16 Stengel und Blüten behaart, Blüten weiß bis gelblich 22

16* Stengel und Blüten kahl, Blüten grünlich, gelblich oder rötlich. (Bei *Goodyera macrophylla* weiß) 17

17 Sepalen zusammengeneigt, meist einen Helm bildend 20

17* Sepalen abstehend 18

18 Blätter lanzettlich, meist 2, an der Basis einander gegenüberstehend, Blüten selten mehr als 10, Blütenlippe von den anderen Blütenblättern deutlich unterscheidbar **Liparis loeselii 22.1**

18* Blätter ± eiförmig, Blütenstand reichblütig, Lippe nach oben weisend (bei *Hammarbya* kaum von den übrigen Blütenblättern unterscheidbar, kleiner als die Sepalen) 19

19 An der Basis meist nur 1 Blatt (selten 2), Blütenlippe in eine deutlich von der breiten Basis abgesetzte Spitze ausgezogen **Malaxis monophyllos 24.1**

19* An der Basis mehrere Blätter, die oft am Rande knorpelige Verdickungen (Brutknospen) tragen, Blütenlippe nicht breiter als die Sepalen und nicht deutlich zugespitzt **Hammarbya paludosa 23.1**

20 Blütenlippe ungeteilt, Pflanze nur auf Madeira vorkommend **Goodyera macrophylla 28.2**

20* Blütenlippe geteilt 21

21 Pflanze zierlich, kaum über 20 cm hoch, Blütenlippe dreizipfelig, der Mittellappen ungeteilt **Herminium monorchis 19.1**

21* Pflanze meist kräftig, Blütenlippe vierzipfelig, der Mittellappen geteilt **Aceras anthropophorum 6.1**

22 (16) Blütenstand schraubig gedreht, Blüten schwach behaart 23

22* Blütenstand ± einseitswendig, Blüten stark behaart **Goodyera repens 28.1**

Blüten um den Stengel verteilt, Pflanze nur auf Madeira vorkommend **Goodyera macrophylla 28.2**

23 Blüten in mehreren Reihen angeordnet, Pflanze nur in Irland vorkommend **Spiranthes romanzoffiana 27.3**

23* Blüten in einreihiger Schraube angeordnet 24

24 Stengel nur mit schuppenförmigen Blättern besetzt, Rosettenblätter eiförmig bis lanzettlich **Spiranthes spiralis 27.1**

24* Stengel mit lanzettlichen bis linealischen Laubblättern **Spiranthes aestivalis 27.2**

25 (15) Die Sepalen sind miteinander verklebt und bilden einen spitzen Helm **Gattung Serapias,** Seite 73

25* Sepalen frei 26

26 Sepalen außen und innen rein weiß (bis gelblich) oder hellrot (rosa), Fruchtknoten sitzend **Gattung Cephalanthera,** Seite 79

26* Sepalen zumindest außen grünlich oder schmutzigrot bis bräunlich, Fruchtknoten ± deutlich gestielt **Gattung Epipactis,** Seite 80

27 (10) Blütenlippe ungeteilt, aufwärts gerichtet, Hochgebirgspflanze mit grasartig schmalen Blättern **Gymnadenia nigra 14.3**

27* Blütenlippe abwärts gerichtet, meist geteilt 28

28 Sporn (zumindest bei älteren Blüten) deutlich abwärts gerichtet . . . 29

28* Sporn ± horizontal oder aufwärts gerichtet 59

29 Zipfel der Blütenlippe in 4 Fäden von 3–10 cm Länge ausgezogen, Pflanze nur im Orient vorkommend **Comperia comperiana 10.1**

29* Blütenlippe ohne Fäden, allenfalls die Zipfel der Lippe spitz ausgezogen 30

30 Sepalen zu einem stumpfen Helm verwachsen, Sporn gespalten **Steveniella satyrioides 11.1**

30* Sepalen frei 31

31 Blütenfärbung grün bzw. gelb (manchmal rot überlaufen) oder rein weiß 48

31* Blütenfärbung rosa, rot oder weiß mit rot bzw. braun 32

32 Blütenlippe durch einen Einschnitt in Hypochil und Epichil gegliedert **Gattung Cephalanthera,** Seite 79

32* Blütenlippe nicht in einen vorderen und einen hinteren Abschnitt gegliedert 33

33 Sepalen in lange Zipfel ausgezogen, die an der Spitze verdickt sind, Blütenstand kugelig **Traunsteinera globosa 8.1**

33* Sepalen an der Spitze nicht verdickt 34

34 Mittellappen der Blütenlippe riemenförmig, etwa 2–10 cm lang . . . 35

34* Mittellappen nicht riemenförmig oder Lippe ungeteilt 37

35 Riemen des Mittellappens 2,5–10 cm lang, mehrfach gedreht, Seitenlappen zugespitzt, 6-20 mm lang **Himantoglossum hircinum 4.1**

35* Riemen des Mittellappens 1,5–5 cm lang, wenig gedreht, Seitenlappen meist stumpf, bis 6 mm lang 36

36 Sporn 8–9 mm lang, Petalen dreizipfelig, Pflanze nur im Kaukasus vorkommend **Himantoglossum formosum 4.2**

36* Sporn 3–6 mm lang, Petalen ungeteilt, Pflanze nur in Vorderasien vorkommend **Himantoglossum hircinum ssp. affine 4.1.5**

37 (34) Blüten sehr klein (etwa 5 mm), unscheinbar, Blütenstand sehr dicht, Pfl. nur im MMG und in Irland vorkommend **Neotinea maculata 9.1**

37* Blüten größer 38

38 An der Basis der Blütenlippe zwei aufrecht stehende Lamellen, Lippe dreilappig, Sporn fadenförmig **Anacamptis pyramidalis 3.1**

38* Blütenlippe ohne Lamellen 39

39 Deckblätter laubartig, die unteren bedeutend länger als der Fruchtknoten 40

39* Deckblätter etwa so lang wie der Fruchtknoten oder bedeutend kürzer, die unteren auch länger, aber meist häutig, jedenfalls nicht kräftig grün **Gattung Orchis,** Seite 74
(vgl. auch unter 43: *Neottianthe cucullata* bzw. 58*: *Pseudorchis frivaldii*)

40 Sepalen zu einem ± geschlossenen Helm zusammengeneigt 41

40* Seitliche Sepalen abstehend oder zurückgeschlagen 45

41 Blütenlippe zungenförmig, nur an der Spitze 2- bis 3teilig oder gezähnt, Sporn sehr klein, etwa $^{1}/_{5}$ so lang wie der Fruchtknoten, Pflanze unscheinbar **Coeloglossum viride 13.1**

41* Blütenlippe dreilappig oder ungeteilt, Sporn größer 42

42 Blütenlippe ungeteilt oder der Mittellappen schmal und ungeteilt . . 43

42* Mittellappen der Lippe sehr breit, geteilt oder wenigstens ausgerandet, Pflanze sehr kräftig, im MMG vorkommend **Barlia robertiana 5.1**

43 An der Basis des Stengels zwei eiförmige bis spitz lanzettliche Blätter, am Stengel nur 1 bis 2 reduzierte Blätter, Blütenlippe mit 3 schmalen Lappen, Pflanze nur im Nordosten des Gebietes vorkommend **Neottianthe cucullata 18.1**

43* Pflanze mit mehr als 2 normal entwickelten Laubblättern 44

44 Blütenstand anfangs von scheidigem Hüllblatt (-blättern) umgeben (Fig. 11 A), Knollen ungeteilt **Gattung Orchis,** Seite 74

44* Blütenstand anfangs ohne Hüllblatt, Knollen geteilt, Pflanze nur im Südosten des Gebietes vorkommend **Dactylorhiza iberica 12.1**

45 Blütenlippe nicht punktiert oder gestrichelt, in drei kurze, gerundete Lappen geteilt, Sporn sehr dünn 46

45* Blütenlippe meist punktiert oder gestrichelt, wenn ungezeichnet, Sporn sehr dick 47

46 Sporn fädig, etwa doppelt so lang wie der Fruchtknoten **Gymnadenia conopsea 14.1**

46* Sporn höchstens so lang wie der Fruchtknoten **Gymnadenia odoratissima 14.2**

47 Blütenstand anfangs von scheidigem Hüllblatt(-blättern) umgeben (Fig. 11 A), Knollen rundlich, ungeteilt **Gattung Orchis,** Seite 74

47* Blütenstand ohne Hüllblatt, Knollen abgeflacht, wenigstens an der Spitze gespalten **Gattung Dactylorhiza,** Seite 76

48(31) Blütenlippe ungeteilt, zungenförmig, Blütenfarbe weiß, grünlich oder leicht gelblich **Gattung Platanthera,** Seite 79 (*Dactylorhiza sambucina* hat gelbe Blüten und manchmal ungeteilte Lippen!, *Pseudorchis frivaldii* hat undeutlich dreilappige Lippen)

48* Blütenlippe geteilt, wenn zungenförmig, dann an der Spitze gezähnt oder gespalten 49

49 Blütenlippe zungenförmig, nur an der Spitze 2- bis 3spaltig oder gezähnt **Coeloglossum viride 13.1**

49* Blütenlippe mit ± deutlichen Seitenlappen 50

50 Mittellappen der Blütenlippe ungeteilt 53

50* Mittellappen geteilt 51

51 Blüten sehr klein (etwa 5 mm), unscheinbar, Blütenstand sehr dicht **Neotinea maculata 9.1**

51* Blüten größer 52

52 Blütenlippe mit kräftigen roten Punkten, Pflanze von oben nach unten aufblühend **Orchis galilaea 7.5**

52* Blüten mit kleinen braunen Punkten, Pflanze normal aufblühend **Orchis punctulata 7.6**

53 Blüten gelb oder weiß bzw. schwach rosa 55

53* Blüten grün 54

54 Pflanze mit 2 herz- oder eiförmigen, stengelumfassenden Blättern im mittleren Teil des Blütenstengels **Gennaria diphylla 20.1**

54* Pflanze mit grundständigen Laubblättern
Habenaria tridactylites 21.1

55 Blüten gelb, meist mit kleinen roten Punkten, Sporn etwa so lang wie der Fruchtknoten **Dactylorhiza sambucina ssp. sambucina 12.2.1**

55* Blüten weiß bis rosa oder gelblich, ohne Punkte 56

56 An der Basis der Blütenlippe 2 aufrecht stehende Lamellen
Anacamptis pyramidalis 3.1

56* Blütenlippe ohne Lamellen 57

57 Sepalen in lange Zipfel ausgezogen, die am Ende verdickt sind
Traunsteinera globosa ssp. sphaerica 8.1.2

57* Sepalen ohne verdickte Zipfel 58

58 Blüten gelblich weiß, sehr klein (etwa 5 mm), Blütenstand lang zylindrisch **Pseudorchis albida 15.1**

58* Blüten milchweiß bis rosa, manchmal bläulich überlaufen, etwas größer, Blütenstand kurz zylindrisch bis fast kugelig
Pseudorchis frivaldii 15.2

59 (28) Blütenlippe zungenförmig, weiß oder grünlich bis gelblich
Gattung Platanthera, Seite 79

59* Blütenlippe nicht zungenförmig, Blüten gelb, rot oder gefleckt . . . 60

60 Deckblätter meist häutig und kaum länger als der Fruchtknoten, Stengel im unteren bis mittleren Teil von scheidenförmigem Hüllblatt (-blättern) umgeben (bei *O. laxiflora* nicht immer deutlich ausgeprägt!), Knollen rundlich, ungeteilt **Gattung Orchis,** Seite 74

60* Deckblätter laubartig, bedeutend länger als der Fruchtknoten, Stengel nicht von Hüllblättern umgeben, Knollen abgeflacht, an der Spitze gespalten **Dactylorhiza sambucina ssp. pseudosambucina**

Schlüssel der formenreichsten Gattungen

Ophrys (vgl. Fig. 2, S. 17)

1 Säule stumpf, an der Spitze abgerundet (kugelig) 2

1* Säule zugespitzt oder wenigstens in ein stumpfes Dreieck auslaufend, jedenfalls an der Spitze nicht völlig abgerundet 11

2 Sepalen (wenigstens außen) grün 4

2* Sepalen weiß, rosa oder rot 3

3 Lippe dreilappig (zumindest ausgerandet), kurzhaarig, ohne Anhängsel
O. fusca ssp. pallida 1.4.4

3* Lippe ungeteilt, am Rande lang behaart, über dem Anhängsel ein Haarbüschel **Ophrys tenthredinifera 1.9**

4 Lippe stark gewölbt, mit gehöckerten Seitenlappen und einem nach rückwärts eingeschlagenen Anhängsel **Ophrys bombyliflora 1.1**

4* Lippe wenig gewölbt, ohne Höcker und ohne Anhängsel 5

5 Mal blau, glänzend, mit Ausnahme des lang zottig behaarten Randes die ganze Fläche des Mittellappens der Lippe einnehmend **O. speculum 1.2**

5* Mal nicht glänzend, Lippe ohne zottige Randbehaarung 6

6 Lippe mit gelbem (selten braunem), flach ausgebreitetem Rand **Ophrys lutea 1.5**

6* Lippe ohne gelben Rand, wenn Rand gelb, dann dieser nicht flach ausgebreitet und höchstens 1 mm breit 7

7 Petalen fadenförmig, dunkelbraun **O. insectifera 1.3**

7* Petalen ± zungenförmig, grün, gelb oder hellbraun 8

8 Seitenlappen der Lippe fast so lang wie der (meist schmalere) Mittellappen, Blüten 1–2 (4), sehr groß **O. fusca ssp. atlantica 1.4.5**

8* Seitenlappen viel kürzer als der Mittellappen, Blüten meist mehr als zwei 9

9 Mal glänzend braun, durch eine scharfe helle (meist weiße) Linie gegen die Mitte der Lippe abgegrenzt, Lippe meist an der Basis gekniet, ohne eine Furche im oberen Viertel der Lippe **O. fusca ssp. omegaifera 1.4.3**

9* Mal nicht glänzend, ohne scharfe Begrenzung, Lippe mit basaler Furche 10

10 Blüten groß, Lippe 2 cm lang, mit intensiv mattblauem Mal, auf der Rückseite i. d. R. braunrot gefärbt **O. fusca ssp. iricolor 1.4.2**

10* Blüten kleiner, Mal grau, gelegentlich auch ± blau, Lippe auf der Rückseite nicht rotbraun **O. fusca ssp. fusca 1.4.1**

11(1) Blütenlippe dreilappig, die Seitenlappen manchmal stark zurückgeschlagen 26

11* Blütenlippe ungeteilt, manchmal ausgerandet oder an den Rändern undeutlich eingeschnitten 12

12 Petalen behaart 20

12* Petalen kahl (höchstens kurz papillös), oft am Rande gewellt 13

13 Sepalen weiß, rosa, rot oder zweifarbig (die seitlichen in der nach unten weisenden Hälfte rot oder braun) 16

13* Sepalen grün 14

14 Lippe dunkelrotbraun bis schwarz, am Rande zottig behaart, mit ausgeprägten Höckern, die außen behaart und innen kahl (weiß) sind **O. sphegodes ssp. atrata 1.6.4**

14* Lippe heller und nicht zottig behaart (wenn stärker behaart, dann ohne auffallende Höcker) 15

15 Mal von der Basis der Lippe getrennt
a) in Italien: **O. bertolonii ssp. bertoloniiformis 1.8.2**
b) in Griechenland (Ionische Inseln): **O. ferrum-equinum ssp. gottfriediana 1.7.2**

15* Mal umfaßt ein Basalfeld der Lippe **O. sphegodes (ssp. sphegodes, litigiosa, aesculapii, garganica, provincialis) 1.6.1 (2, 3, 10, 11)**

16 Grundfärbung der Sepalen grün, die seitlichen in der nach unten weisenden Hälfte braun bis rötlich **O. sphegodes ssp. mammosa 1.6.5**

16* Grundfärbung der Sepalen weiß oder rot, manchmal in der nach unten weisenden Hälfte intensiver gefärbt 17

17 Mal von der Basis der Lippe getrennt, flächig, kreis- oder hufeisenförmig oder aus zwei Strichen oder Punkten bestehend 19

17* Mal umfaßt ein Basalfeld der Lippe 18

18 Lippe schwarzrot, am Rande stark behaart, Anhängsel extrem reduziert oder fehlend **O. sphegodes ssp. sipontensis 1.6.9**

18* Lippe rötlich bis dunkelbraun, schwach behaart, Anhängsel klein aber stets deutlich ausgeprägt **O. sphegodes ssp. arachnitiformis 1.6.12**
bei *O. argolica* ist das Mal gelegentlich mit der Basis der Lippe verbunden und ein Basalfeld angedeutet)

19 Lippe dicht pelzig, sehr dunkel behaart, Mal meist flächig, nur im mittleren und westlichen MMG **O. bertolonii 1.8**

19* Lippe kurzhaarig, nicht zottig, Mal hufeisenförmig oder aus Streifen bestehend, nur im östlichen MMG **O. ferrum-equinum 1.7**
(im westl. MMG: *O. sphegodes* ssp. *arachnitiformis*)

20 (12) Mal von der Basis der Lippe getrennt 24

20* Mal umfaßt ein Basalfeld der Lippe 21

21 Petalen i. d. R. wenigstens $^1/_2$ so lang wie die Sepalen, Blüten sehr groß (etwa 3 cm), Sepalen oft grünlich oder bräunlich
O. fuciflora ssp. apulica 1.10a.2

21* Petalen kurz dreieckig, $^1/_5$–$^1/_3$ (höchstens $^1/_2$) so lang wie die Sepalen, Blüten meist kleiner 22

22 Petalen etwa $^1/_3$ (bis $^1/_2$) so lang wie die Sepalen
(ssp. *elatior* 1.10a.10) **O. fuciflora ssp. fuciflora 1.10a.1**
(Petalen ± zungenförmig, nicht geöhrt, etwa $^1/_2$ bis $^2/_3$ so lang wie die Sepalen, Anhängsel meist klein und abwärts gerichtet: *O. sphegodes* ssp. *arachnitiformis*)

22* Petalen extrem klein 23

23 Anhängsel stark verlängert (3–4 mm), Lippe kaum gehöckert (Sizilien, Süditalien) **O. fuciflora ssp. oxyrrhynchos 1.10a.3**
Lippe breit dreieckig, mit breiter gelber Randzone:
O. fuciflora ssp. lacaitae 1.10a.9

23* Anhängsel kürzer, vor diesem ein Haarbüschel oder eine knollige Verdikkung (Pflanze nur im Orient vorkommend)
O. fuciflora ssp. bornmuelleri 1.10a.5

24 Lippe mit zottigen, dunklen Haaren, Mal meist flächig, Anhängsel aufwärts gerichtet, stumpf **O. bertolonii 1.8**

24* Lippe nicht zottig behaart, Mal in Linien, Streifen oder Flecken aufgelöst oder hufeisenförmig, Anhängsel meist abwärts gerichtet 25

25 Mal quer orientiert oder auf Flecken oder Punkte reduziert, Anhängsel meist spitz und abwärts gerichtet, Pflanze nur in Italien vorkommend
O. fuciflora ssp. exaltata 1.10a.4

25* Lippe an der Basis mit weißen Haaren, Mal oft der Halszeichnung einer Brillenschlange ähnlich, aber auch aus Streifen oder Flecken bestehend, Pflanze nur in Griechenland und auf Zypern vorkommend
O. argolica 1.13

26 (11) Anhängsel nach rückwärts eingeschlagen **O. apifera 1.12**

26* Anhängsel abwärts oder vorwärts gerichtet (oder stark reduziert) . . 27

27 Sepalen einfarbig grün 40

27* Sepalen weiß, rosa, rot oder mehrfarbig (bei grüner Grundfärbung die seitlichen Sepalen in der nach unten weisenden Hälfte braun oder rötlich) 28

28 Mal erreicht die Basis der Lippe und umfaßt oder berührt i. d. R. ein deutlich ausgebildetes Basalfeld 32

28* Mal von der Lippenbasis getrennt, ein Basalfeld daher nicht ausgebildet (bei *O. reinholdii* ssp. *straussii* ist das Mal gelegentlich mit der Basis verbunden) 29

29 Mal meist flächig, der Rand der Lippe lang zottig behaart (mittleres und westliches MMG) **O. bertolonii 1.8**

29* Mal verzweigt, aus Linien, Streifen oder einzelnen Flecken bestehend . 30

30 Mal oft rein weiß oder mit kräftiger, weißer Umrandung, sehr selten ohne weiß, Pflanze nur im Osten des Gebietes vorkommend 31

30* Mal reduziert, halbmondförmig, Petalen $^2/_3$ bis fast so lang wie die Sepalen, Pflanze nur im mittl. MMG (Sizilien) vorkommend
O. sphegodes ssp. lunulata 1.6.13
(Mal hufeisenförmig oder aus Streifen oder Flecken bestehend, Pflanze in Griechenland: *O. ferrum-equinum* ssp. *gottfriediana*)

31 Petalen sehr schmal (etwa 1 mm), etwa $^1/_2$ so lang wie die Sepalen, Lippe stark eingerollt, daher ungewöhnlich schlank **O. kurdica 1.15**

31* Petalen breiter und kürzer, Lippe normal ausgebildet, Mal oft eine Querverbindung zwischen den Einschnitten der Lippe darstellend
O. reinholdii 1.14
(Bei *O. argolica* kommen gelegentlich ebenfalls Pflanzen mit dreilappigen Lippen vor, bei *O. ferrum-equinum* ssp. *gottfriediana* ist das Mal manchmal auch weiß umrandet.)

32 (28) Seitenlappen der Lippe in spitze Höcker oder Hörner ausgezogen . . 36

32* Seitenlappen nicht spitz gehöckert, allenfalls mit stumpfen Vorwölbungen 33
(Bei *O. kurdica* kommen sowohl spitze als auch ± stumpfe Höcker vor, vgl. die Diagnose 1.15)

33 Grundfärbung der Sepalen grün, die seitlichen in der nach unten weisenden Hälfte braun oder rötlich gefärbt 35

33* Grundfärbung der Sepalen weiß oder rot, die seitlichen ebenfalls meist zweifarbig 34

34 Pflanze in Sizilien vorkommend
O. sphegodes ssp. panormitana 1.6.8

34* Pflanze im östlichen MMG vorkommend
O. sphegodes ssp. spruneri 1.6.7

35 Mal rein weiß oder mit leuchtend weißer Umrandung
O. kotschyi ssp. cretica 1.16.2

35* Mal ohne leuchtendes Weiß, Säule lang zugespitzt
O. sphegodes ssp. transhyrcana 1.6.6

36 Petalen bis 1,5 mm lang, kahl, Blütenlippe weniger als 1 cm lang, mittleres Sepalum zurückgeschlagen **O. schulzei 1.11**

36* Petalen länger, behaart, Blüten größer 37

37 Mittleres Sepalum nach vorn geneigt, die Säule verdeckend
O. carmeli ssp. orientalis 1.10b.3

37* Mittleres Sepalum aufrecht bis zurückgeschlagen 38

38 Seitenlappen in sehr spitze, 6–12 mm lange Hörner ausgezogen
O. fuciflora ssp. cornuta 1.10a.8

38* Seitenlappen mit kurzen Höckern 39

39 Pflanze in Nordafrika (und Südspanien) vorkommend
O. fuciflora ssp. apiformis 1.10a.7

39* Pflanze im übrigen MMG vorkommend
O. fuciflora ssp. scolopax 1.10a.6 *(O. kurdica)*

40 (27) Mittleres Sepalum nach vorn geneigt 44

40* Mittleres Sepalum aufrecht oder zurückgeschlagen 41

41 Petalen kahl, oft am Rande gewellt 43

41* Petalen behaart, am Rande nicht gewellt 42

42 a) Pflanze nur auf Zypern **O. kotschyi ssp. kotschyi 1.16.1**
b) Pflanze auf Kreta, Griechenland und ägäische Inseln
O. kotschyi ssp. cretica 1.16.2
c) Pflanze in der südöstlichen Türkei **O. kurdica 1.15**

43 Mal i. d. R. von der Basis isoliert, hufeisenförmig oder aus Strichen oder Flecken bestehend **O. ferrum-equinum ssp. gottfriediana 1.7.2**

43* Mal umfaßt das Basalfeld der Lippe
O. sphegodes (ssp. sphegodes) 1.6(.1)

44 Anhängsel kräftig, oft dreizähnig, aufwärts gerichtet
O. carmeli ssp. attica 1.10b.2

44* Anhängsel klein, meist abwärts gerichtet, Mal rein weiß oder doch mit leuchtend weißer Umrandung 45

45 Petalen extrem schmal, linealisch (etwa 1 mm breit)
O. kurdica 1.15

45* Petalen breit lanzettlich, Pflanze nur auf Zypern
O. kotschyi ssp. kotschyi 1.16.1

Serapias (vgl. Fig. 6, S.19)

1 An der Basis der Lippe eine kräftige, glänzende, ungeteilte Schwiele
Serapias lingua 2.2

1* Schwiele aus zwei parallelen oder divergierenden Leisten bestehend (Figur 6 a, b Seite 19), zumindest mit einer Mittelfurche 2

2	Epichil fast oder ebenso breit wie das ausgebreitete Hypochil (Figur 6 b Seite 19)	7
2*	Epichil deutlich schmaler als das Hypochil (Figur 6 a Seite 19) . . .	3
3	Epichil etwa doppelt so lang wie das Hypochil **S. cordigera ssp. vomeracea 2.1a.1**	
3*	Epichil $1-1^1/_2$ mal so lang wie das Hypochil	4
4	Epichil tief dunkelrot, junge Knollen lang gestielt	5
4*	Epichil meist heller, junge Knollen sitzend	6
5	Epichil meist dicht behaart, Pflanze nur in Südfrankreich **S. cordigera ssp. olbia 2.1a.6**	
5*	Epichil im unteren und mittleren Teil fast kahl, Pflanze bisher nur in Portugal **S. parviflora ssp. nov. (?) 2.1b.2**	
6	Epichil kaum länger als das Hypochil, stark zurückgeschlagen und meist dem H. anliegend, Deckblätter den Helm nicht überragend, Selbstbestäuber **S. parviflora ssp. parviflora 2.1b.1**	
6*	Epichil etwa $1^1/_2$ mal so lang wie das Hypochil, Deckblätter meist länger als der Helm **S. cordigera ssp. laxiflora 2.1a.2**	
7	Hypochil im Helm verborgen, Stengel an der Basis gestrichelt **S. cordigera ssp. cordigera 2.1a.5**	
7*	Hypochil (zum Teil) aus dem Helm herausragend, Stengel nur selten gestrichelt	8
8	Epichil vorwärts oder abwärts gerichtet **S. cordigera ssp. neglecta 2.1a.3**	
8*	Epichil zurückgeschlagen **S. cordigera ssp. orientalis 2.1a.4**	

Orchis

1	Sporn aufwärts gerichtet oder horizontal gestellt	19
1*	Sporn abwärts gerichtet	2
2	Seitliche Sepalen zu einem Helm zusammengeneigt, zumindest deutlich nach vorn geneigt und nicht aufgerichtet	6
2*	Seitliche Sepalen aufgerichtet oder zurückgeschlagen	3
3	Sporn schlank, etwa so lang wie der Fruchtknoten, Lippe mit 4 (6) roten Punkten **O. quadripunctata 7.19**	
3*	Sporn sackförmig bis zylindrisch, meist deutlich kürzer als der Frkn. .	4
4	Sepalen innen mit einem großen, rot umrandeten grünen Fleck, Lippe dreilappig **O. patens 7.15**	
4*	Sepalen innen nicht mit einem deutlich abgesetzten grünen Fleck . .	5
5	Blütenlippe dreilappig, Sepalen schmutzig braunrot, kaum abstehend, innen grünlich **O. spitzelii 7.16**	
5*	Blütenlippe ungeteilt, an der Spitze meist ausgerandet **O. collina 7.14**	
6	Blütenlippe dreilappig	8

6* Blütenlippe ungeteilt 7

7 Sepalen zugespitzt, Lippe am Rande ± deutlich gezähnt
O. papilionacea 7.13

7* Sepalen abgerundet, Lippe an der Spitze angedeutet dreilappig
O. boryi 7.18

8 Grundfarbe der Blüten gelb (grünlich) 18

8* Grundfarbe der Blüten rot oder weiß 9

9 Deckblätter höchstens $^1/_3$ so lang wie der Fruchtknoten (selten bis fast $^1/_2$ so lang) 15

9* Deckblätter wenigstens $^1/_2$ so lang wie der Frkn. 10

10 Sepalen stumpf, einen leicht geöffneten Helm bildend 11

10* Sepalen spitz, Helm eng geschlossen 12

11 Sepalen schmutzig braunrot, innen grünlich, Sporn sackförmig bis zylindrisch, Aufblühfolge normal **O. spitzelii 7.16**

11 Sepalen purpurviolett, Lippe an der Spitze ± deutlich dreilappig, Sporn schlank, Pflanze blüht von oben nach unten auf **O. boryi 7.18**

12 Mittellappen geteilt oder am Ende verbreitert 14

12* Mittellappen ungeteilt, spitz dreieckig 13

13 Lippe mit Punkten, papillös **O. coriophora 7.1**

13* Lippe ohne Punkte oder Flecken, kahl **O. sancta 7.2**

14 Sepalen dunkelrot, im Knospenzustand fast schwarz **O. ustulata 7.3**

14* Sepalen hell **O. tridentata 7.4**

15 Seitenlappen der Lippe und Spaltstücke des Mittellappens zugespitzt oder sehr schmal (fadenförmig) 17

15* Seitenlappen und Spaltstücke des Mittellappens am Ende wenigstens 2 mm breit und abgerundet 16
(*Orchis galilaea* hat stellenweise auch Blüten mit roter Grundfärbung)

16 Sepalhelm dunkel purpurn (gefleckt) **O. purpurea 7.7**

16* Sepalhelm rosa bis weiß, ungefleckt **O. militaris 7.8**

17 Zipfel der Lippe rundlich, fadenförmig, meist am Ende violett und stark gekrümmt, Pflanze von oben nach unten aufblühend
O. simia 7.9

17* Zipfel der Lippe zum Ende hin verschmälert, in eine lange Spitze ausgezogen **O. italica 7.10**

18(8) Blütenlippe mit kleinen braunen Punkten, Pflanze normal (von unten nach oben) aufblühend **O. punctulata 7.6**

18* Blütenlippe mit roten Flecken, Pflanze von oben nach unten aufblühend
O. galilaea 7.5

19(1) Grundfärbung der Blüten rot oder weiß 22

19* Grundfärbung der Blüten gelb oder gelblich weiß 20

20 Blütenlippe ohne Punkte, Blätter ungefleckt, sehr breit
O. pallens 7.22

20* Blütenlippe mit kleinen Punkten 21

21 Blätter gefleckt, Lippe mit roten Punkten **O. provincialis 7.23**

21* Blätter nicht gefleckt, Lippe mit braunen (selten rötlichen) Punkten **O. pauciflora 7.24**
(In Nordafrika eine Form von *O. provincialis* mit ungefleckten Blättern)

22 Seitliche Sepalen aufrecht oder zurückgeschlagen, Blätter gefleckt oder ungefleckt 25

22* Sepalen zusammengeneigt, aber nicht immer einen geschlossenen Helm bildend, Blätter ungefleckt 23

23 Sporn kräftig, deutlich aufwärts gebogen, meist am Ende verdickt . . 24

23* Sporn schlank, waagerecht (bis leicht abwärts) orientiert, am Ende nicht verdickt **O. boryi 7.18**

24 Seitenlappen der Lippe tief purpurn bis schwarzrot, Mittellappen weiß mit roten Punkten, Sporn sehr lang und stark aufwärts gebogen **O. longicornu 7.12**

24* Seitenlappen nicht schwarzrot, Sporn meist etwas kürzer als der Fruchtknoten **O. morio 7.11**

25 Blätter lang und schmal, steif aufrecht, am Ende ± zugespitzt, ungefleckt, Pflanze feuchter Standorte 29

25* Blätter rosettig gehäuft, lanzettlich, nicht zugespitzt, gefleckt oder ungefleckt 26

26 Pflanze nur auf den Kanarischen Inseln vorkommend **O. canariensis 7.17**

26* Pflanze nicht auf den Kanaren 27

27 Sepalen innen mit einem großen, rot umrandeten grünen Fleck **O. patens 7.15**

27* Sepalen innen nicht grün (sehr selten bei *O. anatolica*) 28

28 Sporn am Ende zugespitzt, meist länger als der Frkn., Pflanze nur im östlichen MMG **O. anatolica 7.20**

28* Sporn am Ende meist deutlich verdickt, etwa so lang wie der Frkn. **O. mascula 7.21**
(*O. quadripunctata* hat manchmal ± waagerecht orientierte Sporne)

29 (25) Mittellappen der Blütenlippe länger als die Seitenlappen, Lippe punktiert **O. laxiflora ssp. palustris 7.25.2** oder **ssp. robusta 7.25.3**

29* Mittellappen kürzer als die Seitenlappen (oder nur undeutlich ausgebildet), Lippe ohne Punkte, Sporn am Ende manchmal gespalten **O. laxiflora ssp. laxiflora 7.25.1**

Dactylorhiza

1 Seitliche Sepalen abstehend oder zurückgeschlagen 2

1* Sepalen zu einem ± geschlossenen Helm zusammengeneigt **D. iberica 12.1**

2 Blüten gelb, gelblichweiß oder einheitlich rot, kaum gezeichnet, Blätter ungefleckt 9

2* Blüten rot oder weiß, mit deutlichen Flecken, Punkten oder Streifen, Blätter gefleckt oder ungefleckt 3

3 Blätter gefleckt 5

3* Blätter ungefleckt 4

4 Stengel zusammendrückbar:

a) Pflanze sehr kräftig, 30–120 cm hoch, Blütenlippe meist breiter als lang, i. d. R. an der Spitze dreilappig und am unteren Rand gekräuselt, nur im westlichen Südeuropa und Nordafrika **D. incarnata ssp. africana 12.3.2**

b) Pflanze 30–75 cm hoch, Blütenlippe ungeteilt, oft breiter als lang, nur in der Türkei **D. incarnata ssp. cilicica 12.3.4**

c) Pflanze in der nordöstlichen und östlichen Türkei, vermittelt zwischen b) und d), Blätter oft sehr breit, Blütenlippe sowohl sehr schmal und ungeteilt als auch ziemlich breit und angedeutet dreilappig **D. incarnata ssp. turcestanica 12.3.3**

d) Pflanze 10-60 (90) cm hoch, Blätter an der Basis am breitesten, an der Spitze ± kapuzenförmig, Blütenlippe meist länger als breit, i. d. R. ungeteilt, mit Schleifenzeichnung, Europa, nördliche Türkei **D. incarnata ssp. incarnata 12.3.1**

e) Pflanze 25–70 cm hoch, Blätter etwa in der Mitte am breitesten (selten mit ringförmigen Flecken), Blütenlippe punktiert, ungeteilt bis schwach dreilappig, Westeuropa **D. incarnata ssp. praetermissa 12.3.5**

f) Blütenlippe ungeteilt oder dreilappig, punktiert oder gestrichelt, Blätter fast linealisch, zwischen Torfmoos wachsend **D. incarnata ssp. sphagnicola 12.3.6**

g) Blüten purpurrot, Lippe meist ungeteilt, Nordengland, Irland, Dänemark, Norwegen **D. majalis ssp. purpurella 12.4.6**

h) Pflanze 15–30 cm hoch, mit nur 3–4 schmalen Blättern, Blütenstand locker, Blüten dunkelrot, Lippe meist ungeteilt, auf sauren Mooren **D. majalis ssp. traunsteineri 12.4.9**

i) Pflanze 5–15 cm hoch, Blüten meist leuchtend dunkelrot, in England und Irland **D. incarnata ssp. coccinea 12.3.8**

4* Stengel nicht zusammendrückbar, Pflanze in der Nordtürkei **D. maculata ssp. osmanica 12.5.5**

5 Blätter auf beiden Seiten gefleckt, Lippe ungeteilt, dunkelrot (blutrot) **D. incarnata ssp. cruenta 12.3.7**

(Verwechslungsmöglichkeit: *D. incarnata* ssp. *incarnata* var. *haematodes*)

5* Blätter nur oberseits gefleckt 6

6 Stengel hohl (zusammendrückbar), die Spitze des obersten Stengelblattes erreicht oder überragt i. d. R. die Basis des Blütenstandes 8

6* Stengel markhaltig (nicht zusammendrückbar), die Spitze des obersten Stengelblattes erreicht nicht die Basis des Blütenstandes (andrücken!) 7

7 Seitenlappen der Blütenlippe bedeutend breiter (manchmal auch länger) als der oft sehr wenig ausgeprägte Mittellappen (vgl. Fig. 4, S. 18), Pflanzen meist auf nassen Standorten

a) Pflanzen in Europa **D. maculata ssp. maculata 12.5.1**

b) Pflanzen in der Nord (-östlichen) -Türkei (und im Kaukasus?), Blätter intensiv gefleckt, Deckblätter meist länger als die Blüten und gefleckt **D. maculata ssp. triphylla 12.5.4**

c) Pflanze in der Nord (-westlichen) -Türkei, Blätter ± aufrecht, ungefleckt oder nur schwach gefleckt **D. maculata ssp. osmanica 12.5.5**

d) Blüten schwach gefärbt und kaum gezeichnet bzw. ungezeichnet und gelblich-weiß, Deckblätter sehr kurz, Pflanze in den Karpaten und in Jugoslawien, vielleicht auch in der westl. CSSR und im östl. Deutschland? **D. maculata ssp. transsilvanica 12.5.6**

7* Seitenlappen etwa so groß wie der Mittellappen, deutlich abstehend (Fig. 4b Seite 18)

a) Pflanze in Europa (mit Ausnahme des Südens), Sporn zylindrisch, kaum so lang wie der Frkn., auf kalkreichen, trockenen Standorten **D. maculata ssp. fuchsii 12.5.2**

b) Pflanze im MMG, Sporn sackförmig, so lang wie der Frkn. **D. maculata ssp. saccifera 12.5.3**

c) (siehe oben) **D. maculata ssp. triphylla 12.5.4**

d) (siehe oben) **D. maculata ssp. transsilvanica 12.5.6**

8 a) Blütenlippe dreilappig, die Seitenlappen oft zurückgeschlagen, Blätter höchstens 5mal so lang wie breit **D. majalis ssp. majalis 12.4.1**

b) Lippe ungeteilt, herzförmig, Südosteuropa **D. majalis ssp. cordigera 12.4.2**

c) Lippe ungeteilt, manchmal an der Spitze dreilappig, östliche Türkei, Kaukasus **D. majalis ssp. caucasica 12.4.2**

d) Lippe undeutlich dreilappig, schmal lanzettliche Blätter, nördliches Skandinavien **D. majalis ssp. lapponica 12.4.4**

e) Blätter meist schwach gefleckt oder auch ungefleckt, Blüten meist dunkelrot, Mittellappen der Blütenlippe kleiner als die Seitenlappen, Pflanze in Irland **D. majalis ssp. occidentalis 12.4.5**

f) Blüten dunkel purpurn, Lippe meist ungeteilt, England, Irland, Dänemark, Norwegen **D. majalis ssp. purpurella 12.4.6**

g) Lippe dreilappig, purpurviolett, Blätter schmal lanzettlich **D. majalis ssp. baltica 12.4.7**

h) Lippe an der Spitze dreilappig, Blätter linealisch, Nordostdeutschland, Polen und Rußland **D. majalis ssp. russowii 12.4.8**

i) Pflanze mit nur 3–4 schmalen Blättern, Blütenstand locker, Blüten dunkelrot, Lippe meist ungeteilt, auf sauren Mooren **D. majalis ssp. traunsteineri 12.4.9**

9(2) Sporn aufwärts gebogen oder horizontal orientiert 10

9* Sporn abwärts gebogen **D. sambucina ssp. sambucina 12.2.1**
(bei weißen bis gelblich-weißen Blüten vgl. unter *D. maculata* ssp. *transsilvanica*)

10 Sporn aufwärts gebogen, Blätter rosettig gehäuft 11

10* Sporn gerade, horizontal orientiert, Blätter am Stengel verteilt
D. sambucina ssp. insularis 12.2.2

11 Blätter linealisch **D. sambucina ssp. pseudosambucina 12.2.3**

11* Blätter (schmal-) lanzettlich
a) Nordafrika, Südspanien, Sizilien
D. sambucina ssp. siciliensis 12.2.4
b) Kaukasus (nördliche Türkei?)
D. sambucina ssp. georgica 12.2.5

Platanthera

1 Nur an der Basis des Stengels große Laubblätter, am Stengel allenfalls deckblattähnliche Blätter 2

1* Laubblätter am Stengel verteilt, Sporn kürzer als der Fruchtknoten . 4

2 An der Basis des Stengels nur 1 Blatt, Pflanze etwa 10 cm hoch, mit nur 3–5 Blüten, Pflanze nur im hohen Norden **P. oligantha 17.3**

2* An der Basis des Stengels meist 2 (3) Blätter, Pflanzen kräftig und vielblütig 3

3 Staubbeutelfächer parallel angeordnet (Figur 5b, Seite 18)
P. bifolia 17.1

3* Staubbeutelfächer divergierend (Figur 5a, Seite 18)
P. chlorantha 17.2

4 Pflanze auf Island **P. hyperborea 17.4**

4* Pflanze auf den Azoren 5

5 Blüten grünlich-gelb, Blütenlippe kurz und breit gerundet, nach unten weisend, Sporn etwa $^{1}/_{3}$ so lang wie der Fruchtknoten
P. micrantha 17.5

5* Blüten weißlich, Blütenlippe zungenförmig und nach oben gebogen, Sporn so lang wie der Fruchtknoten oder länger **P. azorica 17.6**

Cephalanthera

1 Blütenlippe mit Sporn, die unteren Blätter tütenförmig 4

1* Lippe nicht gespornt 2

2 Blüten rosa oder rot **C. rubra 33.4**

2* Blüten weiß 3

3 Blätter lanzettlich bis linealisch, nur das unterste Deckblatt (die unteren) länger als der Frkn., die oberen wesentlich kürzer
C. longifolia 33.2

3* Blätter oval bis lanzettlich, untere Deckblätter laubartig, die oberen wenigstens $^{1}/_{3}$ so lang wie der Frkn. **C. damasonium 33.1.1–3**

4 Blüten weiß bis leicht rosa 5

4* Blüten rot 6

5 Alle Blätter tütenförmig, Pflanze nur auf Kreta **C. cucullata ssp. cucullata 33.3.1**

5* Die oberen Blätter meist abstehend, Pflanze in der Türkei **C. cucullata ssp. epipactoides 33.3.2**

6 Stengel, Fruchtknoten und Blütenlippe papillös behaart **C. cucullata ssp. floribunda 33.3.4**

6* Pflanze ± kahl **C. cucullata ssp. kurdica 33.3.3**

Epipactis

1 Epichil gegen das längliche Hypochil beweglich 14

1* Epichil starr mit dem rundlichen Hypochil verbunden 2

2 Blüten ± einheitlich braunrot (violett), der Abstand zwischen oberstem Laubblatt und Blütenstand fast doppelt so groß wie die übrigen Stengelabschnitte **E. atrorubens 34.3**

2* Blüten weißlich, grünlich oder grün mit rot, der oberste Stengelabschnitt nicht viel länger als die übrigen 3

3 Blätter sehr klein, 2–4 cm lang, manchmal tütenförmig und rotviolett überlaufen, Pflanze im oberen Teil dicht graufilzig behaart **E. microphylla 34.2**

3* Blätter größer (*E. helleborine* s. l.) 4

4 Blüten weit geöffnet (Sepalen ausgebreitet), abstehend oder nickend . 8

4* Blüten nicht voll geöffnet (Sepalen glockig zusammengeneigt), nickend oder herabhängend, Rostelldrüse meist fehlend (wenn vorhanden, dann unwirksam) 5

5 Stengel kahl oder fast kahl 7

5* Stengel im oberen Teil deutlich behaart 6

6 Anthere gestielt, Rostelldrüse vorhanden (aber unwirksam), Pflanze in der nördl. Türkei **E. helleborine ssp. pontica 34.1.11**

6* Anthere sitzend, Rostelldrüse fehlt **E. helleborine ssp. muelleri 34.1.8**

7 Pflanze in Vorderasien **E. helleborine ssp. persica 34.1.5**

7* Pflanze in Europa **E. helleborine ssp. phyllanthes 34.1.6** oder **E. helleborine ssp. confusa 34.1.7**

8 Rostelldrüse vorhanden, aber nicht immer wirksam 10

8* Rostelldrüse fehlend oder stark reduziert 9

9 Epichil lang zugespitzt, Anthere gestielt (Figur 8, Seite 19), Blüten nickend **E. helleborine ssp. leptochila 34.1.10**

9* Epichil rundlich bis herzförmig, Anthere sitzend **E. helleborine ssp. dunensis 34.1.9**

10 Die größten Blätter kaum so lang wie 2 Stengelglieder (selten auch länger) 12

10* Die größten Blätter viel länger als 2 Stengelglieder 11

11 Blütenlippe meist rötlich, Anthere sitzend, Pflanze meist kräftig
E. helleborine ssp. helleborine 34.1.1
oder **E. helleborine ssp. tremolsii 34.1.12**

11* Blütenlippe weißlich, Anthere gestielt, Pflanze zart, nur in der nördlichen Türkei **E. helleborine ssp. pontica 34.1.11**

12 Pflanze kräftig, violett überlaufen, in Europa vorkommend
E. helleborine ssp. varians 34.1.2

12* Pflanze meist zart, Blätter grün oder violett, im westlichen Asien (einschl. Zypern) vorkommend 13

13 Stengel im oberen Teil kahl oder dünnhaarig
E. helleborine ssp. persica 34.1.5
oder **E. helleborine ssp. troodii** (auf Zypern) **34.1.4**

13* Stengel oben kräftig behaart, untere Blätter tütenförmig
E. helleborine ssp. condensata 34.1.3

14 Epichil weiß, breit gerundet, Hypochil innen mit roten Streifen
E. palustris 34.4

14* Epichil spitz dreieckig, weiß mit rotem Querband, das bananenförmig gebogene Hypochil innen mit dunklen Warzen **E. veratrifolia 34.5**

VI. Beschreibung der Sippen

Die Anordnung entspricht der im Kapitel III,5 gegebenen Übersicht, wobei die verwandtschaftlichen Beziehungen zugrunde gelegt wurden. Bei der zwangsläufig linearen Anordnung in einem Zahlensystem können jedoch stammesgeschichtliche Beziehungen nicht sichtbar werden. Die Einstufung der Sippen erfolgt nach den im Kapitel III,4 gegebenen Definitionen. Eine Gattungsdiagnose wird nur dann aufgestellt, wenn die betreffende Gattung durch mehrere Arten in unserem Gebiet vertreten ist. Die für die Gattung aufgezählten Merkmale werden für die Arten n i c h t wiederholt. Entsprechendes gilt für Arten und Unterarten. Bezüglich der Gliederung des Textes vgl. Kapitel II, 2, S. 11.

Ragwurz **Ophrys** 1

Die Gattung *Ophrys* umfaßt die „insektenblütigen" Orchideen des europäisch-mediterranen Florenbereiches. Diese Gattung ist endemisch, d. h. ihr Vorkommen ist allein auf dieses Gebiet beschränkt. Ihr Schwerpunkt und zweifellos auch das Entstehungszentrum liegt im Mittelmeergebiet. Der Name *Ophrys* bedeutet Augenbraue (vgl. *O. speculum,* S. 87). Diese Gattung ist nicht nur in systematischer Hinsicht von besonderem Interesse, sondern auch durch eine blütenbiologische Eigentümlichkeit ausgezeichnet: Ihre insektenähnlichen Blüten sind bezüglich der von ihnen produzierten Sexuallockstoffe und der Behaarung der Lippe Nachahmungen von Weibchen bestimmter Stechimmen[1]), deren Männchen die *Ophrys*blüten anfliegen und sich von ihnen täuschen lassen. Die Männchen werden zunächst durch den (für uns nicht wahrnehmbaren) Geruch angelockt, die Insektenform der Blüte veranlaßt sie zur Landung auf der Lippe, deren Haarmuster eine bestimmte Orientierung bewirkt: Die Männchen richten entweder – je nach *Ophrys*art – ihren Kopf oder Hinterleib auf die Narbenhöhle. Bei der Pseudocopula[2]) werden die Pollenpakete angeheftet und bei dem nächsten Kopulationsversuch auf andere Blüten der gleichen Art übertragen. Obgleich die Insekten auf bestimmte *Ophrys*arten „geeicht" sind, irren sie sich gelegentlich; auf diese Weise entstehen des öfteren Bastarde zwischen verschiedenen Arten der Gattung *Ophrys*[3]).

D i a g n o s e : Knollen rund bis oval; Blätter an der Basis des Stengels gehäuft, eine Rosette bildend (Ausnahme: *O. insectifera*), die oberen Laubblätter bilden eine stengelumfassende Scheide; der meist aufgelockerte und gestreckte Blütenstand enthält in der Regel nur 2–10 (20) Blüten, deren ungespornte Lippe mit längeren oder kürzeren Haa-

---

[1]) Insekten aus der Ordnung der Hautflügler; hier die Bienen im weiteren Sinne, und zwar solitäre Formen, also solche, die keine Staaten bilden.

[2]) scheinbarer Geschlechtsakt

[3]) vgl. Kapitel VII. Näheres über die Bestäubung: KULLENBERG (1961, 1973, 1976), MEYER (1964).

Abb. 1 : Ophrys bombyliflora, Mte. Gargano

Abb. 2 : Ophrys bombyliflora, var. flavescens

ren (Papillen) besetzt ist. Die Oberfläche der Lippe wirkt sammetartig, ihre Form erinnert an die Gestalt von Insekten oder Spinnen. Die Lippe ist stets nach oben gewölbt und bildet auf der Unterseite eine wannenförmige Vertiefung. Chromosomenzahl (2n) i. d. R. 36.

System: Die Gattung gehört zu den vielgestaltigen und äußerst schwierigen unter den Orchideen unseres Gebietes. NELSON (1962) hat in seiner Monographie 21 „Rassenkreise“ (= Arten) unterschieden. Das ist eine erhebliche Reduktion im Vergleich zur älteren Literatur und ein sehr gutes Konzept gegenüber manchen neueren Bestrebungen (z. B. DANESCH 1972). Es scheint jedoch, daß alle Versuche, die Gattung in Verwandtschaftsgruppen (Sektionen) zu gliedern, die stammesgeschichtlichen Beziehungen nicht befriedigend klarstellen können, weil die vorrangige Berücksichtigung morphologischer Kriterien das Problem nicht zu lösen vermag. Aus diesem Grunde wird hier auf eine Untergliederung in Sektionen verzichtet.

Die von KULLENBERG (1961, 1973, 1976), PRIESNER (1973) und weiteren Autoren begonnenen Untersuchungen über die Bestäuber und ihre Erregbarkeit durch spezifische Lockstoffe können zweifellos bessere Kriterien liefern als allein morphologische Daten. Deutlich von den übrigen *Ophrys*-Typen sich abhebende Arten wie *speculum, insectifera,* die *Fusca-lutea*-Gruppe und *apifera* sind durch die sie bestäubenden Bienengattungen oder durch besondere Bestäubungsmechanismen (Abdominalbestäubung, Selbstbestäubung) isoliert. Die morphologisch gut abgegrenzten Arten *bombyliflora* und *tenthredinifera,* die von Insekten der gleichen Gattung *(Eucera)* bestäubt werden, bilden häufiger Bastarde als die zuvor genannten (vgl. S. 247).

Zur Erklärung der *Ophrys*blüte und ihrer Bestandteile vgl. Fig. 2, S. 17.

Bremsenragwurz — Ophrys bombyliflora 1.1

10–15 (25) cm; Knollen 3–5, die jüngeren lang gestielt; Blüten sehr klein, 1–4; Deckblätter meist kürzer als der Fruchtknoten, löffelartig ausgehöhlt; Sepalen grün, breit; Petalen grün oder bräunlich, viel kürzer als die Sepalen (etwa $^1/_4-^1/_3$ so lang), behaart; Lippe braun, dreilappig; Seitenlappen ausgehöhlt, behaart, höckerförmig; Mal flächig, wenig abgegrenzt; Anhängsel nach rückwärts eingeschlagen und nur von der Rückseite her sichtbar; Säule stumpf; Bestäuber: mehrere *Eucera*-Arten, *Tetralonia;* 2n = 36.

Eine sehr konstante und mit keiner anderen verwechselbare Art.

III–IV (V), Ödland, Weiden, lichte Wälder, Macchien, austrocknende Sumpfwiesen, Lehm- und Sandböden; pH 7,1–9,4 (11 M.).

Nur MMG, im Norden selten; Kanaren, Nordafrika!, Spanien!, Balearen!, Südfrankreich, Italien!, Korsika, Sardinien! Sizilien!, Jugoslawien, Griechenland!, Kreta!, Rhodos, Südtürkei!

.0.1 var. *flavescens:* Lippe gelblich.

Abb. 3 : Ophrys speculum, Griechenland

Abb. 4 : Ophrys speculum var. regis-ferdinandii (entspr. ssp. lusitanica O. et E. Danesch)

Abb. 5 : Ophrys speculum var. regis-ferdinandii, Rhodos

Abb. 6 : Ophrys insectifera, Deutschland

Spiegelragwurz — Ophrys speculum 1.2

10–30 (50) cm; Blüten 3–8 (12); Deckblätter länger als der Frkn.; Sepalen schmal, innen mit braunen bis rötlichen Streifen, das mittlere nach vorn geneigt, mit zurückgeschlagenem Rand; Petala zurückgekrümmt, meist dunkelbraun, viel kürzer als die Sepalen (etwa $^1/_3$ bis $^1/_2$ so lang), behaart; Lippe dreilappig, der Rand der Lippe mit zottigen, braunen Haaren besetzt (entsprechend dem Namen *Ophrys* einer Augenbraue ähnlich); Mal flächig, blau glänzend, auf den Seitenlappen gelblich oder braun; ohne Anhängsel; Säule stumpf; Bestäuber: *Campsoscolia ciliata;* 2n = 36.

Die Art ist innerhalb der Gattung sehr isoliert und mit keiner anderen zu verwechseln.

III–IV, Ödland, Weiden, lichte Wälder, Macchien, trockene Standorte auf Lehm und Sand; pH 7,1–8,1 (12 M.).

Nur MMG: im Norden selten, im Süden (außer Italien) stellenweise häufig; Nordafrika!, Spanien!, Balearen!, Italien!, Korsika, Sardinien!, Sizilien!, Griechenland!, Rhodos!, Türkei!, Libanon!

.0.1 var. *regis-ferdinandii:* Mittellappen und Seitenlappen stark nach rückwärts eingerollt, verlängert und bedeutend schmaler als bei der Normalform, Haarkranz von oben daher teilweise nicht sichtbar; Pflanzen oft größer (bis 50 cm). Rhodos! (ziemlich verbreitet), West-Türkei!, Portugal! (dort die als ssp. *lusitanica* Danesch 1969 beschriebene Form)

.0.2 var. *flavescens:* Lippe mit gelber oder grünlicher Randbehaarung, Spiegel weiß.

Fliegenragwurz, O. muscifera — Ophrys insectifera 1.3

20–50 cm; im Gegensatz zu den meisten *Ophrys*arten auch am Stengel ausgebreitete Laubblätter; Blüten 2–20 in lockerer Ähre; Deckblätter länger als der Frkn.; Sepalen grün; Petalen fadenförmig, wenigstens $^1/_2$ so lang wie die Sepalen, dunkel braun-rot, kurz behaart; Lippe dreilappig, der verlängerte Mittellappen zweiteilig, ohne Höcker; Mal blau-grau, annähernd rechteckig, meist ohne Verbindung zur Narbenhöhle; Anhängsel fehlt; Säule stumpf; Bestäuber *Agrogorytes mystaceus* und *A. campestris*; 2n = 36.

Eine kaum zur Variation neigende Art. Sie geht am weitesten nach Norden (bis zum Polarkreis), im MMG weitgehend fehlend bzw. auf höhere Lagen beschränkt; in den Alpen steigt sie bis 1500 m.

V–VII (je nach Höhenlage), Halbtrockenrasen, Kiefern- und Buchenwälder; in Kalkgebieten Mitteleuropas stellenweise ziemlich häufig; pH 7,1–8,5 (27 M., Durchschnitt 7,8).

Mittleres und südliches Schweden und Norwegen, südliches Finnland, Ost- und Nordspanien!, Frankreich!, England, Irland, Deutschland!, Benelux!, Alpenländer!, Nord- und Mittelitalien (Alpen!, Apennin), Nordjugoslawien!, Tschechoslowakei, Ungarn, Rumänien und Rußland.

.0.1 var. *ochroleuca:* Lippe gelb oder grün mit weißem Mal.

Abb. 7: Ophrys fusca ssp. fusca, Spanien

Abb. 8: Ophrys fusca ssp. fusca, Griechenland

Abb. 9: Ophrys fusca ssp. iricolor, Griechenland

Abb. 10: Ophrys fusca ssp. omegaifera, Portugal

10–30 (40) cm; Blüten 2–8 (10) in meist lockerer Ähre; Deckblätter länger als der Frkn.; Sepalen grün bis gelblich (weiß bei *pallida*), das mittlere nach vorn geneigt, mit zurückgeschlagenem Rand; Petalen $^2/_3$ bis fast so lang wie die Sepalen, kahl, am Rande meist gewellt, grünlich, gelblich oder bräunlich; Lippe deutlich bis angedeutet dreilappig, die Seitenlappen breit gerundet, der Mittellappen an der Spitze ausgebuchtet bis eingeschnitten; Mal flächig; Anhängsel fehlt; Säule stumpf; Bestäuber: mehrere *Andrena*-Arten, *Anthophora* (Abdominalbestäubung).

Die Art ist sehr variabel und bildet mehrere Morphotypen aus, die von manchen Autoren als selbständige Arten, von anderen als Subspezies aufgefaßt werden. Da jedoch keine dieser Sippen ein eigenes Areal aufweist, sind sie nach meiner Auffassung lediglich als Präspezies (s. S. 28) einzustufen.

(XII) II–IV (V); Macchien, Kiefernwälder, seltener auf Trockenrasen; pH 6,9–9,0 (24 M., Durchschn. 7,7).

Gesamtes Mittelmeergebiet (mit Ausnahme des östlichen Nordafrika), südliches Westfrankreich bis zum nördlichen Spanien.

★**.1 ssp. fusca:** Blüten relativ klein; das Mal weißlichgrau bis leicht bläulich, ohne scharfe Umrandung; die Lippe manchmal ± waagerecht abgespreizt, gelegentlich mit schmalem gelbem Rand; blüht teilweise schon ab Dezember. Im gesamten Verbreitungsgebiet; 2n = 36 (72).

.1.1 var. *flavescens:* Lippe gelb oder grünlich.

.1.2 var. *vasconica:* nimmt eine Mittelstellung zwischen ssp. *fusca* und ssp. *omegaifera* ein; Südwestfrankreich (Gascogne).

★**.2 ssp. iricolor:** Blüten größer; Lippe etwa 2 cm lang, mit intensiv mattblauem Mal, auf der Unterseite bräunlich; blüht in der Regel deutlich später als *fusca.* In Nordafrika und an anderen Stellen (z. B. Monte Gargano) kommen großblütige *Fusca*-Formen vor, die leicht mit *iricolor* zu verwechseln sind.

Italien: Riviera, Mte. Argentario!; Korsika; Sardinien!; Jugoslawien; Griechenland!; Kreta!; Rhodos!; Zypern!; Türkei!

★**.3 ssp. omegaifera** [= *O. dyris* Maire 1931]: Blütenlippe i. d. R. an der Basis nach unten gewinkelt (gekniet); es fehlt der bei den übrigen Sippen stets vorhandene von der Narbenhöhle in die Lippenbasis hineinreichende Spalt; das braun glänzende Mal ist nach unten durch eine scharfe, meist weiße Linie abgegrenzt, die annähernd die Malform eines Omega (Ω) ergibt; 2n = 72 (74).
Nordafrika; Spanien!, Balearen!; Kreta!; Rhodos!; Zypern; Türkei!; Libanon!

★**.4 ssp. pallida:** Pflanzen und Blüten klein; Sepalen weiß oder grünlichweiß; Lippe stark gekniet (wie bei *omegaifera*) und an der Spitze zum Stengel hin gebogen; Mal weißlich bis blaugrau.

Nordafrika; Sizilien!; Sardinien (?).

★**.5 ssp. atlantica:** Blüten sehr groß, 1–4; die Seitenlappen der Lippe sehr breit und fast so lang wie der Mittellappen; Lippe meist zottig behaart; Mal blau, auf den oberen Teil der Lippe beschränkt; blüht wesentlich später als *fusca* (IV–VI) und kommt vorwiegend in höheren Gebirgen vor. Nordafrika und Südspanien.

Abb. 11 : Ophrys fusca ssp. pallida, Sizilien

Abb. 12 : Ophrys fusca ssp. atlantica, Algerien

Abb. 13 : Ophrys lutea ssp. lutea, Algerien

Abb. 14 : Ophrys lutea ssp. murbeckii, Türkei

10–30 (40) cm; Sepalen grün, d a s m i t t l e r e n a c h v o r n g e n e i g t ; Petalen wenigstens $^1/_2$ so lang wie die Sep., gelblichgrün, kahl, am Rande meist gewellt; Lippe dreilappig, die Lappen gerundet, der Mittellappen zweispaltig (ausgerandet); d e r R a n d d e r L i p p e i s t u n b e h a a r t , f l a c h a u s g e b r e i t e t b i s a u f w ä r t s g e b o g e n (im Gegensatz zu *fusca*) und intensiv gelb gefärbt (Ausnahme var. *melena*); Mal flächig, wenig differenziert; Anhängsel fehlt; S ä u l e s t u m p f ; Bestäuber: *Andrena*-Arten (Abdominalbestäubung); 2n = 36.

Die Art steht *O. fusca* sehr nahe, beide haben eine nach oben orientierte Behaarung der Lippe (Abdominalbestäubung). Obgleich beide meist morphologisch gut unterscheidbar sind, so kommen doch stellenweise Bastarde oder Übergangspopulationen vor (*O. subfusca* (Rchb.) Batt. 1910 in Nordafrika).

III–IV (bis Anfang VI); besonders auf Ödland und Weideflächen, im südlichen MMG sehr häufig, pH 7,2–8,8 (11 M.).

Nur MMG: Nordafrika!, Spanien!, Balearen!, Südfrankreich!, Italien! (nördlich bis La Spezia), Korsika, Sardinien!, Sizilien!, Jugoslawien, Griechenland!, Kreta!, Rhodos!, Zypern!, Türkei!, Libanon!

★.1 ssp. lutea: Blüten groß, (Lippe 1,5 bis 2 cm lang) mit breitem, gelbem Rand; meist gemeinsam mit der folgenden.

Abb. 15 : Ophrys lutea var. flavescens, Apulien

★.2 **ssp. murbeckii:** Blüten kleiner, Lippe etwa 1 cm lang, mit schmalem, gelbem Rand, die beiden Spalthälften des Mittellappens in der Regel mit je einem braunen Streifen.

.0.1 var. *melena:* Rand der Lippe braun gefärbt oder gefleckt, besonders bei ssp. *lutea;* häufig auf dem Peloponnes! (Nauplia und Umgebung), auch Korfu!, Nordafrika!

.0.2 var. *flavescens:* Lippe einheitlich gelb, Mal weiß.

1.6 Ophrys sphegodes — Spinnenragwurz

20–50 (80) cm; Deckblätter länger als der Frkn.; Sepalen grün, seltener weiß, rosa oder mehrfarbig, das mittlere aufrecht oder schwach nach vorn geneigt; Petalen kahl (sehr selten behaart), meist am Rande gewellt, wenigstens 1/2 bis fast so lang wie die Sepalen, grün, gelb, braun, weiß oder rot; Lippe ungeteilt bis dreilappig, mit oder ohne Höcker; Grundlage der Mal-Zeichnung ist ein gestrecktes H, dessen obere Schenkel in der Regel das Basalfeld umgreifen, das jedoch auch verzweigt bzw. zu einer flächigen Struktur ausgeweitet (bzw. reduziert) sein kann; das Anhängsel ist klein, nach vorn oder abwärts gerichtet, oder es fehlt ganz; die Säule ist mehr oder weniger lang zugespitzt (Konnektivfortsatz), jedenfalls nicht kugelig stumpf; Bestäuber: einige *Andrena*-Arten (im Gegensatz zu *Ophrys fusca* und *lutea* findet hier die Bestäubung mit dem Kopf statt) sowie *Colletes cunicularius* und (?) *Tetralonia, Eucera.*

Abb. 16: Ophrys sphegodes ssp. sphegodes, Süddeutschland

Abb. 17: Ophrys sphegodes ssp. aesculapii, Griechenland

Neben *O. fuciflora* ist diese Art die formenreichste der Gattung, wobei sich außer den kahlen Petalen und dem reduzierten Anhängsel keine Charakteristika herausstellen lassen, die diese auf den ersten Blick recht verschiedenen Morphotypen miteinander verbinden. Der verwandtschaftliche Zusammenhang zwischen den einzelnen Formenschwärmen wird nur demjenigen erkenntlich, der das Nebeneinander und die Verzahnung der verschiedenen (morphologisch definierten) Sippen besonders an den „Anschlußstellen“ innerhalb des Verbreitungsgebietes beobachten kann. Abgesehen von einzelnen Individuen oder auch Teilpopulationen ist die Variabilität nur in den Randzonen, z. B. so in Mitteleuropa, so weit eingeschränkt, daß man i m m e r zu eindeutigen Bestimmungsergebnissen gelangt. Ein Beispiel für diese Komplexität ist die umstrittene *arachnitiformis*, die an verschiedenen Stellen des Areals als Ausgliederungsprodukt auftritt, was REINHARD (1972) überzeugend dargestellt hat. Keine der aufgeführten Sippen läßt sich als geographische Rasse (Subspezies i.e.S.) auffassen, da alle innerhalb des Areals mit anderen gemeinsam vorkommen.

III–V (VI), auf Trockenrasen, Ödland und in Kiefernwäldern, seltener in der Macchie; pH 6,8–9,0 (62 M., Durchschnitt 7,8).

Spanien, Frankreich!, Südengland, Mittel- und Süddeutschland!, Belgien, Alpenländer! (nicht im Hochgebirge), Italien!, Korsika, Sardinien!, Jugoslawien!, Griechenland!, Kreta!, Rhodos!, Zypern!, Türkei!, Libanon!, südliche Tschechoslowakei, Ungarn, Bulgarien, Krim, Kaukasus.

Zur Verbreitung der einzelnen Sippen vgl. unten.

★.1 **ssp. sphegodes:** Sepalen grün; Lippe fast stets ganzrandig, hell- bis mittelbraun, kaum gehöckert; Anhängsel stark reduziert oder fehlend. Mittel- und Westeuropa, im MMG zerstreut (gemeinsam mit anderen Sippen); 2n = 36.

★.2 **ssp. litigiosa:** Sepalen grün; Blüten klein, die kleinsten innerhalb der Art; Lippe 7–9 mm lang, meist mit deutlich gelbem Rand (der allerdings auch bei anderen Sippen gelegentlich vorkommt); blüht etwa 2 Wochen früher als *sphegodes*. Diese Sippe ist zweifellos identisch mit der aus Jugoslawien beschriebenen *Ophrys tommasinii* Vis. 1852; 2n = 36. – Süddeutschland, Schweiz, Spanien, Frankreich!, Italien! (vereinzelt), Jugoslawien.

★.3 **ssp. aesculapii:** Sepalen grün; Lippe rundlich, ungeteilt und meist ohne Höcker, mit breitem, gelbem Rand (der nur sehr selten fehlt); Mal ausgeprägt H-förmig, die Schenkel sind nach unten stark verlängert und kaum verzweigt. Bisher nur aus Griechenland bekannt: Attika!, Peloponnes! Delphi!
An dieser Stelle sei auch die von KALOPISSIS 1975 beschriebene *O. sphegodes* ssp. *hebes* erwähnt, die sich durch braun oder rötlich überlaufene seitliche Sepalen, schmale und lange Petalen, eine meist geteilte Lippe (oft mit gelbem Rand) und ein vielgestaltiges Mal auszeichnet. Sie wächst in höheren Lagen des Peloponnes und erinnert teilweise an die ssp. *litigiosa*.

★.4 **ssp. atrata:** Sepalen grün (selten bräunlich); Lippe dunkelbraun bis schwarz, ungeteilt, am Rande langzottig behaart, mit zwei kräftigen Höckern, die außen behaart und innen kahl (meist weiß) sind; anstelle des Anhängsels eine Einbuchtung in der Lippenspitze; Mal H-förmig, oft weißlich; blüht meist etwas später als andere *sphegodes*-Sippen; 2n = 36. – Nur im westlichen und mittleren MMG (bis Korfu!).[4])

[4]) Auf Korfu treten vereinzelt Exemplare auf, die der ssp. *atrata* näher stehen als der dort allgemein verbreiteten ssp. *mammosa*.

Abb. 18: Ophrys sphegodes ssp. atrata, Süditalien

Abb. 19: Ophrys sphegodes ssp. mammosa, Griechenland

Abb. 20: Ophrys sphegodes ssp. mammosa, Türkei

Abb. 21: Ophrys sphegodes ssp. transhyrcana, Türkei

★.5 **ssp. mammosa:** löst *atrata* nach Osten hin ab (auf Korfu Übergänge zwischen beiden). Seitliche Sepalen zweifarbig, in der oberen Hälfte grün, in der unteren braun oder rötlich, manchmal gefleckt; Lippe ungeteilt, in der Regel stark gehöckert (Name! jedoch kein Bestimmungsmerkmal), mittel- bis dunkelbraun, manchmal rötlich, kaum behaart; Mal meist H-förmig; Anhängsel sehr klein bis fehlend. – Griechenland!, Kreta!, Rhodos!, Zypern!, Türkei!

★.6 **ssp. transhyrcana** [= *O. sintenisii* Fleischm. et Bornm. 1923]: löst *mammosa* nach Osten hin ab, von dieser unterschieden durch ein lang zugespitztes, oft schnabelartig verlängertes Säulchen und durch die dreilappige Lippe. Die Sepalen sind ebenfalls zweifarbig.

Zypern! (gemeinsam mit *mammosa*), Südosttürkei!, Libanon!, Syrien, Israel.

★.7 **ssp. spruneri:** Sepalen weißlich oder rötlich, die seitlichen in der unteren Hälfte deutlich intensiver rot gefärbt. Lippe dunkelpurpurn, angedeutet oder ausgeprägt dreilappig; Seitenlappen meist ausgehöhlt und daher als stumpfe Höcker erscheinend; Mal H-förmig, blau, meist mit weißer Umrandung; Anhängsel klein, selten fehlend.

Die Sippe unterscheidet sich deutlich von *sphegodes*, bildet aber bei gemeinsamem Vorkommen mit *mammosa* Übergangsformen.

Hierher gehört wohl auch die aus der südlichen Türkei beschriebene *Ophrys sphegodes* ssp. *amanensis* NELSON 1962. – Südliches Griechenland: Delphi!, Peloponnes!, Kreta!; Zypern?; Südtürkei (Provinz Adana)!

Abb. 22: Ophrys sphegodes ssp. spruneri, Griechenland

Abb. 23: Ophrys sphegodes ssp. spruneri, Kreta

Abb. 24: Ophrys sphegodes ssp. spruneri (amanensis), SO-Türkei

Abb. 25: Ophrys sphegodes ssp. sipontensis, Mte. Gargano

Abb. 26: Ophrys sphegodes ssp. sipontensis, Mte. Gargano

★.8 **ssp. panormitana:** Sepalen weißlich bis rotviolett; Lippe dreilappig, dunkelrotbraun bis fast schwarz, manchmal mit gelbem Rand, Höcker fehlend oder nur angedeutet; Mal hell umrandet. – Sizilien.

★.9 **ssp. sipontensis:** Sepalen weiß oder rötlich, die seitlichen in der unteren Hälfte meist intensiver rot gefärbt; Lippe sehr dunkel, mit starker Randbehaarung, ungeteilt, manchmal gehöckert; Mal ± H-förmig, meist blau mit heller Umrandung; Anhängsel extrem reduziert, meist fehlend und an dessen Stelle eine Einbuchtung (wie bei *atrata*); 2n = 36. – Nur im Gebiet des Monte Gargano! (Süditalien).

★.10 **ssp. garganica:** Sepalen grün; Petalen grün, braun oder rotbraun, oft sehr breit; Lippe rundlich, ungeteilt, sehr dunkel (-rot)-braun, am Rande behaart, nicht oder kaum gehöckert; Mal auf die Schulterpartien der Lippe ausgedehnt; ein sehr kleines Anhängsel ist meist vorhanden. – Besonders in Mittel- und Süditalien! (häufig am Monte Gargano), Spanien.

★.11 **ssp. provincialis:** zeigt durch die Ausdehnung des Mals auf die Schulterpartien Übereinstimmung mit *garganica,* durch die oft weißlich bis rötlich überlaufenden Sepalen Übergänge zu *arachnitiformis.* Lippe ungeteilt, selten angedeutet dreilappig, ohne Höcker; Mal manchmal ± flächig; Anhängsel vorhanden.

Die Sippe ist wenig charakteristisch. – Südfrankreich!, Spanien.

★.12 **ssp. arachnitiformis:** Sepalen weiß oder rötlich, seltener rot oder grünlich überlaufen; Lippe ungeteilt, ohne Höcker, mit kleinem Anhängsel; blüht deutlich früher

Abb. 27: Ophrys sphegodes ssp. garganica, Spanien

Abb. 28: Ophrys sphegodes ssp. provincialis, Südfrankreich

Abb. 29: Ophrys sphegodes ssp. arachnitiformis, Südfrankreich

Abb. 30: Ophrys sphegodes ssp. arachnitiformis, Mte. Gargano

Abb. 31: Ophrys sphegodes ssp. arachnitiformis, Mte. Argentario

Abb. 32: Ophrys sphegodes ssp. arachnitiformis, Südfrankreich

Abb. 33: Ophrys sphegodes ssp. arachnitiformis, (von ssp. atrata abgeleitet), Südspanien

Abb. 34: Ophrys sphegodes ssp. lunulata, Sizilien

als die anderen Sippen; Pflanzen oftmals sehr groß (bis 65 cm!) und vielblütig; 2n = 36. – Südostspanien, Südfrankreich!, Italien: Riviera!, Mte. Argentario!, Mte. Gargano!; Korsika, Sardinien!, Jugoslawien.

In der Regel wird diese Sippe als Kreuzungsprodukt zwischen *O. sphegodes* und *O. fuciflora* aufgefaßt, so von NELSON, der für diesen vielgestaltigen Formenkomplex eine eigene Sektion aufstellte. Der Name ist von *O. arachnites* (= *O. fuciflora*) abgeleitet und bedeutet die „Hummelähnliche" (wörtlich: spinnenähnlich).

Zweifellos sind viele ihrer Teilpopulationen direkt von verschiedenen *Sphegodes*-Sippen abzuleiten (vgl. REINHARD 1972, SUNDERMANN 1972 b, TESCHNER 1972 b).

Hierher gehört auch die aus Sardinien beschriebene *O. morisii* Martelli 1896, die Übereinstimmungen mit *O. fuciflora* ssp. *exaltata* aufweist.

★.13 ssp. lunulata: Sepalen rot oder weiß, die seitlichen zur Lippe hin gewinkelt; Petalen $^{2}/_{3}$ bis fast so lang wie die Sepalen; Lippe lang und schmal (die Ränder gekrümmt), dreilappig, Rand des Mittellappens meist gelb; Mal sehr klein, halbmondförmig (Name!), ohne deutliche Verbindung zur Lippenbasis; das kleine Anhängsel ist nach vorn gerichtet. – Sizilien!

NELSON stellt diese Sippe in die Verwandtschaft von *O. reinholdii,* von der sie räumlich völlig getrennt ist und mit der sie lediglich in der Isolierung des Mals übereinstimmt. REICHENBACH und CAMUS betrachten sie als var. bzw. ssp. von *sphegodes.* Tatsächlich stellt *lunulata* eine von *sphegodes* abgeleitete Sippe dar, wie man in einigen Teilpopulationen Süditaliens beobachten kann, wo *Lunulata*-Merk-

Abb. 35 : Ophrys sphegodes ssp. lunulata, Sizilien

Abb. 36 : Ophrys sphegodes ssp. helenae, Griechenland

Abb. 37 : Ophrys sphegodes (transhyrcana) var. flavescens (Libanon)

Abb. 38 : Ophrys sphegodes, (mammosa) var. planimaculata (Griechenland)

male, wie dreilappige und langgestreckte Lippe, zurückgeschlagener Rand, Gelbfärbung des Randes, abgeschmolzenes und halbmondförmiges Mal, sehr lange Petalen und gewinkelte Sepalen, einzeln oder mehrfach kombiniert in Teilpopulationen auftreten, die nach ihren sonstigen Merkmalen zur ssp. *sphegodes* gehören (mehrfach in Apulien!).

★.14 **ssp. helenae:** Lippe rundlich, ungeteilt, sehr groß (bis 19 mm breit), ohne Malzeichnung, einheitlich weinrot bis dunkel braunrot gefärbt, sehr kurz behaart; Höcker fehlend oder nur angedeutet; Anhängsel sehr klein.

Diese Sippe wurde 1928 von RENZ nach einem einzigen Exemplar von Korfu beschrieben. In den folgenden Jahren (bis etwa 1970) tauchten immer nur vereinzelte Exemplare auf, so daß sie zunächst als Varietät eingestuft werden mußten. Inzwischen wurde bekannt, daß die Pflanze im mittleren Griechenland ein größeres Verbreitungsgebiet hat, wo sie in individuenreichen, einheitlich ausgeprägten Populationen auftritt (vgl. CANEHL 1973). Die Pflanze bildet keine oder kaum Übergänge zur ssp. *mammosa* (auch nicht bei gemeinsamem Vorkommen). Sie ist eine stattliche und durch ihre Blütenfärbung besonders attraktive Pflanze.

Westliches Griechenland: Korfu, Epirus! (häufig im weiteren Umkreis von Joannina), nördlich bis Saloniki.

.0.1 var. *flavescens:* Lippe gelb oder grünlich, Mal weiß. – Zerstreut im ganzen Areal, bei verschiedenen ssp.

.0.2 var. *planimaculata:* Mal flächig, fast die gesamte Lippe einnehmend, manchmal fast spiegelglatt, weißlich, elfenbeinfarben, bläulich, braun oder grünlich; bei versch. ssp. beobachtet (*sphegodes, mammosa, provincialis*).

Hufeisenragwurz — Ophrys ferrum-equinum 1.7

15–30 cm; Deckblätter länger als der Frkn.; Sepalen weiß, rosa oder rot, selten grün, die seitlichen oft zweifarbig; Petalen wenigstens $^1/_2$ so lang wie die Sep., rosa, rot oder bräunlich, kahl, manchmal am Rande gewellt; Lippe dunkelrot mit kurzer Behaarung, ungeteilt, selten dreilappig, ohne Höcker; Mal in der Regel ohne Verbindung zur Basis (Basalfeld daher nicht ausgebildet), aus zwei Streifen bestehend oder ein nach unten geöffnetes Hufeisen darstellend (Name!); Anhängsel klein, meist abwärts gerichtet; Säule zugespitzt.

Die Art ist durch die ssp. *gottfriediana* mit *O. sphegodes* (*spruneri* u. *mammosa*) verbunden.

IV–V, Trockenrasen, Pineten und Macchien auf Kalk, pH 7,5–8,1 (6 M.; 7 indir. M. 7,7–8,2).

Griechenland: Epirus!, Attika!, Peloponnes!, Korfu!, Leukas! und andere ionische Inseln, Aegina!, Ägäische Inseln; Rhodos, westliche und südliche Türkei!

★.1 **ssp. ferrum-equinum:** Sepalen rot oder weiß (oder rot und weiß/rosa); Mal von der Basis getrennt, Basalfeld daher fehlend; Lippe ausgebreitet, ungeteilt, kaum behaart.

★.2 **ssp. gottfriediana:** Grundfärbung der Sepalen grünlichweiß bis schmutzigrosa, die seitlichen in der unteren Hälfte meist bräunlichpurpurn; das Mal gelegentlich mit

Abb. 39: Ophrys ferrum-equinum ssp. ferrum-equinum, Griechenland

Abb. 40: Ophrys ferrum-equinum ssp. gottfriediana, Kephallinia

Abb. 41: Ophrys bertolonnii ssp. bertolonii, Süditalien

Abb. 42: Ophrys bertolonii ssp. bertolonii, Süditalien

Verbindungen zur Basis, dann ein Basalfeld ausgebildet; Lippe dreilappig oder wenigstens ihre stärker behaarten Ränder zurückgeschlagen.

Bisher bekannt von den Inseln Kephallinia, Zante, Kythera, Paros, Syros und Karpathos.

.0.1 var. *flavescens:* Lippe gelb; Mal undeutlich weiß.

Vögleinragwurz **Ophrys bertolonii** 1.8

15–35 cm; Deckblätter etwa so lang wie der Frkn., manchmal auch kürzer oder etwas länger; Sepalen weiß, rosa oder rot, selten grün; Petalen wenigstens $^1/_2$ so lang wie die Sep., meist rot, rosa oder bräunlich, oft am Rande gewellt, meist kahl; Lippe lang zottig behaart, ungeteilt oder dreilappig, oft sattelförmig nach oben gekrümmt, ohne Höcker; Mal von der Basis getrennt, eine blau spiegelnde, oft hell umrandete Fläche, manchmal auch ringförmig oder zweistreifig ausgebildet, sehr selten mit Verbindung zur Lippenbasis; Anhängsel meist kräftig, aufwärts gebogen; Säule zugespitzt; Bestäuber: *Chalicodoma*-Arten (Mörtelbienen; BÜEL 1978); 2n = 36.

In Italien wird diese Pflanze volkstümlich als „l'ucellino che si taglia allo specchio" bezeichnet: Das Vöglein, das sich im Spiegel betrachtet.

Eine Art mit unmittelbarem Anschluß an *O. sphegodes,* wie aus der Darstellung NELSON's hervorgeht. Bastarde zwischen beiden Arten sind nicht selten. Die ssp. *bertoloniiformis* ist entweder eine hybridogene Sippe oder eine Übergangsform zwischen *O. sphegodes* und der „echten" *bertolonii.*

III–V, Trockenrasen, Kiefernwälder, Ölgärten, Macchien; pH 7,3–8,4 (8 M.).

Abb. 43 : Ophrys bertolonii ssp. bertoloniiformis, Mte. Gargano

Abb. 44 : Ophrys tenthredinifera, Griechenland

Eine auf das mittlere und westliche MMG beschränkte Art.

★.1 **ssp. bertolonii:** Lippe sattelförmig gekniet, mit stark zurückgeschlagenen Rändern und daher schmal erscheinend; Narbenhöhle hoch und schmal.

Mittel- und Süditalien!, Sizilien!, Jugoslawien!, Albanien?

★.2 **ssp. bertoloniiformis:** Lippe gerade oder nur wenig gekniet, breiter; Narbenhöhle flach und breit. Wahrscheinlich gehören alle Pflanzen westwärts und nordwärts der Toscana zu dieser Sippe (vgl. GÖLZ u. REINHARD 1975, 1979).

Spanien?, Balearen!, Südfrankreich!, Norditalien (bis zum Südrand der Alpen, aber in der Po-Ebene fehlend)!, Mte. Gargano!, Nordwestsizilien.

Wespenragwurz — Ophrys tenthredinifera 1.9

10–35 cm; Deckblätter etwa so lang wie der Frkn., die unteren länger; Sepalen weiß, rosa oder rot, sehr selten grün, meist breit eiförmig; Petalen dreieckig, höchstens $^{1}/_{3}$ ($-^{1}/_{2}$) so lang wie die Sepalen, behaart; Lippe ungeteilt, schwach gehöckert, mit einem breiten, stark behaarten, gelben Rand (sehr selten ist der Rand braun); Mal auf die Umgebung des Basalfeldes beschränkt; Anhängsel nach oben gebogen, vor diesem ein Haarbüschel; Säule stumpf (kugelig). Bestäuber: mehrere *Eucera*-Arten, *Tetralonia*; 2n = 36.

Eine völlig selbständige und unverwechselbare Art, die zwar häufig bastardiert (z. B. mit *O. bombyliflora*), jedoch keine Übergangsformen bildet. Ihre nächste Verwandte ist *Ophrys fuciflora* (Bestäuber!).

Ende II–IV (Anfang VI), Ödland, Trockenrasen, Kiefernwälder, Macchien; pH 6,4–8,4 (15 M.). Bezüglich der Kalkansprüche scheint sie die toleranteste *Ophrys*-Art zu sein.

Die Pflanze ist im Süden des MMG stellenweise sehr häufig, nach Norden und Osten zu wird sie seltener oder fehlt ganz. – Nordafrika!, Spanien!, Balearen!, Südwestfrankreich, Mittel- und Süditalien!, Korsika, Sardinien!, Sizilien!, Jugoslawien, Griechenland!, Kreta!, Rhodos, Zypern?, westliche Türkei!

.0.1 var. *viridiflora:* Lippe gelb (grünlich, manchmal mit hellbrauner Zone), mit weißen Haaren; Sepalen weiß.

Hummelragwurz, O. arachnites, O. holosericea — Ophrys fuciflora 1.10a

15–50 (90) cm; Deckblätter länger als der Frkn.; Sepalen weiß, rosa oder rot, selten grün; Petalen in der Regel höchstens $^{1}/_{2}$ so lang wie die Sepalen, behaart; Lippe sehr vielgestaltig, ungeteilt bis extrem dreilappig, meist mit Höckern; Mal entweder stark verzweigt (äußerst selten ein einfaches H darstellend) bzw. ± flächig, ein Basalfeld umgreifend oder stark reduziert, von der Basis abgeschmolzen, tropfen- oder hufeisenförmig (*exaltata*); Anhängsel stets vorhanden, meist sehr kräftig, nach oben oder vorwärts gerichtet; Säule zugespitzt. Bestäuber: mehrere *Eucera*-Arten, *Tetralonia.*

Die Einbeziehung der bisher allgemein als Art aufgefaßten *Ophrys scolopax* erweist sich aus mehreren Gründen als unumgänglich (vgl. SUNDERMANN 1975), so hat z. B. *sco-*

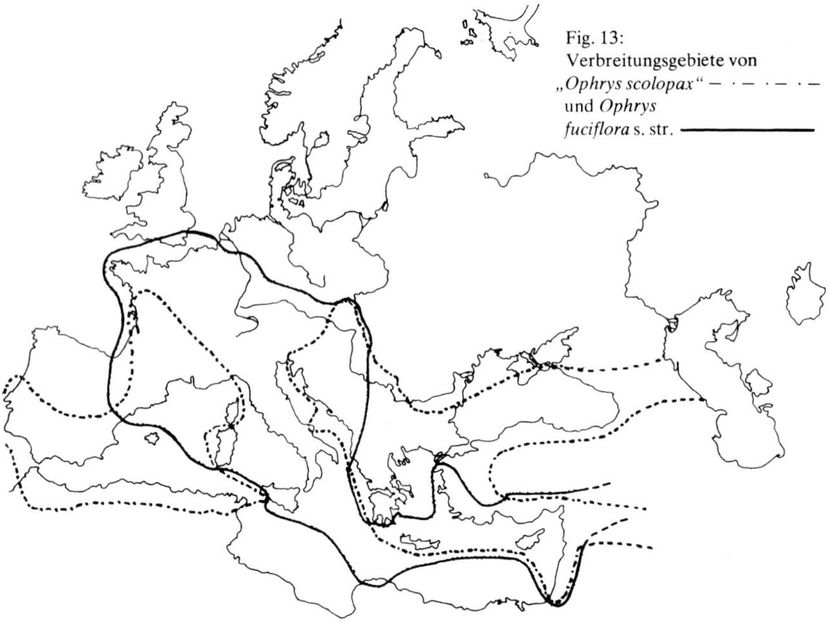

Fig. 13: Verbreitungsgebiete von „*Ophrys scolopax*" — · — · — · — und *Ophrys fuciflora* s. str. ————————

lopax kein geschlossenes Areal, sondern ist mit einer großen Verbreitungslücke, die oekologisch nicht erklärt werden kann, in eine westliche und eine östliche Teilpopulation gespalten, die durch das Areal von *fuciflora* s. str. zu einer Einheit verbunden werden (Fig. 13); ferner gibt es in zahlreichen Teilpopulationen fließende Übergänge, die von *cornuta* bis „*eufuciflora*" reichen, manchmal in den Blüten eines Individuums, und schließlich treten außerhalb des *Scolopax*-Areals in *Fuciflora*-Populationen einzelne Exemplare auf, die der *scolopax* völlig gleichen (NELSON 1962) [5]). Die durch Anwendung der auf S. 27 gegebene Definition der Art notwendig gewordene Vereinigung der beiden NELSON'schen Rassenkreise *fuciflora* und *scolopax* wird sicher bei manchem Floristen auf Unverständnis stoßen, jedoch läßt sich gerade an dieser Stelle die Notwendigkeit einsehen, den Artbegriff nur unter Berücksichtigung solcher Kriterien anzuwenden, die dem evolutorischen Status einer Sippe gerecht werden.

Der Name *fuciflora* Crantz wurde zugunsten von *holosericea* (Burmfil) von GREUTER u. RECHINGER (1967) in die Synonymie verwiesen. Inzwischen konnte WIRTH (1977) nachweisen, daß das Epitheton *fuciflora* die Priorität hat. Dieser Name wird auch von TUTIN u. M. in der FLORA EUROPAEA (1980) übernommen.

III–V (im Norden bis IX!), Trockenrasen, Kiefern- und Flaumeichenwälder, Macchien, auf Kalk; pH 6,9–8,8 (39 M., Durchschn. 7,8).

Südliches und westliches Mitteleuropa und größter Teil des MMG (vgl. bei den einzelnen Sippen).

---

[5]) Dazu liegen auch Mitteilungen anderer Beobachter vor. Außerdem haben die beiden Sippen w e n i g s t e n s 2 Bestäuber gemeinsam: *Eucera longicornis* und *E. tuberculata* und möglicherweise auch Arten der Gattung *Tetralonia* (KULLENBERG 1961, 1973, 1976).

Abb. 45: Ophrys fuciflora ssp. fuciflora, Kreta

Abb. 46: Ophrys fuciflora ssp. apulica, Süditalien

★.1 **ssp. fuciflora:** Petalen weniger als $^1/_2$ so lang wie Sep., meist kürzer, ± dreieckig, an der Basis meist deutlich geöhrt; Lippe ungeteilt, in der Regel mit kräftigen Hökkern; Mal mit seitlichen Verzweigungen, umfaßt das Basalfeld; Anhängsel sehr kräftig, nach oben gerichtet und oft dreispitzig; 2n = 36.

Nordafrika (Libyen)?, Ostspanien, Balearen?, Frankreich!, Südengland, Süddeutschland (nördlich bis zum mittleren Rheintal)!, Benelux, Alpenländer! (nicht im Hochgebirge), Italien!, Korsika?, Sardinien!, Sizilien, Jugoslawien!, Griechenland (nur südl. Peloponnes! und Ägäische Inseln), Kreta!, Rhodos!, südl. und westl. Türkei!, Libanon, Israel, südl. Tschechoslowakei, Westungarn.

.1.1 var. *candica:* Mal ± flächig ausgebildet und von einem breiten, rein weißen, oft horizontal über die Lippe verlaufenden Balken nach unten begrenzt; blüht etwas später. Vereinzelt oder in größeren Gruppen zerstreut und gemeinsam mit der Normalform an verschiedenen Stellen des Areals:

Apulien!, Kreta, Rhodos, südwestliche Türkei!, südlicher Peloponnes.

★.2 **ssp. apulica:** wie ssp. *fuciflora,* aber Blüten größer (2,5–3,5 cm); Sepalen manchmal grünlich, bräunlich oder grün mit violett; Petalen verlängert, $^1/_2$–$^3/_4$ so lang wie die Sep.; Blütenlippe mit meist verlängerten Höckern, die Ränder oft zurückgeschlagen; blüht ab Ende III.

NELSON hat diese Sippe zu *scolopax (heldreichii)* gestellt, obgleich nur selten eine Dreilappigkeit der Lippe angedeutet wird.

Abb. 47: Ophrys fuciflora ssp. oxyrrhynchos, Sizilien

Abb. 48: Ophrys fuciflora ssp. exaltata, Mte. Argentario

Abb. 49: Ophrys fuciflora ssp. exaltata, Mte. Gargano

Abb. 50: Ophrys fuciflora ssp. bornmuelleri var. grandiflora, Zypern

Süditalien: wohl in ganz Apulien neben anderen Sippen der Art! Korfu!, Sizilien, Insel Kos?

★.3 **ssp. oxyrrhynchos:** Sepalen grün oder weiß, seltener rötlich; Petalen extrem klein, höchstens $^1/_4$ so lang wie die Sepalen; Lippe ungeteilt, schwach gehöckert oder Höcker fehlend; Anhängsel verlängert, sehr kräftig, nach vorn oder oben gestreckt (Name!). – Sizilien!

★.4 **ssp. exaltata:** Sepalen weiß (selten grünlichweiß), rosa oder rot; Petalen etwa $^1/_2$ so lang wie die Sep. (auch kürzer oder länger); Lippe ungeteilt, Höcker schwach ausgebildet oder fehlend; Mal von der Basis abgeschmolzen, quer orientiert oder hufeisenförmig oder bis auf Striche oder Punkte reduziert, sehr selten mit Verbindung zur Lippenbasis, dann ein deutlich begrenztes Basalfeld ausgebildet (auch bei isoliertem Mal ist gelegentlich an der Basis eine heller gefärbte Zone erkennbar); Anhängsel weniger kräftig, meist zugespitzt und abwärts gerichtet; blüht früher als andere *Fuciflora*-Sippen am gleichen Standort; 2n = 36.

NELSON (1962) zählt zu seiner *O. fuciflora* ssp. *pollinensis* auch jenen Morphotypus des Mte. Gargano, der durch das isolierte Mal, reduzierte Höcker und das kleine, spitze Anhängsel eher der ssp. *exaltata* nahesteht (Abb. 49). Von DANESCH (1970 b) wird diese Sippe als selbständige Art aufgefaßt *(O. biscutella)*,SOÓ (1970) bezeichnet sie als *O. exaltata* ssp. *sundermannii.* Wenngleich diesem Taxon eine gewisse (auch geographische) Eigenständigkeit zugesprochen werden kann, so ist eine Neukombination als Subspezies von *O. fuciflora* an dieser Stelle aus naheliegenden Gründen nicht angebracht.

Westliches Mittelitalien (Livorno!, Mte. Argentario!, Sorrent!), Mte. Gargano!, Korsika.

.5 ssp. bornmuelleri: Sepalen grün, weiß oder rötlich; Petalen extrem kurz, höchstens $^1/_4$ so lang wie die Sep.; Lippe ungeteilt, hell- bis dunkelbraun, mit kräftigen Höckern, am Rande mit hellen, langen Haaren besetzt; Mal ± reduziert und oft auf die Umgebung des Basalfeldes beschränkt; Anhängsel nach vorn gebogen, oberhalb des A. ein Haarbüschel oder eine knollige Verdickung; blüht ab Anfang III.

Zypern!, südöstliche Türkei!, Libanon!, Israel.

.5.1 var. *grandiflora:* Blüten größer als bei der Normalform (Lippe wenigstens 10 x 15 mm); Sepalen grünlich bis weiß, n i c h t rosa überlaufen; Mal stark reduziert; Pflanze an *O. tenthredinifera* erinnernd; blüht 2–3 Wochen früher als die Normalform (vgl. WILLING 1975).

★.6 **ssp. scolopax** [= *O. picta* Link 1799]: Sepalen weiß, rosa oder rot, sehr selten grün, das mittlere aufrecht bis zurückgeschlagen; Petalen etwa $^1/_2$ so lang wie die Sep., meist kürzer; Lippe dreilappig, die Seitenlappen zurückgeschlagen, mit nicht sehr stark zugespitzten, etwa 2–5 mm langen Höckern (im Gegensatz zu *cornuta!*), Mittellappen stark gewölbt, die Ränder zurückgeschlagen; Mal stark verzweigt, das Basalfeld umfassend; Anhängsel kräftig, nach vorn (abwärts) gerichtet; 2n = 36.

Südspanien (und Portugal!), Südfrankreich! (nördlich bis zur Charente), westliche italienische Riviera, Korsika, Sardinien, Griechenland!, Rhodos, Zypern, westliche und südliche Türkei!

.7 ssp. apiformis [= *O. ouritensis* Guitonneau 1962]: 15–40 cm; Blütenstand locker, 3- bis 12blütig; Sepalen rosa oder weiß, selten grünlich; Petalen dreieckig bis lan-

Abb. 51: Ophrys fuciflora ssp. scolopax, Spanien

Abb. 52: Ophrys fuciflora ssp. apiformis, Tunesien

Abb. 53: Ophrys fuciflora ssp. cornuta, Griechenland

zettlich, etwa $^1/_2$ so lang wie die Sep.; Lippe dreilappig, die Seitenlappen gehöckert oder hornartig verlängert, Mittellappen etwa 10 mm lang, der Rand stark zurückgeschlagen; Anhängsel kräftig, abwärts bis vorwärts gerichtet.

Diese in den Grundmerkmalen mit der ssp. *scolopax* übereinstimmende Sippe ist in Marokko, Algerien und Tunesien einziger Vertreter des *Fuciflora*-Komplexes. Möglicherweise muß auch die *scolopax* Südspaniens hierher gestellt werden (BAUMANN 1975).

★.8 ssp. cornuta [= *O. oestrifera* M. Bieb. 1808]: wie *scolopax*, aber die Seitenlappen der Lippe in 6–12 mm lange, spitze, nach vorn oder leicht seitwärts gestreckte Hörner ausgezogen. – Die Übergänge zwischen beiden Sippen sind fließend. So vermittelt die NELSON'sche ssp. *heldreichii* mit größeren Blüten und meist kürzeren Hörnern zwischen den ssp. *cornuta, scolopax* und *fuciflora*. Da es effektiv keine sicheren Unterscheidungskriterien zwischen *cornuta* und *heldreichii* gibt, werden beide hier zusammengefaßt (vgl. unter ssp. *apulica*); 2n = 36.

In Süditalien am Mte. Gargano!, sonst nur weiter östlich: Jugoslawien!, Griechenland!, Kreta!, Rhodos!, Ägäis, Zypern, nördliche, westliche und südliche Türkei!, Ungarn, Bulgarien, Rumänien, Krim, Kaukasus.

★.9 ssp. lacaitae: Lippe fächerförmig, nach unten stark verbreitert und die Ränder nach oben gebogen, i. d. R. mit einem intensiv gelb gefärbten, breiten Rand, der im unteren Teil (in der Spitzenregion) kahl ist; Mal stark reduziert; das sehr kräftige Anhängsel und die extrem kurzen Petalen stimmen mit der ssp. *oxyrrhynchos* überein.

Westliches Süditalien, Sizilien.

★.10 ssp. elatior: Pflanzen schlank und hochwüchsig, 30–90 cm; Abstände zwischen den relativ kleinen Blüten sehr groß; Mal weniger vielgestaltig als bei der ssp. *fuciflora;* die neue Blattrosette erscheint schon während der Fruchtzeit; Blütezeit Mitte VII bis Mitte IX; bisher nur aus der südlichen Oberrheinebene (zwischen Müllheim und Basel) nachgewiesen.

Die Pflanze ist von mehreren Fundorten bekannt (vgl. GUMPRECHT 1980). Ihr hervorstechendes Merkmal ist – neben der Größe – die extrem verschobene Blütezeit, die eine Überschneidung mit der ssp. *fuciflora* ausschließt.

.0.1 var. *flavescens:* Blütenlippe gelb, Sepalen weiß.

Karmelragwurz, O. attica — Ophrys carmeli 1.10b

10–30 (45) cm; Deckblätter wenigstens so lang wie der Fruchtknoten, meist länger; Sepalen grün, weiß oder rosa, das mittlere nach vorn geneigt; Petalen behaart, etwa $^1/_2$ so lang wie die Sepalen; Lippe dreilappig, die Seitenlappen mit ausgeprägten Höckern; Mal vielgestaltig, das Basalfeld umgreifend; Anhängsel kräftig und aufwärts gerichtet; Säule zugespitzt.

Die Pflanze wird sehr verschieden beurteilt. NELSON (1962) stellt *attica* und *orientalis* als ssp. zu *O. scolopax*. RENZ (1978) trennt nur ssp. *carmeli* und ssp. *attica* von *scolopax* ab. Die Art gehört zweifellos zum *Fuciflora*-Komplex, weshalb sie auch die gleiche Systemnummer beibehält. Die Abtrennung als selbständige Art erfolgt deshalb, weil der

Abb. 54 : Ophrys fuciflora ssp. lacaitae, Süditalien

Abb. 55 : Ophrys fuciflora ssp. elatior, Süddeutschland

Abb. 56 : Ophrys fuciflora (scolopax) var. flavescens

Abb. 57 : Ophrys carmeli ssp. attica, Griechenland

verwandtschaftliche Abstand zwischen *carmeli* und *scolopax* deutlich größer ist (keine Übergangsformen!) als der zwischen *scolopax* und *fuciflora* (s. dort). – Die Pflanze wurde nach dem Berg Karmel (Israel) benannt.

III–IV (V); Trockenrasen, Macchien und Kiefernwälder auf Kalk; pH 7,1–8,2 (1 dir. u. 8 indir. M.).

Nur im östlichen MMG.

★.1 **ssp. carmeli:** Pflanze bis 45 cm; Blütenstand 3–4 cm breit, bis zu 12 Blüten; Sepalen grün; Lippe bis 10 mm lang.

Israel, Libanon, Syrien, Irak (wahrscheinlich auch Südosttürkei), – Persien.

★.2 **ssp. attica:** Pflanze kleiner; Blütenstand bis 6 cm breit, bis zu 10 Blüten; Sepalen grün; Lippe bis 15 mm lang.

Griechenland (Korfu!, Attika!, Peloponnes!, Ägäische Inseln), Rhodos!, Zypern!, westliche und südliche Türkei!, Libanon!, Syrien?, Israel?

★.3 **ssp. orientalis:** wie die vorige, aber Sepalen weiß oder rosa; oft nicht sicher von *attica* zu trennen.

Rhodos, Zypern!, südliche und westliche Türkei!, Libanon!, Israel?

Abb. 58: Ophrys carmeli ssp. orientalis, Zypern

Abb. 59 : Ophrys schulzei, Türkei

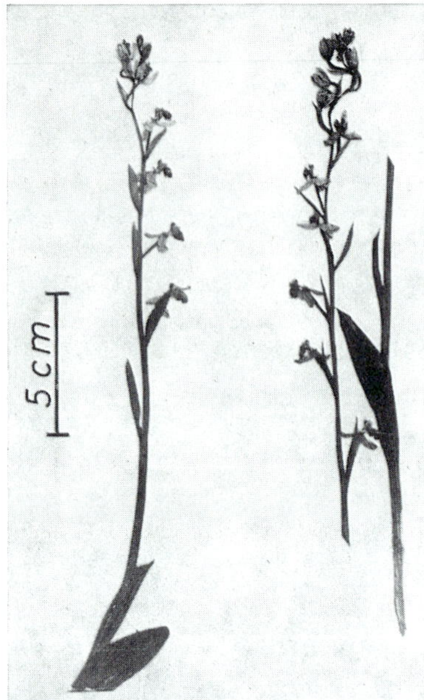

Abb. 60 : Ophrys schulzei, Türkei

Abb. 61 : Ophrys schulzei, Türkei

25–65 cm; Blüten 4–12, locker angeordnet, sehr klein; Deckblätter etwa so lang wie der Frkn., die unteren länger; Sepalen im Verhältnis zur Lippe sehr groß, weit zurückgeschlagen, rosa (-violett); Petalen extrem klein, 1–1,5 mm lang, kahl; Lippe tief dreilappig, der Mittellappen 5–7 mm lang, stark gewölbt, Seitenlappen ausgehöhlt, aufwärts gerichtet, im Verhältnis sehr groß, außen zottig behaart, innen weiß und kahl; Mal bedeckt fast den ganzen Mittellappen, Basalfeld ausgebildet; Anhängsel sehr kräftig, abwärts gerichtet; Säule lang zugespitzt.

Eine wohl in allen Merkmalen sehr konstante Art (vgl. RENZ 1973, SUNDERMANN 1973 b), die über lange Zeit in Vergessenheit geraten war. Daher wurde sie von RENZ (1973) unter der Bezeichnung *O. luristanica* als neue Art beschrieben. Sie ist äußerst selten; weitere Fundpunkte wären von höchstem Interesse.

V–VI, buschige Weiden, Eichengebüsch, auf Kalk; vermutlich nur in höheren Lagen ab 800 m.

Östliche Südtürkei (Antakya, Mardin); Libanon; Syrien; Irak; – westliches Persien.

Abb. 62: Ophrys apifera, Deutschland

Abb. 63 : Ophrys apifera var. friburgensis, Deutschland

Abb. 64 : Ophrys argolica, Griechenland

Abb. 65 : Ophrys argolica, Griechenland

Bienenragwurz — Ophrys apifera 1.12

20–60 (70) cm; Blüten 3–10, locker angeordnet; Deckblätter länger als der Fruchtknoten; Sepalen weiß, rosa oder rot, nie grün, das mittlere meist weit zurückgeschlagen; Petalen in der Regel sehr kurz, seltener mehr als $^1/_2$ so lang wie die Sep. (forma *aurita*, var. *friburgensis*), behaart (außer bei *friburgensis*); Lippe dreilappig, die Seitenlappen gehökkert und zottig behaart; Mal meist auf die Umgebung des Basalfeldes beschränkt; Anhängsel nach rückwärts geschlagen; Säule schnabelartig verlängert, der Konnektivfortsatz oft S-förmig gekrümmt; fast ausschließlich Selbstbestäubung, wird aber auch von Männchen der Gattungen *Eucera* und *Tetralonia* angeflogen; 2n =36 (26).

Die Art ist mit keiner anderen verwechselbar. Sie ist durch Selbstbestäubung fast völlig isoliert und im gesamten Verbreitungsgebiet kaum variabel, sie bildet keine Morpho- oder Geotypen.

IV (im Süden) – VII (im Norden); Trockenrasen, Kiefernwälder, austrocknende Sumpfwiesen. Blüht im Norden unregelmäßig und tritt in manchen Jahren gehäuft auf; pH 7,4–8,5 (13 M.).

Nordafrika!, Spanien!, Balearen, Frankreich!, Irland, England, Deutschland! (auch im Norden), Benelux, Alpenländer! (nicht im Hochgebirge), Italien!, Korsika, Sardinien!, Sizilien, Jugoslawien!, Griechenland!, Kreta, Rhodos, Zypern, Türkei!, Libanon, Israel, Tschechoslowakei, Ungarn, Rumänien, Krim, Kaukasus.

.0.1 var. *friburgensis:* Petalen ebenso ausgebildet wie die Sepalen.

.0.2 var. *flavescens:* Blütenlippe gelb, Sepalen weiß.

Argolische Ragwurz — Ophrys argolica 1.13

15–35 cm; Blüten 2–6; Sepalen rosa oder rot, das mittlere aufrecht bis zurückgeschlagen; Petalen $^1/_3$–$^1/_2$ so lang wie die Sep., rosa oder rot; Lippe in der Regel ungeteilt, rundlich (bei zurückgeschlagenen Rändern ± dreieckig erscheinend: ssp. *elegans*), kirschrot bis dunkelbraun, am Rande behaart, die Haare an der Basis stets weiß, ohne (ausgeprägte) Höcker; Mal von der Basis getrennt, der Nackenzeichnung einer Brillenschlange ähnlich oder hufeisenförmig, manchmal nur zwei Punkte oder Streifen darstellend, seltener mit Verbindungslinien zur Basis; Anhängsel klein, abwärts oder vorwärts gerichtet; Säule ± zugespitzt.

Die Art hat Ähnlichkeit mit *O. ferrum-equinum,* mit der sie teilweise vereinigt wurde, deren Lippe jedoch in allen Teilen nur sehr kurz behaart ist, und die (mit sehr wenigen Ausnahmen) keine weißen Haare in der Basalregion aufweist. Andererseits steht sie der *O. reinholdii* sehr nahe, was bei dreilappigen Exemplaren dieser Art öfter zu Verwechslungen geführt hat.

Eine hybridogene Sippe aus *O. argolica* und *O. fuciflora* ssp. *cornuta* (= *O. delphinesis* Danesch), die auf dem nördlichen Peloponnes und im südwestlichen Griechenland verbreitet ist, wird von einigen Autoren als selbständige bzw. „in Entwicklung begriffene" Art (also im Sinne einer Präspezies) aufgefaßt (vgl. O. u. E. DANESCH 1976).

Abb. 66: Ophrys reinholdii, Türkei

Abb. 67: Ophrys reinholdii ssp. straussii, Türkei

III–V, Ödland, Kiefernwälder und Macchien; pH 7,1–8,2 (4 M.).

Griechenland!, Zypern!, Türkei?

.1 ssp. argolica: Lippe meist rundlich, ungeteilt und wenig gewölbt (zahlreiche Ausnahmen in Delphi); wenn dreilappig, dann die Seitenlappen nicht oder kaum zurückgeschlagen.

Griechenland: Delphi!, besonders auf dem Peloponnes: Argolis (Mykene!, Tiryns!, Nauplia!, Epidauros!), Sparta! und weiter südlich!, Kalamata; Kasos, Karpathos, Kreta, südliche Türkei?

.2 ssp. elegans: Lippe meist ± dreilappig und stärker gewölbt; die Seitenlappen zurückgeschlagen, daher die Lippe oft spitz dreieckig erscheinend. Nur auf Zypern!; südliche Türkei?

.0.1 var. *flavescens:* Blütenlippe gelb, Mal und Sepalen weiß.

Reinholdragwurz — Ophrys reinholdii 1.14

20–40 cm; Blüten 2–6 (8); Deckblätter länger als der Frkn.; Sepalen weiß, rosa, rot, manchmal grün, auch mehrfarbig, das mittlere ± aufrecht, manchmal zurückgeschlagen; Petalen $^1/_3$–$^2/_3$ so lang wie die Sep., braun, oliv, rosa oder rot, oft zurückgeschlagen, behaart bis fast kahl; Lippe stets dreilappig, die Seitenlappen gehöckert und behaart, der Mittellappen tief dunkelbraun, am Rande manchmal heller; Mal von der Basis getrennt (selten bei ssp. *straussii* mit der Basis verbunden), ganz leuchtend weiß oder zumindest mit einer weißen Umrandung, eine Querverbindung zwischen den Einschnitten der Lippe darstellend oder auf Punkte oder Streifen reduziert, manchmal brillen- oder hufeisenförmig; Anhängsel meist klein, abwärts gerichtet; Säule zugespitzt; Bestäuber: *Melecta.*

Die Pflanze wurde erstmals von SPRUNER (1907) beschrieben, und zwar von Korfu. RENZ (1928) beschrieb sie nochmals ausführlich, und zwar ebenfalls aus Korfu und später aus Rhodos (1930 a). Auf Korfu ist die Pflanze sehr selten, ebenso auf dem südlichen Peloponnes, häufiger auf Rhodos und in der südwestlichen Türkei. Eine Differenzierung der beiden Subspezies erscheint mir sehr schwierig, wenn nicht gar fraglich.

Ende III–V (VI?); Ödland, Macchien, Kiefernwälder; auf Kalk; pH 7,5–7,8 (4 M.).

Griechenland!, Rhodos!, Türkei!

★.1 ssp. reinholdii: Pflanzen 20–30 cm hoch, Blüten entsprechend kleiner als bei *straussii,* die Ränder der Lippe stärker zurückgeschlagen, das Mal nicht so ausgeprägt (nach NELSON).

Griechenland (Korfu!, Peloponnes, Ägäische Inseln, nach HERMJAKOB (1974) auch Attika, Thessalien und Makedonien), Rhodos!, südwestliche Türkei (Izmir, Milas!, Bodrum!, westl. Fethiye!, nördlich Antalya).

★.2 ssp. straussii: 30–40 (45) cm, die Ränder und Seitenlappen der Lippe (manchmal!) nicht so stark zurückgeschlagen, das Mal von größerer Ausdehnung (?).

Im Gegensatz zu der Beschreibung NELSON's konnte ich von der ssp. *reinholdii* auf Rhodos und besonders in der südwestlichen Türkei Pflanzen mit sehr ausgeprägter Malzeichnung beobachten, andererseits im Südosten (zwischen Antakya und der Sy-

Abb. 68 : Ophrys kurdica, Türkei

Abb. 69 : Ophrys kurdica, Türkei

Abb. 70 : Ophrys kotschyi ssp. kotschyi, Zypern

Abb. 71 : Ophrys kotschyi ssp. cretica, Kreta

rischen Grenze, wo nur *straussii* vorkommt) auch solche mit stark reduziertem Mal, in einigen Fällen war das Mal mit der Basis verbunden.

Südtürkei! (von Mersin an ostwärts), Syrien, Irak, Persien.

Kurdische Ragwurz — Ophrys kurdica 1.15

15–30 cm; Blütenstand locker, mit 3–7 Blüten; Deckblätter 1,5 bis 3 mal so lang wie der Frkn.; Sepalen im Verhältnis zur Lippe sehr groß und breit (bis 12 × 4,5 mm), grünlich bis rosa, abstehend, das mittlere manchmal nach vorn geneigt, die seitlichen meist stark nach unten gewinkelt (bis 140°); Petalen linealisch (1 bis 1,5 mm breit), grünlich, braun oder rötlich, behaart, $^1/_3$–$^2/_3$ so lang wie die Sep.; Blütenlippe 10–12 mm lang, dreilappig, mit sehr schmaler, halsartig verlängerter Basis, Mittellappen stark eingerollt und daher sehr schmal erscheinend, Seitenlappen sehr klein, gehöckert und zurückgeschlagen; Mal rein weiß, aus zwei ± parallel verlaufenden Schenkeln bestehend oder diese miteinander verschmolzen, selten zu zwei größeren Flecken reduziert und von der Basis abgeschmolzen; Anhängsel klein, zugespitzt und abwärts gerichtet; Säule zugespitzt.

Diese Sippe hat gewisse Übereinstimmungen sowohl mit *O. kotschyi* als auch mit *O. reinholdii*, an deren Verbreitungsgebiet sie anschließt. Ihre eigentümliche Blütenstruktur und ihre isolierten Vorkommen berechtigen dazu, dieser Sippe Artrang zuzubilligen. Wenn man von der ihr nahestehenden, von RENZ (1978) aus Persien beschriebenen *O. kurdistanica* absieht, so sind von dieser Art nur 4 Fundstellen aus der südlichen Türkei bekannt (SUNDERMANN u. TAUBENHEIM 1978). Die Art wurde 1975 von RÜCKBRODTs beschrieben und erstmals abgebildet. Möglicherweise existiert aber ein älteres Synonym (z. B. *O. cilicica* Schltr. 1923)?

V; auf trockenen Standorten und am Rand feuchter Wiesen.

Südliche Türkei: Provinz Konya!, Prov. Icel (Mardin), Prov. Diyarbakir.

Kretische Ragwurz — Ophrys kotschyi 1.16

15–35 cm; Deckblätter wenigstens so lang wie der Frkn.; Sepalen grün, die seitlichen oft in der unteren Hälfte braun oder rot, das mittlere aufrecht, zurückgeschlagen oder nach vorn geneigt; Petalen $^1/_3$–$^2/_3$ so lang wie die Sepalen, olivgrün, braun bis purpurn, kurz behaart; Lippe dreilappig, tief dunkelbraun bis schwarz; Mal ausgedehnt, weiß, zumindest weiß umrandet, das Basalfeld umschließend; Anhängsel abwärts bis aufwärts gerichtet; Säule zugespitzt.

Die beiden bisher als getrennte Arten aufgefaßten Sippen *cretica* und *kotschyi* stehen einander morphologisch so nahe, daß eine Trennung nicht aufrecht erhalten werden kann. Auch NELSON betont, daß beide „durch eine bedeutende Anzahl von Merkmalen klar zu einer Verwandtschaftsgruppe“ gehören. Er faßt sie zur Subsectio *Aegaeae* der Sectio *Orientales* zusammen. Die ssp. *cretica* nochmals in Kleinsippen zu untergliedern, wie NELSON es getan hat, halte ich nicht für angebracht. Da *kotschyi* der älteste auf Artebene verwendete Sippenname ist, hat er den Vorrang vor *cretica*.

III–IV, Standorte wie andere *Ophrys*.

Abb. 72 : Ophrys kotschyi (cretica) var. albovirescens

Abb. 73 : Serapias cordigera ssp. vomeracea, Norditalien

Abb. 74 : Serapias cordigera ssp. laxiflora, Türkei

.1 ssp. kotschyi: Sepalen einheitlich grün; das mittlere Sepalum in der Regel nach vorn geneigt; die Seitenlappen der Lippe stark zurückgeschlagen, gehöckert und länger behaart.

Zypern!, südliche Türkei?

.2 ssp. cretica: Mittleres Sepalum aufrecht, die seitlichen oft in der unteren Hälfte braun bis rötlich, manchmal alle drei Sepalen braun; Seitenlappen meist verlängert (nicht zurückgeschlagen), seitlich oder abwärts gespreizt, nicht oder kaum gehökkert, kurzhaarig.

Kreta!, Naxos, Karpathos, Rhodos (im Süden), südlicher Peloponnes, Aegina, Attika.

Zungenstendel — Serapias — 2

Die Gattung *Serapias* ist, ebenso wie *Ophrys,* sehr vielgestaltig. Dennoch läßt sie sich besser überblicken, weil hier zwei deutlich unterscheidbare Gruppen vorliegen: Die einschwielige *S. lingua* und die beiden zweischwieligen Arten *S. cordigera* und *S. parviflora.* Innerhalb der letzten Gruppe ist die Nominatrasse von *S. parviflora* durch Selbstbestäubung ± isoliert.

Serapias cordigera s. l. ist in mehrere Kleinarten aufgespalten, die im östlichen Teil des MMG effektiv nicht unterscheidbar sind, während sich im Westen des Areals die Sippen *vomeracea, neglecta* und *cordigera* so weit differenziert haben, daß ihre Selbständigkeit offensichtlich wird.

NELSON hat in seiner Monographie (1968) diese Entwicklung mit zahlreichem Material belegt. Seine Darlegungen sind ein bedeutender Beitrag zum Verständnis der Gattung *Serapias.* Er betrachtet die Ostmediterraneis als Entstehungszentrum der Gattung. Dabei wird *S. cordigera* ssp. *vomeracea* als Stammglied der Gattung aufgefaßt, von dem aus sich folgende Differenzierungswege ableiten:

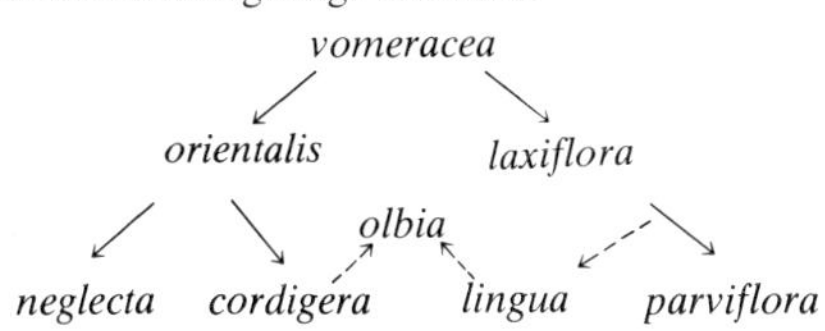

Im östlichen MMG habe ich sehr oft vor der Schwierigkeit gestanden, in der Reihe *vomeracea-laxiflora-parviflora* keine Entscheidung für eine Zuordnung treffen zu können. Übrigens begegneten mir auch in Calabrien und Apulien Übergänge zwischen *vomeracea* und *parviflora,* die also eigentlich zu *laxiflora* gehören müßten, die aber nach NELSON in Süditalien nicht vorkommen soll (vgl. GÖLZ u. REINHARD 1977).

D i a g n o s e : Knollen rund bis eiförmig; Laubblätter lanzettlich, meist rinnig gefaltet, zugespitzt; Deckblätter länger als der Frkn., ähnlich gefärbt wie die Sepalen, die zu einem spitzen Helm miteinander verklebt sind; Petalen im Inneren des Helms verborgen, mit diesem teilweise verklebt, in eine lange, fadenförmige Spitze ausgezogen; Lippe ohne Sporn, durch einen Einschnitt in einen oberen (Hypochil) und einen unteren Abschnitt (Epichil) gegliedert (vgl. Fig. 6, S. 19); an der Basis des Hypochils befinden sich 1 oder 2 Schwielen; Säule lang zugespitzt.

Abb. 75: Serapias cordigera ssp. neglecta, Südfrankreich

Abb. 76: Serapias cordigera ssp. orientalis, Süditalien

Abb. 77: Serapias cordigera ssp. cordigera, Südfrankreich

Abb. 78: Serapias cordigera ssp. cordigera, Korfu

An der Lippenbasis eine aus zwei divergierenden oder parallel angeordneten Leisten bestehende Schwiele; Epichil länger als 1 cm, i. d. R. wenigstens $1^1/_2$ mal so lang wie das Hypochil; Knollen selten mehr als zwei.

III–VI, Ödland, Macchien, Wälder, feuchte Wiesen, saure bis schwach basische Standorte; pH 5,8–7,6 (10 M.).

Gesamtes MMG, Kleinasien, Westfrankreich und Südalpen.

★.1 **ssp. vomeracea:** 20–60 cm; 4–10 Blüten in ± gestrecktem Blütenstand; wenigstens die unteren Deckblätter den Helm überragend; Helm aufwärts gerichtet; Lippe 25–45 mm lang; Epichil bedeutend schmaler als das ausgebreitete Hypochil (Fig. 6 a, S.19), stark behaart, braunrot bis gelblich, etwa doppelt so lang wie das Hypochil, abwärts gerichtet oder ± zurückgeschlagen; 2n = 36.

Ende III – Anfang VI.

Nordafrika, Spanien, Balearen, Frankreich!, Italien! (nördlich bis zu den Südalpen!), Korsika, Sardinien, Sizilien!, Jugoslawien!, Griechenland!, Kreta!, Rhodos?, Zypern!, Türkei!, Libanon!, Bulgarien, Kaukasus.

★.2 **ssp. laxiflora** [= *S. columnae* Aunier 1837]: 20–40 (50) cm; Stengel an der Basis meist gestrichelt; Blütenstand stark aufgelockert, mit 5–20 Blüten, die unteren meist mehrere cm voneinander entfernt; Epichil schwach behaart, etwa $1^1/_2$ mal so lang wie das Hypochil, stark zurückgeschlagen, schmaler als das ausgebreitete Hypochil; 2n = 36.

Diese Sippe schließt unmittelbar an die vorhergehende an und ist oft schwer von ihr zu trennen (vgl. GÖLZ u. REINHARD 1977). Sie ist vorwiegend im östlichen MMG verbreitet, jedoch kommen auch im mittleren MMG Pflanzen vor, die nach morphologischen Kriterien diesem Typus zugeordnet werden müssen.

Ende III – Anfang V.

Mittel- und Süditalien (Toscana, Apulien!, Calabrien!), Sizilien, Jugoslawien!, Griechenland!, Kreta!, Rhodos!, Zypern!, westliche und südliche Türkei!

★.3 **ssp. neglecta:** 10–20 (35) cm; Stengel an der Basis nicht gestrichelt; Blätter ziemlich breit; Deckblätter kaum länger als der ± waagerecht gestellte Helm; Epichil fast so breit wie das ausgebreitete Hypochil, meist blaß gefärbt und stark behaart, abwärts oder vorwärts gerichtet; Hypochil weit aus dem Helm herausragend.

Ende III–IV (V), vorzugsweise auf sauren Böden.

Südfrankreich!, nördliches und mittleres Italien (Riviera!, La Spezia!, Viareggio!), ist im Süden durch *orientalis* vertreten; Korsika, Sardinien, Sizilien?, Ionische Inseln (Zante, Kephallinia).

★.4 **ssp. orientalis:** 15–30 cm; Stengel an der Basis manchmal (!) gestrichelt; Blätter ziemlich breit; Deckblätter kaum länger als der ± waagerecht gestellte Helm; Epichil nur wenig schmaler als das ausgebreitete Hypochil, behaart, zurückgeschlagen; Hypochil ± aus dem Helm herausragend.

Abb. 79: Serapias cordigera ssp. cordigera, Süditalien

Abb. 80: Serapias cordigera ssp. olbia, Südfrankreich

Abb. 81: Serapias parviflora ssp. parviflora, Süditalien

Diese Sippe hat enge Beziehungen zu *neglecta,* die sie nach Süden und Osten hin ablöst. Ebenso ist sie nicht immer sicher von *cordigera* oder *vomeracea* zu trennen.

Mitte III – Anfang V (in Apulien Mitte IV meist schon verblüht), bevorzugt Kalkböden.

Apulien (häufig am Fuße des Monte Gargano!), Griechenland!, Kreta, Rhodos?, Zypern, westliche und südliche Türkei!

★**.5 ssp. cordigera:** 20–40 (50) cm; Stengel an der Basis gestrichelt; Deckblätter etwa so lang wie der waagerecht oder etwas aufwärts gerichtete Helm; E p i c h i l e t w a e b e n s o b r e i t w i e d a s H y p o c h i l , herzförmig, stark behaart, dunkelrot bis fast schwarz, ± abwärts gerichtet; Hypochil ± im Helm versteckt.

IV–V.

Azoren, Nordafrika, Spanien, Süd- und Westfrankreich (bis zur südlichen Bretagne, Riviera!), Italien!, Korsika, Sardinien, Sizilien, Jugoslawien, Griechenland (Korfu!), südliche Türkei (Marmaris!).

★**.6 ssp. olbia:** 10–30 cm; 3 (4) K n o l l e n , d i e j ü n g e r e n l a n g g e s t i e l t ; Blätter sehr schmal; Deckblätter i. d. R. kürzer als der ± waagerecht stehende Helm; Epichil viel schmaler als das ausgebreitete Hypochil, stark behaart, dunkelrot bis fast schwarz, etwa $1^1/_2$ mal so lang wie das sehr dunkle Hypochil; Hypochil nicht oder kaum aus dem Helm herausragend, die Schwielen sehr eng benachbart.

Mitte IV – Mitte V; wahrscheinlich nur auf sauren Böden.

Nur in Südfrankreich: zwischen Hyères! und Nizza!

0.1 var. *pallescens:* Blüten weiß, grünlich oder gelblich weiß.

Kleinblütiger Zungenstendel — Serapias parviflora 2.1b

10–30 cm; Stengel an der Basis gestrichelt; Deckblätter meist kürzer als der waagerecht bis schräg aufwärts gestellte Helm; Hypochil weitgehend im Helm versteckt, mit parallel verlaufenden Basalschwielen, die zumindest durch eine Mittelfurche getrennt sind; Epichil meist kürzer als 10 mm und kaum länger als das Hypochil, nach rückwärts eingeschlagen (Ausnahmen bei ssp. nov.), wenig behaart bis fast kahl.

Die Nominatrasse dieser Art ist kaum variabel und außerdem durch Selbstbestäubung gegen andere Sippen der Gattung weitgehend isoliert (GÖLZ u. REINHARD 1977). Dennoch sind Bastardierungen häufiger beobachtet worden. Wegen der Konstanz ihrer Merkmale (ausgenommen ssp. nov., die auch zu *S. lingua* gestellt werden könnte) kann sie als selbständige Art aufgefaßt werden.

Standorte wie die anderen Serapias-Arten.

Nur im MMG (fehlt im Osten).

★**.1 ssp. parviflora:** Knollen sitzend; Epichil zurückgeschlagen, etwa so lang wie das Hypochil und diesem oft ± eng anliegend, relativ hell (schmutzig rot) gefärbt.

IV–V; vorwiegend auf basischen Böden; pH 5,7–7,8 (2 M.), 34 indirekte M. 7,1–9,0 (Durchschnitt 8,1).

Abb. 82 : Serapias parviflora ssp. nov., Portugal

Abb. 83 : Serapias lingua, Italien

Abb. 84 : Serapias lingua, Italien

Kanaren, Nordafrika!, Spanien!, Balearen!, Süd- und Westfrankreich, Italien!, Korsika?, Sardinien!, Sizilien!, Jugoslawien, Griechenland!, Rhodos.

★.2 ssp. nova (?): Junge Knollen lang gestielt; Epichil dunkelrot, meist länger als das Hypochil und sehr schmal, nach vorwärts oder abwärts gerichtet, selten zurückgeschlagen.

Die Sippe ist ein Hybridisierungsprodukt aus *S. lingua* und *S. parviflora* ssp. *parviflora*. Einzelne Bastarde dieser beiden Arten sind aus mehreren Gebieten bekannt. Hier handelt es sich jedoch um mehrere Teilpopulationen, die bis zu über 1000 Individuen enthalten, und die bisher nur auf sauren Böden beobachtet wurden. Eine gültige Beschreibung kann erst nach weiteren Untersuchungen erfolgen. – Die Sippe unterscheidet sich von der ebenfalls hybridogenen *S. cordigera* ssp. *olbia* u. a. durch das fast kahle Epichil.

(III) IV–V; Macchien und Ödland; pH 5,4 (3 M.).

Südliches Portugal (Algarve)!

Einschwieliger, Geselliger Zungenstendel — Serapias lingua 2.2

10-30 cm; Knollen 3 oder mehr, die jüngeren lang gestielt; Blätter lineal bis lanzettlich, an der Basis manchmal punktiert oder gestrichelt; Deckblätter meist kürzer als der ± waagerecht stehende Helm; Epichil schmaler als das Hypochil, hell gelblich, rosa bis (seltener) dunkelrot, fast kahl, abwärts oder vorwärts gerichtet; auf dem Hypochil eine ungeteilte (selten etwas gefurchte), kräftige, dunkel glänzende Schwiele.

Mitte III–V; auf trockenen und feuchten Wiesen, in Wäldern, Olivenhainen und Macchien. Infolge vegetativer Vermehrung häufig in Kolonien wachsend. Wohl nur auf basischen Böden; pH 7,1-9,0 (3 M., 13 indir. M. 7,1–8,5).

Im westlichen und mittleren MMG: Nordafrika!, Spanien!, Balearen!, Südfrankreich, Italien!, Korsika, Sardinien!, Sizilien!, Jugoslawien!, Griechenland!, Kreta!

.0.1 var. *leucantha:* Blüten weiß.

Pyramidenorchis, Hundswurz — Anacamptis pyramidalis 3.1

25–50 cm; Knollen rundlich; Blätter linealisch bis lanzettlich, ungefleckt; Deckblätter etwa so lang wie der Frkn.; Blütenstand dicht und reichblütig, anfangs pyramidal, später eiförmig bis fast zylindrisch; Blütenfarbe dunkel- bis mittelrot, im MMG meist rosa bis rein weiß; seitliche Sepalen abstehend; Lippe dreilappig, am Grunde mit 2 aufrecht stehenden Lamellen; Sporn dünn, fadenförmig, abwärts gerichtet, wenigstens so lang wie der Frkn.; Bestäuber vorwiegend Schmetterlinge; 2n = 36 (42).

Ende III (im Süden) – Anfang VII (im Norden); trockene, seltener feuchte Wiesen, Ödland, lichte Wälder, Macchien, wohl nur auf basischen Böden; pH 7,5–8,5 (4 M.; 26 indir. M. 7,0–9,5, Durchschn. 8,1).

Nordafrika, Spanien!, Balearen!, Frankreich!, Irland, England (bis Mittelschottland), Südskandinavien, Deutschland!, Benelux, Alpenländer! (bis 1700 m in den Südalpen),

Abb. 85 : Anacamptis pyramidalis, Süddeutschland

Abb. 86 : Anacamptis pyramidalis, Süddeutschland

Abb. 87 : Anacamptis pyramidalis, Türkei

Abb. 88 : Himantoglossum hircinum ssp. hircinum, Frankreich

Italien!, Korsika, Sardinien!, Sizilien, Jugoslawien!, Griechenland!, Kreta!, Rhodos!, Zypern, Türkei!, Libanon!, Tschechoslowakei, Ungarn, Bulgarien, Rumänien, Rußland (Ukraine?), Krim, Kaukasus.

.0.1 var. *albiflora:* Blüten weiß.

.0.2 var. *tanayensis:* Blüten dunkelpurpurn; oberer Teil des Stengels und Deckblätter gefärbt; Sporn kaum so lang wie der Frkn. – In den Alpen zwischen 1200 und 1900 m (z. B. Lac de Tanay).

Riemenzunge, Loroglossum — Himantoglossum 4

30–100 cm; Knollen rundlich; Blätter ± breit lanzettlich, ungefleckt; Deckblätter wenigstens so lang wie der Frkn.; Sepalen und Petalen bilden einen stumpfen Helm; Lippe gespornt, dreilappig (selten die Seitenlappen reduziert), der Mittellappen riemenförmig verlängert, 1,5–10 cm lang; Säule ± stumpf.

Bocksriemenzunge — Himantoglossum hircinum 4.1

Mittellappen der Lippe 2–10 cm lang; 2n = 36.

Die 5 Unterarten werden sehr verschieden beurteilt und meist als Arten eingestuft, obgleich sie oft durch Übergangsformen miteinander verbunden sind, da alle diagnostisch wichtigen Merkmale (Länge des Sporns, Länge der Seitenlappen, Länge und Spaltung des Mittellappens und Färbung der Blüten) ± stark variieren. Aus diesem Grunde wurde auch das früher als selbständige (d. h. gut isolierte) Art aufgefaßte *H. affine* als Subspezies unter *H. hircinum* einbezogen.

V–VIII, trockene Wiesen und Gebüsche, Flaumeichenwälder; nur auf Kalk; pH 6,4–8,5 (20 M., Durchschnitt 7,5).

Europa (mit Ausnahme der nördlichen und nordöstlichen Länder), Nordafrika, Vorderasien.

.1 ssp. hircinum: Blütenstand dicht und vielblütig; Blütenfarbe weiß, bräunlich bis grünlich überlaufen; die Blüten (besonders nachts?) nach Ziegenbock riechend (Name!); Seitenlappen der Lippe 5–25 mm, der mehrfach gedrehte Mittellappen 30–60 mm lang, zur Spitze hin verbreitert und kaum gespalten; die Platte der Lippe mit roten (behaarten) Flecken; Sporn 3–5 mm lang.

V–VI (VII); Halbtrockenrasen (Charakterart des Mesobrometum typicum).

Nordafrika!, Spanien!, Balearen?, Frankreich!, Südengland, Deutschland (besonders im Südwesten!, nördlich bis zum mittleren Rheinland!, Thüringen!), Benelux, westliche Schweiz!, Süditalien., Korsika?, Sardinien?, Sizilien.

.2 ssp. caprinum: Blütenstand aufgelockert; Blüten rot getönt bis intensiv rot überlaufen oder nur bräunlichgrün; Seitenlappen 5–20 mm, der mehrfach gedrehte Mittellappen 35–65 mm lang, an der Spitze gespalten; die Platte der Lippen mit roten (behaarten) Flecken; Sporn 4–6 mm lang.

Abb. 89: Himantoglossum hircinum ssp. caprinum, Euböa

Abb. 90: Himantoglossum hircinum ssp. calcaratum, Jugoslawien

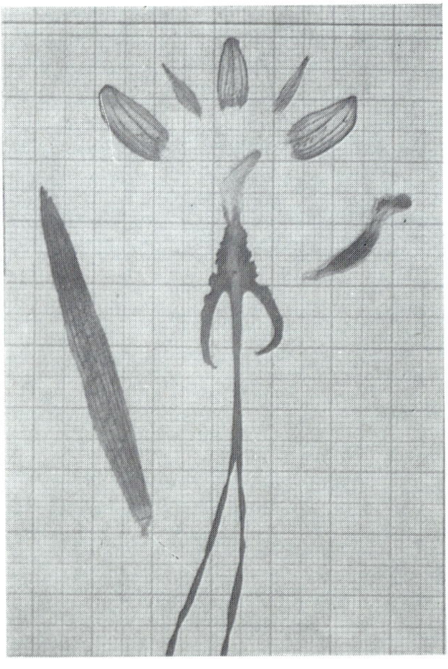

Abb. 91: Himantoglossum hircinum ssp. calcaratum, Jugoslawien

Abb. 92: Himantoglossum hircinum ssp. adriaticum, Istrien

Die Sippe wurde von der Krim beschrieben. Es läßt sich daher nicht überprüfen, wieweit die in Südosteuropa und in der nördlichen Türkei vorkommenden Pflanzen mit der Nominatform übereinstimmen. Sie vermittelt zwischen *hircinum* bzw. *adriaticum* und *calcaratum*.

Jugoslawien, Griechenland!, Kreta, nördliche Türkei (?, vgl. unter *calcaratum*), Bulgarien, Rumänien?, Krim.

.3 ssp. calcaratum: Pflanze sehr kräftig (40–100 cm hoch); Blütenstand ± dicht und vielblütig; Blüten sehr groß (Sepalhelm über 10 mm lang), oft (ebenso wie der Stengel) intensiv rotviolett überlaufen, Geruch dem von *Orchis coriophora* ähnlich (nach CAMUS 1928/29); Seitenlappen 10–25 mm (selten auch kürzer), der mehrfach gedrehte Mittellappen 50–100 mm lang, an der Spitze meist tief gespalten (10–50 mm); S p o r n k r ä f t i g , 7 – 1 2 m m l a n g ; die Platte der Lippe mit roten (behaarten) Flecken.

NELSON (1968) betrachtet diese Sippe als Stammform der Gattung, von der sich die anderen Formen durch Reduktion der Blütengröße, der Spornlänge und der Färbung abgeleitet haben. Die Subspezies ist – wie auch der Name sagt – vor allem durch die Länge des Sporns charakterisiert. Daher ergibt sich die Frage, ob die in der nördlichen Türkei auftretenden Pflanzen mit sehr großen, farbigen Blüten, aber kürzerem Sporn, der ssp. *caprinum* oder der ssp. *calcaratum* zuzuordnen sind.

VI–VIII, in höheren Lagen (400–1000 m), auch auf intensiv beweidetem Gelände (TAUBENHEIM 1972).

Südliches Jugoslawien (Herzegowina, Bosnien, Montenegro!), nördliches Makedonien, Türkei?.

.4 ssp. adriaticum: Blütenstand locker, mit 15–45 fast geruchlosen Blüten; Lippe rot oder braunrot gefärbt; Seitenlappen 15–20 mm, der wenig gedrehte Mittellappen 40–50 mm lang und an der Spitze tief zweispaltig; die Platte der Lippe mit roten (behaarten) Flecken; Sporn sehr kurz und schmal, 2–3 mm lang.

Diese seit längerem bekannte Sippe (vgl. z. B. SUNDERMANN 1973 a) wurde von BAUMANN gründlich untersucht und 1978 als selbständige Spezies (*H. adriaticum* Baum. spec. nov.) beschrieben. In der Beschreibung finden sich auch kritische Bemerkungen zum Formenkreis der *H. hircinum* s. l. Danach scheinen sich die Areale der ssp. *hircinum* und der ssp. *adriaticum* gegenseitig auszuschließen (vgl. dazu auch DYKYJOVA 1980).

V–VI; Standorte wie ssp. *hircinum*.

Nord- und Mittelitalien (südlich bis zu den Abruzzen), Nordjugoslawien (Istrien!), wahrscheinlich auch Niederösterreich und Tschechoslowakei, Ungarn?

.5 ssp. affine: 30–60 cm; Blütenstand sehr locker, 10–30 Blüten mit grünlichweißer Färbung (mit brauner, aber meist ohne rote Tönung) und die Platte der Lippe o h n e P u n k t e o d e r F l e c k e n ; S e i t e n l a p p e n stumpf dreieckig, s e h r k u r z (etwa 3 mm) oder ganz fehlend; Mittellappen kurz (20–40 mm), wenig gedreht und an der Spitze kaum eingeschnitten (höchstens 10 mm); Sporn 3–6 (8) mm lang.

Nach Beobachtungen von G. TAUBENHEIM zeigt die Sippe in Zentralanatolien Anschlüsse an die ssp. *caprinum* bzw. *calcaratum*. Sie stellt eine besondere Rarität

Abb. 93 : Himantoglossum hircinum ssp. affine, Persien

Abb. 94 : Barlia robertiana, Süditalien

Abb. 95 : Barlia robertiana, Süditalien

dar, weil ihre Standorte durch intensive Beweidung bzw. durch das Ausgraben der Knollen (vgl. S. 61) bedroht werden.

Mitte V–VI (VII); Flaumeichengebüsch, Nadelwälder.

Peloponnes (nach VÖTH 1978), westliche und südliche Türkei (Maras!), Irak, Syrien, Libanon, Israel, Persien.

Kaukasische Riemenzunge — Himantoglossum formosum — 4.2

50–70 cm; Blütenstand locker, 15–30 Blüten; Seitenlappen der Lippe kurz und stumpf; der kaum gedrehte, 15–20 mm lange Mittellappen ist an der Spitze nur undeutlich zweispaltig; Sporn sehr dünn, 9–10 mm lang.

Diese Art ist von *H. hircinum* räumlich und morphologisch völlig isoliert. Alle Angaben sowie auch die wohl einzige Abbildung scheinen auf REICHENBACH (1851) zu basieren. Auch NELSON (1968) hat seine Zeichnung von REICHENBACH entlehnt. Es ist fraglich, ob die Pflanze seitdem jemals wieder aufgefunden wurde.

V–VI; Gebüsche.

Östlicher Kaukasus und südöstliches Transkaukasien.

Barlie, Mastorchis, B. longibracteata — Barlia robertiana — 5.1

30–80 cm; Knollen eiförmig bis kugelig; Blätter an der Basis gehäuft, sehr breit (4–10 cm), bis 25 cm lang, etwas fleischig, ungefleckt; Deckblätter bedeutend länger als der Frkn.; Sepalen und Petalen sind zusammengeneigt und bilden einen nicht ganz geschlossenen Helm; Blüten sehr groß, von schmutzig-weißer Grundfärbung, mit Rot-, Grün- und Brauntönen; Blütenlippe dreilappig, die Seitenlappen am Rande gewellt, kürzer und schmaler als der an der Spitze gespaltene oder ausgerandete Mittellappen; Sporn höchstens $^1/_2$ so lang wie der Frkn., abwärts gerichtet; 2n = 60.

Eine monotypische Gattung mit weiter Verbreitung und nur geringen verwandtschaftlichen Beziehungen zu *Orchis* oder *Himantoglossum;* sie bildet keine Bastarde. Die Pflanze ist kaum variabel, eine der kräftigsten Orchideen unseres Gebietes, sie blüht sehr früh.

(XII) II – Mitte IV (VI); Trockenrasen, Kiefernwälder, seltener in Macchien; basische bis neutrale Böden; pH 7,6–8,5 (3 M., 30 indir. M. 6,7–9,0; Durchschnitt 7,7).

Kanaren, Nordafrika, Spanien, Balearen!, Südfrankreich!, Italien! (im Süden stellenweise häufig), Korsika, Sardinien!, Sizilien!, Süddalmatien, Griechenland!, Kreta!, Rhodos!, Zypern, südliche Türkei!

.0.1 var. *candida:* Blüten weiß, Lippe ohne Zeichnung.

Abb. 96 : Aceras anthropophorum, Deutschland

Abb. 97 : Aceras anthropophorum, Sardinien

Ohnhorn, Puppenorchis, Hängender Mensch — Aceras anthropophorum 6.1

20–40 cm; Knollen rundlich; Laubblätter lanzettlich, oft auf der Oberseite gewellt, ungefleckt; Deckblätter etwa $^1/_2$ so lang wie der Frkn.; Blütenstand gestreckt, dicht- und reichblütig (bis 60 Blüten); Grundfarbe der Blüten gelb, in manchen Teilen oft rot oder braun überlaufen; Sepalen und Petalen bilden einen Helm; Lippe dreilappig, der Mittellappen nochmals tief gespalten, so daß insgesamt 4 lange schmale Zipfel entstehen („Arme und Beine"); ein Sporn fehlt (Name!); 2n = 42.

Eine monotypische Gattung mit nächster Verwandtschaft zu *Orchis*, mit der man sie ohne weiteres vereinen könnte; das Fehlen des Sporns und die Vereinigung der Klebscheiben sind nach meiner Meinung systematisch unbedeutende Merkmale (vgl. auch NELSON 1968). Sie bildet häufig Bastarde mit *Orchis*-Arten.

Ende III (im Süden) – Mitte VI (im Norden); trockene, ungedüngte Wiesen, lichte Wälder, Macchien; nur auf basischen bis neutralen Böden; pH 7,0–8,6 (9 M.).

Nordafrika!, Spanien!, Balearen!, Frankreich!, Südengland, West- und Süddeutschland!, Benelux, Alpenländer! (nicht im Hochgebirge), Italien!, Korsika, Sardinien!, Sizilien!, Jugoslawien!, Griechenland!, Kreta!, Rhodos, Zypern, südwestliche Türkei!, Libanon.

Knabenkraut — Orchis 7

Die Gattung ist – was die Namengebung betrifft – „Pate" der Familie der *Orchidaceae*. Ihre auffallend eiförmigen bis runden, zur Blütezeit in Zweizahl vorhandenen Knollen sind Ursprung des Namens: *Orchis* (griech.) = Hoden. (Die Frage nach dem Geschlecht der Artnamen – also ob *O. ustulata* oder *ustulatus* – wird von den Nomenklaturregeln entschieden.) Dieses Merkmal ist aber nur bei wenigen Gattungen der Orchideen ausgeprägt, also keineswegs typisch für diese große Pflanzenfamilie.

Die Form der Knollen hat zu manchem Aberglauben und vielen Spekulationen mit erotischen Bezügen Anlaß gegeben (vgl. hierzu SCHLECHTER 1928). Die Verwendung der Knollen zu medizinischen Zwecken ist leider bis in die heutige Zeit geblieben, wenngleich mit zweifelhaftem Erfolg. Füher wurden die Knollen (auch anderer Gattungen) in großen Mengen gesammelt und als Arzneimittel verkauft (VÖTH u. SUNDERMANN 1973). Ursprünglich war *Orchis* ein Sammelbecken zahlreicher Gattungen, die durch die gleiche oder ähnliche Form von Knollen ausgezeichnet, aber durch mehrere systematisch bedeutsamere Merkmale von ihr unterschieden sind. Die Vielzahl der Synonyme in der Literatur weist darauf hin. In neuerer Zeit sind die Gattungen *Traunsteinera, Comperia* und *Dactylorhiza* abgetrennt worden. Zur Nomenklaturfrage verweise ich auf die Arbeit von v. SOÓ (1968).

Bei der Gliederung der Gattung ist stets die Stellung der Kelchblätter als Kriterium verwendet worden. Die seitlichen Sepalen sind entweder aufgerichtet bzw. zurückgeschlagen (Sectio *Androrchis*) oder alle Kelchblätter sind ± nach vorn geneigt und bilden (zusammen mit den Petalen) einen Helm (Sectio *Herorchis*). Dabei treten auch Zwischenformen auf, die keinen geschlossenen Helm haben, und für die teilweise besondere Sek-

Abb. 98 : Orchis coriophora ssp. coriophora, Süddeutschland

Abb. 99 : Orchis coriophora ssp. fragans, Türkei

Abb. 100 : Orchis sancta, Türkei

Abb. 101 : Orchis sancta, Türkei

tionen aufgestellt wurden (*O. morio, O. papilonacea*). Die eindeutig zu *Androrchis* gehörende *O. spitzelii* hat ebenfalls nicht immer deutlich aufgerichtete Sepalen.

D i a g n o s e : Knollen rund bis oval; Blätter i. d. R. am Grunde rosettig gehäuft; Blütenlippe gespornt; Pollinarien mit getrennten Klebscheiben, die in einer gemeinsamen Bursicula liegen; der Blütenstand vor dem Aufblühen von einem Scheidenblatt umgeben (vgl. Fig. 11, Seite 21).

Die aufgezählten Merkmale finden sich auch bei anderen Gattungen.

Wanzenknabenkraut — **Orchis coriophora** **7.1**

15–35 cm; Blätter lanzettlich bis linealisch, ungefleckt; Deckblätter etwa so lang wie der Frkn.; Sepalen und Petalen bilden einen geschlossenen Helm mit schnabelförmiger Spitze; Blütenfarbe schmutzig braunrot oder weiß mit rot, oftmals grünlich überlaufen; Lippe gefleckt, dreilappig, meist nach rückwärts (bzw. nach unten) eingekrümmt; Mittellappen ungeteilt; Sporn etwa so lang wie der Frkn. (oder kürzer), abwärts gekrümmt; 2n = 38 (36, 20).

Eine weit verbreitete Art, deren geographische Rassen, die teilweise als Spezies betrachtet werden, sich morphologisch kaum unterscheiden, obgleich sie sich oekologisch anders verhalten. Während die nördliche *coriophora* in Mitteleuropa fast ausgestorben ist (z. B. in der DDR früher über 300 Fundorte, die heute alle erloschen sind (WISNIEWSKI 1967), ist *fragrans* im MMG eine der häufigsten *Orchis*arten.

.1 ssp. coriophora: Blüten braunrot, unangenehm riechend (nach Wanzen); Mittellappen der Lippe kaum länger als die Seitenlappen; auf frischen bis feuchten Wiesen, wohl vorwiegend auf schwach sauren Böden; in den an das MMG angrenzenden Regionen durch Übergangsformen mit der folgenden verbunden; pH 6,3 (1 M.).

Ende V bis Anfang VII.

Frankreich, Süddeutschland! (sehr selten), Benelux?, Alpenländer (nicht im Hochgebirge), Jugoslawien, Polen, Tschechoslowakei?, Ungarn, Rußland; Krim und Kaukasus (*fragrans?*).

.2 ssp. fragrans: Blüten weiß mit rosa oder rot, seltener braunrot, aber oft grünlich überlaufen, angenehm riechend (vergleichbar mit Weißdorn); Mittellappen der Lippe deutlich länger als die Seitenlappen; meist auf trockenen Standorten (Lehm und Sand) aber auch auf feuchten Wiesen, bevorzugt basische Böden; nur in Gebieten mit Mittelmeerklima.

IV – Anfang VI; pH 7,7–8,0 (2 M., 28 indir. M. 7,0–9,0; Durchschnitt 8,0).

Nordafrika!, Spanien, Balearen!, Südfrankreich, Italien! (nördlich bis zum Gardasee!), Korsika, Sardinien, Sizilien!, Jugoslawien!, Griechenland!, Kreta!, Rhodos!, Zypern!, Türkei!, Libanon!, Krim, Kaukasus.

.0.1 var. *albiflora:* Blüten rein weiß.

Abb. 102 : Orchis ustulata, Süditalien

Abb. 103 : Orchis ustulata, Süddeutschland

Heiliges Knabenkraut **Orchis sancta 7.2**

20–45 cm; Blätter linealisch bis lanzettlich, ungefleckt; Deckblätter etwa so lang wie der Frkn. oder länger; Sepalen und Petalen bilden einen sehr lang und spitz ausgezogenen Helm; Blütenfarbe hellrosa bis karminrot; Lippe dreilappig, kahl, ohne Flecken oder Punkte, Mittellappen sehr schmal, Seitenlappen sehr breit und scharf gezähnt; Sporn etwa so lang wie der Frkn., abwärts und hakenförmig nach vorn gekrümmt.

Diese Sippe ist durch die größeren Blüten, den mehr gestreckten und aufgelockerten Blütenstand, die Farbe und Form der Blüten, die kahle, ungefleckte Lippe und den nach vorn gekrümmten Sporn von *O. coriophora* deutlich unterschieden. Dennoch wird sie von einigen Autoren als Unterart bzw. Varietät von *O. coriophora* aufgefaßt. Bei gemeinsamem Vorkommen sind beide Sippen nach meiner Beobachtung nicht durch Übergangsformen verbunden; andererseits berichten B. u. E. WILLING (1976) über gegenteilige Erfahrungen.

Mitte IV–VI; Trockenrasen, Ödland, Macchien, wohl nur auf Kalk.

Ägäische Inseln, Rhodos!, Zypern, südliche und westliche Türkei!, Syrien, Libanon, Israel.

Brandknabenkraut **Orchis ustulata 7.3**

10–25 (30) cm; Blätter lanzettlich, ungefleckt; Deckblätter häutig, kaum so lang wie der Frkn.; Blütenstand dicht; Blüten sehr klein; Sepalen bilden einen ± stumpfen, tief braunroten, im Knospenzustand fast schwarz gefärbten Helm (Angebranntes Knabenkraut!); Lippe dreilappig, weiß mit roten Punkten, der Mittellappen ausgerandet bis zweispaltig; Sporn abwärts gerichtet, etwa $^1/_2$ so lang wie der Frkn.; 2n = 42 (20).

IV–VIII (im Hochgebirge); Halbtrockenrasen, frische Bergwiesen und Matten (bis 2000 m), vorwiegend in der montanen und subalpinen Zone, im MMG nur in höheren Lagen, meist auf basischen, seltener auf schwach sauren Böden; pH 5,3–8,0 (4 M.; 18 indir. M. 5,6–8,5).

Nordspanien, Frankreich!, England, Südskandinavien, Mittel-, West- und Süddeutschland!, Benelux, Alpenländer!, Italien!, Jugoslawien!, Griechenland, Polen, Tschechoslowakei, Ungarn, Bulgarien, Rumänien, Rußland, Kaukasus.

.0.1 var. *albiflora:* Blütenlippe ohne rote Punkte, Helm hellbraun bis fast weiß.

Dreizähniges Knabenkraut **Orchis tridentata 7.4**

15–40 cm, Blätter lanzettlich, oft silbergrau überlaufen (an *Ophrys* erinnernd); Deckblätter häutig, $^1/_2$ bis kaum so lang wie der Frkn. (selten etwas länger); die spitz ausgezogenen Sepalen bilden einen ± geschlossenen, dreizipfeligen Helm; Lippe dreilappig,

Abb. 104 : Orchis tridentata ssp. tridentata, Deutschland

Abb. 105 : Orchis tridentata ssp. lactea, Süditalien

Abb. 106 : Orchis galilaea, Libanon

Mittellappen geteilt oder ausgerandet, oft mit einem zahnförmigen Fortsatz zwischen den Spaltstücken des Mittellappens; Blütenfarbe hellrot bis rosa (weiß), die Lippe mit roten Punkten; Sporn abwärts gerichtet, etwa so lang wie der Frkn.; 2n = 42.

III–VI; Trockenrasen, Macchien, lichte Wälder, vorzugsweise auf basischen Böden; pH 6,3–7,8 (7 M., 37 indir. M. 6,2–8,5; Durchschn. 7,7).

Nordafrika, Mittel- und Südeuropa, Vorderasien.

★.1 ssp. tridentata: Blütenstand dicht, oft ± kugelig; Grundfarbe der Blüten hellrot, IV–VI, stellenweise sehr häufig.

Spanien, Frankreich, Deutschland (ein inselartiges Areal, das sich von der oberen Weser bis nach Thüringen erstreckt!), Alpenländer (nicht im Hochgebirge), Italien!, Korsika, Sardinien, Sizilien!, Jugoslawien, Griechenland!, Kreta, Zypern?, Türkei!, Libanon?, Polen, Tschechoslowakei, Ungarn, Bulgarien, Rumänien, Krim, Kaukasus.

★.2 ssp. lactea: Blütenstand mehr aufgelockert und gestreckt (nicht kugelig), Grundfarbe der Blüten weißlich, trübrot bis grünlich überlaufen; II – Mitte IV.

Obgleich diese Sippe in Habitus (Form des Blütenstandes) und Blütezeit sich gut von *tridentata* unterscheiden läßt, ist sie diagnostisch schwer gegen diese abgrenzbar. Zweifellos ist sie aber recht selbständig, und man kann sie durchaus als Art auffassen, wie es bei vielen Autoren geschieht.

Eine sehr zierliche und extrem früh blühende Sippe, die z. B. auf Mallorca, in Algerien und Süditalien vorkommt, müßte noch eingehend untersucht werden, bevor man sie möglicherweise von *lactea* abtrennt.

Nordafrika!, Spanien, Balearen!, Frankreich!, Süditalien!, Korsika, Sardinien!, Sizilien!, Jugoslawien?, Griechenland!, Kreta!, Rhodos!, Türkei!, Libanon.

.0.1 var. *albiflora:* Blüten rein weiß.

Galiläisches Knabenkraut — Orchis galilaea 7.5

15–35 cm; Blätter lanzettlich, ungefleckt; Deckblätter schuppenförmig, etwa $^1/_4$ so lang wie der Frkn.; Blütenstand in der Regel gestreckt (zylindrisch), von oben nach unten aufblühend; Blüten klein, von gelber Grundfärbung (siehe unten); Sepalen helmförmig zusammengeneigt, Blütenlippe mit roten Flecken, dreiteilig, der Mittellappen nochmals geteilt, alle 4 Zipfel lang und schmal; Sporn abwärts gerichtet, etwa $^1/_4$ so lang wie der Frkn.

Diese Art ist von der folgenden besonders durch die Aufblühfolge unterschieden, wahrscheinlich auch geographisch getrennt; mit *punctulata* stimmt sie lediglich in der Grundfärbung der Blüten überein. Sie wird – zu Unrecht – von einigen Autoren als ssp. zu *punctulata* gestellt (SUNDERMANN 1969).

In Israel gibt es sowohl normal gefärbte Pflanzen als auch solche mit rotviolett gefärbten Lippenzipfeln und rot geadertem Helm. Diese Varietät scheint nicht hybriden Ursprungs zu sein.

II (? im Flachland) – IV; auf Kalkböden; Libanon!, Israel, Syrien?

Abb. 107 : Orchis punctulata ssp. punctulata, Türkei

Abb. 108 : Orchis punctulata ssp. punctulata, Türkei

Abb. 109 : Orchis purpurea, Deutschland

Punktiertes Knabenkraut, O. sepulchralis — Orchis punctulata 7.6

25–60 (70) cm; kräftige Pflanzen, im Habitus an *O. purpurea* erinnernd; Blätter breit lanzettlich, ungefleckt; Deckblätter schuppenförmig, etwa $^1/_5$ (bis $^1/_2$?) so lang wie der Frkn.; Blüten hellgelblich bis intensiv gelb, oft grünlich oder braun überlaufen; Lippe i. d. R. mit kleinen braunen Punkten, selten mit großen Flecken oder rot punktiert, dreilappig, der Mittellappen nochmals geteilt, die Spaltstücke nach außen gebogen und meist breiter als die Seitenlappen; Sporn abwärts gerichtet $^1/_4$–$^1/_2$ so lang wie der Frkn,; Aufblühfolge normal; 2n = 42.

Eine gut isolierte Art, die z. B. in der Türkei sehr selten und mit großer Streuung vorkommt. Die als *O. sepulchralis* (Boiss. et Heldr. 1853) von manchen Autoren abgetrennte Sippe ist besonders kräftig und großblütig, verdient jedoch keinen eigenen Status. Das gleiche gilt für *O. schelkownikowii* Woronow 1909. Mit *O. galilaea* ist die Art nicht zu verwechseln (vgl. dort). Die Einbeziehung der sehr umstrittenen *O. stevenii* zu dieser Art erscheint nach der Beschreibung und den Abbildungen von RENZ (1978) angebracht.

III–V; Trockenrasen, Pineten, Flaumeichengebüsch, Macchien, wahrscheinlich an Kalk gebunden; pH 7,8–8,3 (4 M.).

Östliches MMG, Vorderasien, Krim, Kaukasus.

.1 ssp. punctulata: Blütenfarbe grüngelb bis braungelb; Sporn etwa $^1/_2$ so lang wie der Frkn., an der Spitze abgerundet.

Griechenland (Thrakien), Rhodos, Zypern?, Türkei!, Syrien, Israel, Krim, Kaukasus; – westl. Persien.

.2 ssp stevenii [= *O. adenocheila* Czerniak. 1924]: Blütenfarbe grüngelb oder hellgelb (cremefarben); Sporn an der Spitze erweitert, ausgerandet bis zweispaltig, etwa $^1/_3$ so lang wie der Frkn.

Diese Sippe ist zuerst aus dem Kaukasus beschrieben (REICHENBACH fil. 1849) und von späteren Autoren sehr verschieden beurteilt worden, u. a. weil die Abbildung bei REICHENBACH (1851) unzutreffend ist. Von den meisten Autoren (SCHLECHTER, KELLER, SOÓ u. GROSSHEIM) wird sie mit *O. militaris* verglichen. NEVSKI (in KOMAROW 1935) vermutet, daß *O. stevenii* ein Bastard zwischen *O. simia* und *O. militaris* bzw. eine abweichende Form von *O. militaris* ist. Neuerdings hat nun RENZ (1978) die Pflanze ganz anders interpretiert; er beschreibt sie aus Persien, und danach ist ihre nächste Verwandte *O. punctulata*. Nach RENZ eine typische Waldpflanze.

Nordosttürkei?, Kaukasus, Transkaukasien; nördliches und nordwestliches Persien, Turkmenistan.

Purpurknabenkraut, Braune Orchis, Orchis fusca — Orchis purpurea 7.7

25–80 cm; Blätter glänzend, breit lanzettlich bis fast oval, nach Kumarin (Waldmeister) riechend, ungefleckt; Deckblätter schuppenförmig, etwa $^1/_3$ ($^1/_2$) so lang wie der Frkn.; die Sepalen bilden einen ± stumpfen, braunrot bis schwarz gefärbten (bzw. dicht punktierten) Helm; Blütenlippe weiß, mit behaarten, roten Punkten oder Flecken, dreilappig,

Abb. 110: Orchis militaris, Deutschland

Abb. 111: Orchis simia, Süddeutschland

die Seitenlappen schmal, die Zipfel des Mittellappens breit und abgerundet; Sporn abwärts gerichtet, etwa $^1/_3$ so lang wie der Frkn.; 2n = 42 (40).

Die kräftigste *Orchis*-Art; in Mischpopulationen mit *O. militaris* bildet sie häufig Bastarde (*O.* × *hybrida*), bei denen die *Pupurea*-Merkmale meist dominieren.

IV (im MMG) – VI; Wälder, Halbtrockenrasen, Gebüsche, selten Macchien, im MMG im Gebirge (nur im Norden auch in der Küstenregion); nur auf basischen Böden; pH 7,5–8,7 (10 M.).

Nordafrika, Spanien, Frankreich!, England, Dänemark, Deutschland!, Benelux, Alpenländer (nicht im Hochgebirge)!, Italien!, Korsika, Sardinien, Sizilien?, Jugoslawien!, Griechenland, Türkei!, Polen, Tschechoslowakei, Ungarn, Bulgarien, Rumänien, Krim, Kaukasus.

.0.1 var. *albiflora:* Blüten weiß, grünlich- oder gelblichweiß.

Helmknabenkraut — Orchis militaris 7.8

25–50 (60) cm; Blätter eiförmig bis lanzettlich, ungefleckt; Deckblätter schuppenförmig, höchstens $^1/_3$ so lang wie der Frkn.; die Sepalen bilden einen zugespitzten, weißlich bis rosa gefärbten Helm; Blütenlippe hellrot, mit dunkelroten Punkten, dreilappig, der Mittellappen zweispaltig, die Zipfel nur wenig breiter als die Seitenlappen (Fig. 4, S. 17); Sporn abwärts gerichtet, höchstens $^1/_2$ so lang wie der Frkn.; 2n = 42 (20).

Neben *Gymnadenia conopsea* eine der häufigsten Orchideenarten in den Kalkgebieten Mitteleuropas.

(IV) V–VI; Halbtrockenrasen, lichte Wälder, Gebüsche, selten auf Sumpfwiesen, nur auf basischen Böden; pH 7,4–9,0 (17 M.).

Nordspanien, Frankreich!, England, Schweden, Deutschland!, Benelux!, Alpenländer! (nur bis etwa 1500 m), Norditalien!, Jugoslawien!, Nordgriechenland, Nordtürkei, Polen, Tschechoslowakei, Ungarn, Bulgarien, Rumänien, Rußland, Krim, Kaukasus?

.0.1 var. *albiflora:* Blüten weiß.

Affenknabenkraut — Orchis simia 7.9

20–45 cm; Blätter lanzettlich, ungefleckt; Blütenstand kurz, von oben nach unten aufblühend; Deckblätter schuppenförmig, etwa $^1/_5$ so lang wie der Frkn.; die Sepalen bilden einen zugespitzten Helm von weißer bis rotvioletter Färbung (manchmal gefleckt oder gestreift); Lippe dreilappig, der Mittellappen nochmals tief geteilt, mit einem verlängerten Mittelzipfel; alle Zipfel der Lippe sehr lang und schmal, an der Spitze abgerundet, fast fadenförmig und auffallend gekrümmt, an den Enden dunkelrot; Färbung der Blüte weiß mit rot, in der Form an ein Äffchen erinnernd; Sporn abwärts gerichtet, etwa $^1/_2$ ($^3/_4$) so lang wie der Frkn.; 2n = 42.

Diese südliche Art hat ein großes Verbreitungsgebiet, ist jedoch recht selten. Im MMG fehlt sie auf weite Strecken, ist aber stets einheitlich ausgeprägt und von ihren nächsten Verwandten *O. militaris* (mit der sie auch Bastarde bildet) und *O. italica* deutlich ver-

Abb. 112: Orchis italica, Kreta

Abb. 113: Orchis italica, Süditalien

schieden (besonders durch ihre Aufblühfolge). Pflanzen aus Mitteleuropa unterscheiden sich kaum von solchen im südöstlichen MMG.

Ende III (im Süden) – Anfang VI (im Norden); Trockenrasen, Macchien und Pineten, selten in kalkhaltigen Sumpfwiesen. Wohl nur auf basischen Böden; im MMG vorwiegend in der submediterranen und montanen Region; pH 7,5–8,5 (5 M.; 10 indir. M. 7,5–8,5).

Nordafrika, Spanien, Balearen, Frankreich, Südostengland, Deutschland! (nur Kaiserstuhl u. Saarland), Benelux, südwestliche Schweiz!, Italien! (z. B. Südalpen), Jugoslawien, Griechenland!, Kreta!, Zypern!, Rhodos, Türkei!, Libanon, Südungarn, Bulgarien, Krim, Kaukasus, Turkmenistan.

.0.1 var. *alba:* Blüten rein weiß.

Italienisches Knabenkraut, Gewelltblättriges K., O. longicruris — Orchis italica 7.10

20–40 (50) cm; Blätter lanzettlich, am Rande gewellt, gefleckt oder ungefleckt; Deckblätter schuppenförmig, höchstens $^1/_3$ so lang wie der Frkn.; Sepalen bilden einen zugespitzten, rosa bis rot gefärbten (manchmal gestreiften oder gefleckten) Helm; Lippe dreilappig, der Mittellappen nochmals tief geteilt, mit langem Mittelzipfel, alle Zipfel lang ausgezogen und spitz zulaufend (in seltenen Fällen die Spaltstücke des Mittellappens abgerundet); Färbung der Lippe weiß oder rosa, mit roten Flecken; Sporn abwärts gerichtet, etwa $^1/_2$ so lang wie der Frkn.

Von *O. simia* durch die Form der Lippenzipfel und die am Rande gewellten Blätter deutlich unterschieden, ebenso durch die Aufblühfolge.

III–IV (V); Trockenrasen, lichte Wälder, Macchien; auf basischen und neutralen Böden; pH 7,0–7,9 (3 M., 54 indir. M. 6,8–9,1; Durchschn. 7,9).

Eine der häufigsten *Orchis*-Arten im MMG (fehlt im Norden); Nordafrika, Spanien!, Balearen!, Mittel- und Süditalien!, Sizilien!, Jugoslawien, Griechenland!, Kreta!, Rhodos, Zypern!, Türkei!, Libanon!

.0.1 var. *albiflora:* Blüten rein weiß.

.0.2 var. *purpurea:* Blüten dunkelrot (purpurn).

Salepknabenkraut, Kleines Knabenkraut — Orchis morio 7.11

10–30 (40) cm; Blätter lanzettlich, ungefleckt, bereits im Herbst erscheinend und überwinternd; Deckblätter etwa so lang wie der Frkn. oder kürzer, meist rot; Blütenfarbe rot bis purpurviolett, selten weiß; die grün geaderten Sepalen bilden einen stumpfen, ± geöffneten Helm; Blütenlippe dreilappig (selten nur ausgerandet), breiter als lang, Mittellappen undeutlich zweiteilig, ohne Zähnchen zwischen den stumpfen Zipfeln; Sporn aufwärts gebogen oder waagerecht, meist am Ende verbreitert, etwa so lang wie der Frkn.; 2n = 36 (38, 20).

In Mitteleuropa ist die Art in weiten Gebieten ausgestorben oder zumindest sehr selten geworden (im vorigen Jahrhundert galt sie noch als das „gemeine Knabenkraut"), weil

Abb. 114 : Orchis morio ssp. morio, Norditalien

Abb. 115 : Orchis morio ssp. champagneuxii, Südfrankreich

Abb. 116 : Orchis morio var. alba

Abb. 117 : Orchis longicornu, Sizilien

die ihr entsprechenden Wiesentypen meist gedüngt werden; im Flachland fast vollständig fehlend, im MMG stellenweise noch häufig.

III (im Süden) – VI (im Norden); frische, ungedüngte Wiesen, besonders im Mittelgebirge, im MMG auch auf Trockenrasen, in lichten Wäldern und Macchien; auf schwach sauren bis basischen Böden; pH 5,1–7,3 (11 M., 34 indir. M. 6,6–8,6; Durchschn. 7,6)[6]). Nordafrika, ganz Europa (mit Ausnahme des extremen Nordens und Islands), Türkei, Libanon. – Fehlt auf Kreta!

★.1 ssp. morio: Sporn etwas kürzer als der Frkn.; Blütenstand dicht; Blüten 12–15 mm groß; die Lippe meist deutlich gelappt; Pflanzen kräftig. Im Norden des Verbreitungsgebietes; aber auch im MMG (z. B. Mittel- und Süditalien!), manchmal gemeinsam mit der folgenden.

★.2 ssp. picta: Sporn etwa so lang wie der Frkn.; Blütenstand aufgelockert, Blüten 6–10 mm lang; die Teilung der Lippe weniger deutlich.

Diese Sippe löst *morio* nach Süden hin ab, sie ist jedoch „objektiv" kaum von ihr zu unterscheiden (auch nicht mit biometrischen Methoden: SCHÄFER 1972).

★.3 ssp. champagneuxii: zur Blütezeit eine alte und zwei neue, lang gestielte Knollen; die Mitte der Lippe meist hell und ohne Punkte.

Eine westliche, definitiv deutlich von *morio* unterschiedene Sippe, oft in größeren Trupps wachsend.

Marokko, Spanien!, Balearen?, Südfrankreich (Maures)!, Italien?

.4 ssp. syriaca [= *O. picta* ssp. *libani* Renz]: eine der *picta* ähnliche, zierliche Pflanze mit (hell- bis grünlich-) rotem Helm und weißer Blütenlippe ohne Zeichnung.

Löst *picta* nach Osten hin ab; Zypern!, südöstliche Türkei!, Libanon!

.0.1 var. *alba:* Helm mit grünen Streifen, sonst die Blüten rein weiß; stellenweise häufig (bis zu 30 % in manchen Populationen).

Langsporniges Knabenkraut — Orchis longicornu 7.12

10–35 cm; Blätter lanzettlich, ungefleckt; Deckblätter häufig rot, grünlich oder weißlich, etwa so lang wie der Frkn. oder kürzer; die Sepalen bilden einen stumpfen, hell- bis violettroten Helm; Blütenlippe dreilappig, der Mittellappen schmal und kurz, die Seitenlappen breit, gerundet und meist zurückgeschlagen, tief purpurn bis schwarzrot gefärbt, Mitte der Lippe weiß mit dunkelroten Punkten; Sporn aufwärts gebogen, am Ende verbreitert, so lang wie der Frkn. oder etwas länger.

II–IV (VI); Wiesen, lichte Wälder und Macchien; auf schwach sauren und basischen Böden; pH 6,1–7,4 (3 M., 9 indir. M. 6,3–8,4).

Die Pflanze vertritt stellenweise *O. morio,* so z. B. auf Sardinien.

Westmediterrane Pflanze: Nordafrika!, Spanien, Balearen, Südfrankreich?, Italien, Korsika, Sardinien!, Sizilien!

.0.1 var. *albiflora:* Blüten weiß.

---

[6]) Der hohe Druchschnittswert ist dadurch zu erklären, daß die überwiegende Mehrzahl der Proben von Standorten der ssp. *picta* stammt, die basische Standorte bewohnt.

Abb. 118 : Orchis papilionacea ssp. papilionacea, Griechenland

Abb. 119 : Orchis papilionacea ssp. rubra, Süditalien

Abb. 120 : Orchis collina, Kreta

Schmetterlingsknabenkraut **Orchis papilionacea 7.13**

20–40 (50) cm; Blätter lanzettlich, ungefleckt; Deckblätter so lang wie oder länger als der Frkn.; Blütenfärbung weiß mit rot; Sepalen zur Spitze hin verschmälert, zusammenneigend, aber keinen geschlossenen Helm bildend; Blütenlippe ungeteilt, am Rande gezähnelt oder gebuchtet; Sporn zur Spitze hin verschmälert, abwärts gerichtet, wenigstens $^1/_2$ so lang wie der Frkn.; 2n = 32.

III–V (im Norden); Trockenrasen, lichte Wälder, Macchien; vorwiegend auf basischen Böden; pH 6,6–8,3 (10 M.).

Nordafrika!, Südspanien, Balearen?, Südfrankreich!, Italien (im Norden bis zum Südrand der Alpen)!, Korsika, Sardinien!, Sizilien!, Jugoslawien!, Griechenland!, Kreta!, Rhodos!, Türkei!, Libanon!, Bulgarien, Rumänien, Kaukasus. – Persien?

★**1. ssp. papilionacea** [= var. *grandiflora* Boiss.]: Blüten groß; Lippe im Durchmesser ca. 12-25 mm, mit roten Längsstreifen.

Diese großblütige Form entspricht dem (Lecto-) Typusexemplar von Linné, sie muß daher als Nominatrasse angesehen werden. Sie kommt im gesamten Verbreitungsgebiet vor (Nordafrika bis Türkei!), in manchen Regionen ist sie vorherrschend (z. B. in Griechenland), in anderen fehlt sie vollständig.

★**.2 ssp. rubra:** Blüten kleiner; Lippe 6–16 mm lang, schmaler als bei der ssp. *papilionacea,* spatelförmig, die Ränder meist nach oben gebogen, weißlich, rosa oder rot gefärbt, i. d. R. ohne Streifen.

Diese Sippe ist bei gemeinsamem Vorkommen nicht immer eindeutig von der vorigen zu unterscheiden. Andererseits repräsentiert sie die Art in manchen Gebieten (fast) ausschließlich, so in Apulien.

.3 ssp. bruhnsiana [= *O. caspia* Trautvetter; *O. schirwanica* Woronow 1909?]: Sepalen stumpf, 8-10 mm lang, 3nervig; Lippe etwa 10–12 mm lang und bis 7,5 mm breit, spatelförmig.

Die Sippe ähnelt wahrscheinlich der ssp. *rubra.*

Transkaukasien, Persien? — Eine der *O. caspia* entsprechende Form kommt in Israel vor (BAUMANN u. DAFNI 1979).

.0.1 var. *candida:* Blüten weiß, mit grün geaderten Sepalen und Petalen.

Sacksporniges Knabenkraut, O. saccata **Orchis collina 7.14**

15–35 cm; Blätter lanzettlich, ungefleckt; Deckblätter etwas länger als der Frkn.; Blütenstand locker, 2- bis 15blütig; Sepalen braunrot, innen oft grünlich, die seitlichen aufrecht bis zusammenneigend, aber keinen Helm bildend; Blütenlippe ungeteilt, glattrandig, an der Spitze eingebuchtet, dunkelrot, braunrot, selten weiß, grünlich oder gelblich; Sporn kräftig, sackförmig, weiß oder rosa, abwärts gerichtet, etwa $^1/_2$ so lang wie der Frkn.; 2n = 42.

II–IV; Trockenrasen, Macchien, lichte Wälder, wahrscheinlich nur auf Kalk; pH 7,5 (1 M.; 6 indir. M. 7,6–8,4).

Abb. 121 : Orchis patens ssp. patens, Norditalien

Abb. 122 : Orchis patens ssp. patens, Algerien

Abb. 123 : Orchis patens ssp. nitidifolia, Kreta

Nordafrika, Südspanien, Balearen, Südfrankreich (sehr selten)!, Italien (häufig am Monte Gargano)!, Sardinien? Sizilien, Griechenland, Kreta!, Rhodos, Zypern!, Türkei!, Libanon, Kaukasus, Persien, Turkestan (ssp. *fedtschenkoi* Czerniak.).

.1 ssp. collina: Blütenlippe rot, selten weiß.

.1.1 var. *albiflora:* Blütenlippe weiß oder grünlichweiß. *O. leucoglossa* Schwarz aus der Türkei gehört zu dieser Varietät!

.2 ssp. chlorotica: Sepalen zusammenneigend; Blütenlippe grünlichgelb; Sporn etwas zugespitzt. Eine endemische Sippe aus Transkaukasien, von der nur wenige Pflanzen bekannt wurden, und die teilweise in die Verwandtschaft von *O. papilionacea* gestellt wurde.

Atlasknabenkraut — Orchis patens 7.15

20–45 cm; Blätter lanzettlich bis fast linealisch, gefleckt oder ungefleckt; Blütenstand locker, mit bis zu 30 Blüten; Deckblätter etwa so lang wie der Frkn. (auch kürzer oder länger); seitliche Sepalen abgespreizt oder aufrecht, hellrot, auf der Innenseite mit einem großen grünen Fleck und meist mit kleinen roten Punkten; Blütenlippe deutlich dreilappig, hellrot mit dunkelroten Punkten; Sporn sackförmig bzw. stumpf konisch, fast waagerecht bis leicht abwärts gerichtet, etwa $^1/_2$, selten $^2/_3$ so lang wie der Frkn.; 2n = 42.

Eine sehr seltene, aber gut definierte Art mit wenigen punktuellen Vorkommen; ihre verwandtschaftlichen Beziehungen zu den beiden folgenden konnten klargestellt werden (TESCHNER 1972 a, 1973, 1974 a). Ihr Verbreitungsschwerpunkt liegt im algerischen Atlas.

III–V; lichte Wälder, Macchien, Bergwiesen bis etwa 1600 m; auf Kalk, Dolomit und Schiefer; wahrscheinlich nur auf basischen Böden; pH 7,4-8,0 (6 M.)[7]).

.1 ssp. patens: Blätter gefleckt oder ungefleckt; Sporn sackförmig, ± gerade und waagerecht orientiert, $^1/_3$ bis $^1/_2$ so lang wie der Frkn.

Nordafrika (Algerien!, Tunesien), Norditalien (Ligurien)!

.2 ssp. nitidifolia [= *O. prisca* Hautzinger 1976]: Blätter oberseits glänzend, stets ungefleckt; Sporn meist deutlich abwärts gebogen, zur Spitze hin verjüngt, $^1/_2$ bis fast so lang wie der Frkn.

Diese Sippe wird in der FLORA EUROPAEA (TUTIN 1980) als ssp. unter *O. spitzelii* eingeordnet.

Kreta.

Spitzels Knabenkraut — Orchis spitzelii 7.16

20-50 cm; Blätter lanzettlich, ungefleckt; Deckblätter etwa so lang wie der Frkn.; Sepalen nur wenig gespreizt, einen geöffneten Helm bildend, grünlichbraun, die Innenseite grün (im Gegensatz zu *patens* jedoch ohne abge-

[7]) 5 Messungen von TESCHNER

Abb. 124 : Orchis spitzelii, Jugoslawien

Abb. 125 : Orchis spitzelii, Norditalien

Abb. 126 : Orchis canariensis, Kanaren

Abb. 127 : Orchis boryi, Kreta

setzte rote Randzone), rot punktiert; Lippe dreilappig, manchmal nur eingebuchtet, rosa bis dunkelrot, punktiert; Sporn zylindrisch bis stumpf konisch, abwärts gerichtet, etwas kürzer als der Frkn. (gelegentlich nur $^1/_2$ so lang).

Diese Art ist zweifellos mit *patens* verwandt, von ihr durch Stellung und Färbung der Sepalen sowie Form und Länge des Sporns unterschieden.

Bezüglich ihrer Verbreitung erscheint sie ebenso rätselhaft wie die vorige. Wenngleich die Anzahl der Fundpunkte weit größer ist als bei *patens,* so sind diese doch über ein riesenhaftes Areal verstreut, wobei zwischen den einzelnen Fundstellen oft einige 100 km „leerer Raum" liegen. Im gesamten Verbreitungsgebiet erscheint sie wenig variabel, es drängt sich daher die Vermutung auf, daß es sich hier um eine sehr alte, gut konsolidierte Sippe handelt, die auf einige Reliktvorkommen beschränkt ist (vgl. PETTERSSON (1940), NIESCHALK (1970 b)).

IV–VII (je nach Höhenlage); Bergwiesen und lichte Wälder der montanen und subalpinen Region bis etwa 1800 m, in Dalmatien auch in der Mediterranzone; auf Kalkböden, nach NIESCHALK (1970 b) auch auf kalkfreiem Substrat; pH 7,6–8,1 (12 M.)[8]).

Nordafrika (Algerien, in der älteren Literatur als „*O. patens* ssp. *atlantica*"), Spanien (nach NIESCHALK (1970 b) stellenweise ziemlich häufig), Frankreich (Westalpen), Insel Gotland, Österreich, Italien (Südalpen)!, Jugoslawien, Griechenland, Türkei (Taurus und Pontus), Bulgarien, Krim?, Kaukasus (= *O. viridifusca* Alboff 1895).

Kanarenknabenkraut — Orchis canariensis 7.17

15–35 cm; Blätter lanzettlich, ungefleckt; Deckblätter etwa so lang wie der Frkn. oder länger; Blütenfärbung weiß bis rosa, mit roten Flecken; seitliche Sepalen abgespreizt bis aufwärts gerichtet, innen oft mit grüner Zone; Blütenlippe dreilappig; S p o r n s a c k f ö r m i g , w a a g e r e c h t b i s a u f w ä r t s g e r i c h t e t , kaum $^1/_2$ so lang wie der Frkn.

Diese früher als ssp. zu *patens* gestellte Sippe ist nicht nur morphologisch und ökologisch von ihr verschieden, sondern vor allem durch ihre vollständige Isolation (einzige *Orchis*art auf den Kanarischen Inseln) als selbständige Art zu betrachten (TESCHNER 1972 a, 1974 a).

II–III; in Felsschluchten auf schwach sauren Böden, 800–1400 m; pH 6 (1 M. TESCHNER). – Kanaren (endemisch).

Kretisches Knabenkraut — Orchis boryi 7.18

15–35 cm; Blätter schmal lanzettlich, ungefleckt; Blütenstand kurz und wenigblütig, v o n o b e n n a c h u n t e n a u f b l ü h e n d ; Deckblätter kaum so lang wie der Frkn.; Sepalen dunkel lilarot, breit und stumpf, zusammenneigend, aber keinen geschlossenen Helm bildend; Blütenlippe dreilappig (manchmal nur angedeutet) mit ungeteiltem Mittellappen, rot, in der Mitte weiß mit roten Punkten; Sporn dünn, so lang wie oder länger als der Frkn., abwärts gerichtet bis fast waagerecht; 2n = 36.

[8]) 3 Werte von TESCHNER

Abb. 128 : Orchis israelitica, Galilaea

Abb. 130 : Orchis quadripunctata var. brancifortii, Sizilien

Abb. 129 : Orchis quadripunctata, Griechenland

Diese seltene Pflanze wurde teilweise als Subspezies zu *O. morio* gestellt, teilweise als Bastard zwischen *O. morio* und *O. quadripunctata* aufgefaßt; die letzte Auffassung ist gewiß falsch, weil *morio* auf Kreta, wo *boryi* zerstreut auftritt, völlig fehlt. Die Sippe zeigt zwar Anklänge an *O. morio* (Form und Stellung der Sepalen, Chromosomenzahl) und an *O. quadripunctata* (schlanker, abwärts gerichteter Sporn, Zeichnung der Lippe); sie wird aber besonders durch ihre Aufblühfolge als selbständige Art charakterisiert, was erstmals durch RENZ (1930 b) festgestellt wurde.

IV; Ödland, lockere Macchien, auf Schiefer- und Kalkböden; pH 7,1–7,2 (2 indir. M.).

Griechenland (südl. Peloponnes)!, Kreta!

Zu *Orchis boryi* gehört die kürzlich von BAUMANN und DAFNI (1979) beschriebene *Orchis israelitica:* Pflanze zierlich, ca. 20–25 cm hoch; Blätter ungefleckt; Blüten von sehr heller Grundfärbung, von oben nach unten aufblühend; Sepalen zu einem ± geöffneten Helm zusammengeneigt; Lippe dreilappig, mit kräftig roten Punkten, der Mittellappen breiter als die Seitenlappen; Sporn dünn, waagerecht oder leicht abwärts orientiert, etwa so lang wie der Frkn.; II–III, bisher nur aus dem nördlichen Israel bekannt.

Vierpunktknabenkraut — Orchis quadripunctata 7.19

20–30 cm; Blätter lanzettlich, gefleckt oder ungefleckt; Deckblätter häutig, rot, $^1/_2$ bis fast so lang wie der Frkn.; die Form der relativ kleinen Blüten erinnert an *Gymnadenia conopsea;* Sepalen rot, ziemlich breit und abstehend; Blütenlippe dreilappig, rot, an der Basis mit einem weißen Fleck mit 2 (3–4) roten Punkten, zwei weitere Punkte liegen meist im Eingang zur Narbenhöhle, so daß von den in der Regel 4 Punkten nur zwei von außen sichtbar sind; Sporn dünn, fadenförmig, abwärts gerichtet (selten ± waagerecht), etwa so lang wie der Frkn.

Eine ostmediterrane, in Griechenland besonders häufige Art, die im mittleren MMG nur zerstreut auftritt.

IV–V (VI); Trockenrasen, Macchien, vorwiegend auf Kalk, jedoch auch auf anderen (sauren?) Böden; pH 7,7–7,8 (4 M.; 10 indir. M. 7,5–8,0).

Süditalien (z. B. Monte Gargano)!, Sardinien, Sizilien, Jugoslawien!, Griechenland!, Kreta!, Zypern, südliche Türkei!, Libanon.

.0.1 var. *brancifortii:* Blüten sehr klein; die Lippe stark reduziert, nicht oder kaum größer als ein Sepalum, besonders die Seitenzipfel sehr schmal; anstelle der 4 Punkte meist ein roter Fleck; Sizilien, Sardinien.

.0.2 var. *albiflora:* Blüten weiß (mit roten Punkten).

Anatolisches Knabenkraut — Orchis anatolica 7.20

15–40 (50) cm; Blätter lanzettlich, meist gefleckt; Deckblätter etwa so lang wie der Frkn. oder länger; Sepalen rot (rosa), die seitlichen abstehend oder zurückgeschlagen, selten auf der Innenseite grünlich; Blütenlippe dreilappig, rot bis rosa, in der helleren Mitte mit zahlreichen Punkten oder Flecken; Sporn dünn, mit weitem Eingang,

Abb. 131 : Orchis anatolica, Türkei

Abb. 132 : Orchis anatolica, Türkei

Abb. 133 : Orchis anatolica var. albiflora, Türkei

Abb. 134: Orchis mascula ssp. mascula Deutschland

zum Ende verschmälert, meist steil aufwärts gerichtet, selten horizontal, wenigstens so lang wie der Frkn.; 2n = 42.

Die Art löst *O. quadripunctata* nach Osten hin ab, auf Kreta kommen beide gemeinsam vor (auch Übergangsformen); in der westlichen und südlichen Türkei ist sie sehr häufig und auf dürftigen bzw. stark beweideten Standorten oft die einzige Orchideenart.

III–V; Trockenrasen, lichte Wälder, Macchien, auf Kalk- und Schieferböden, wenig anspruchsvoll; pH 7,2 (1 M.; 16 indir. M. 6,9–8,2).

Ägäische Inseln, Kreta!, Rhodos!, Zypern!, westliche und südliche Türkei!, Libanon!, Persien.

Die Angabe aus Nordafrika ist eine Verwechslung mit *O. mascula* ssp. *olbiensis* (BAUMANN 1974).

.0.1 var. *trodii:* Pflanzen sehr kräftig, bis 50 cm hoch; Blätter fast oval; Deckblätter (manchmal) etwas kürzer als der Frkn. – Die Kennzeichnung der Pflanze reicht für die Aufstellung eines Taxons kaum aus. Man kann im gesamten Verbreitungsgebiet der Art einzelne, besonders kräftige und großblütige Exemplare antreffen.

Zypern.

.0.2 var. *sitiaca:* untere Blätter länglich-oval; Blütenfärbung blaß; Sepalen und Petalen mit grünen Adern; die Lippe stark gefaltet, der schmale, verlängerte Mittellappen bis zur Spitze punktiert; Sporn sehr kräftig, manchmal am Ende verdickt (siehe oben!).

Ostkreta.

.0.3 var. *albiflora:* Blüten rein weiß (mit roten Punkten).

Mannsknabenkraut — Orchis mascula 7.21

(10) 20–60 (70) cm; Blätter lanzettlich, gefleckt oder ungefleckt; Deckblätter häutig, etwa so lang wie der Frkn. (auch kürzer oder länger); Blütenfärbung hellrot bis purpurviolett; Blütenlippe dreilappig (sehr selten fast ungeteilt), der Mittellappen meist nochmals gespalten oder ausgerandet; Sporn aufwärts gerichtet (selten waagerecht orientiert), i. d. R. am Ende verdickt, $^1/_3$ bis (meist) ebenso lang wie der Frkn.; 2n = 42.

Die weitverbreitete Art ist sehr variabel und schwer charakterisierbar, weil die oft nicht deutlich gegeneinander abgegrenzten Subspezies (Ausnahme *scopulorum*) über ein breit gestreutes Merkmalsspektrum verfügen (z. B. Form und Zeichnung der Lippe, Länge, Form und Orientierung des Sporns). Einige ssp. werden als selbständige Arten aufgefaßt. Von manchen Autoren werden auch weitere Varietäten unterschieden (LANDWEHR 1977).

IV–VI (in höheren Lagen bis VII); auf nicht zu trockenen Magerwiesen und auf subalpinen Weiden (bis 2000 m), Laubwälder, Kiefernwälder; vorwiegend auf Kalk, jedoch auch auf oberflächlich entkalkten Böden, auf Schiefer- und Sandsteinböden, sofern die Reaktion nicht extrem sauer ist; pH 4,8–8,5 (32 M.).

Nordafrika, Europa, Vorderasien.

Abb. 135 : Orchis mascula ssp. olbiensis, Spanien

Abb. 136 : Orchis mascula ssp. signifera, Rumänien

Abb. 137 : Orchis mascula ssp. laxifloraeformis, Spanien

Abb. 138 : Orchis mascula ssp. scopulorum, Madeira

★.1 **ssp. mascula:** Blätter gefleckt oder ungefleckt; Blütenstand meist dicht; Blütenlippe rot punktiert; Sporn fast so lang wie der Frkn., am Ende verdickt.

Nordafrika!, Spanien!, Balearen, Frankreich!, Irland, England, Skandinavien, Deutschland!, Benelux, Alpenländer!, Italien!, Korsika, Jugoslawien!, Griechenland, Kreta?, Rhodos, (Nord-)Türkei!, Polen, Tschechoslowakei, Ungarn, Bulgarien?, Rumänien?, Rußland, Krim?, Kaukasus? (die südosteuropäischen Vorkommen gehören vielleicht alle zu *signifera?*); – Persien.

★.2 **ssp. olbiensis:** Pflanze zierlich, 10–25 cm; Blätter ungefleckt oder gefleckt; Blütenstand locker, mit nur 5–12 hellroten Blüten; Seitenlappen der Lippe zurückgeschlagen; Sporn länger als der Frkn.

Nordafrika, Spanien, Balearen, Südfrankreich, Norditalien (Ligurien), Korsika, Sardinien!

★.3 **ssp. signifera** [= var. *speciosa* (Host) Koch]: Blätter an der Basis gestrichelt; Blütenstengel gefleckt; Deckblätter viel länger als der Frkn.; Sepalen nach vorn gebogen, in lange, gekrümmte und fast fadenförmige Spitzen ausgezogen; Mittellappen der Lippe schmal und länger als die Seitenlappen, alle Lappen an den Rändern scharf gesägt (vgl. LANDWEHR 1972, 1976).

Pflanzen mit dieser Merkmalskombination kommen z. B. in Rumänien vor. Die Angaben aus anderen Ländern beziehen sich wohl vielfach auf Formen, die sich diesem Typus ± nähern (so z. B. Südalpen!, Jugoslawien!); Polen, Ungarn, Bulgarien, Rußland, Krim, Kaukasus, Persien.

★.4 **ssp. pinetorum:** Blätter breit, ungefleckt; Deckblätter etwa $^1/_2$ so lang wie der Frkn.; Blütenlippe ohne Punkte oder Flecken, der Mittellappen ± nierenförmig; Sporn kürzer als der Frkn. Pflanzen mit der angegebenen Merkmals k o m b i n a t i o n habe ich nicht gesehen. Die Pflanzen in der Türkei ähneln oft ± der ssp. *mascula.*

Türkei!, Libanon?, Krim?, Kaukasus, Persien.

★.5 **ssp. laxifloraeformis** [= *O. hispanica* Nieschalk]: Pflanze schlank und lockerblütig, der Stengel leicht geschlängelt; Blätter meist scharfkantig gefleckt, seltener ungefleckt, bereits im Herbst austreibend; Blüten hellrot, die Lippe meist ohne Flekken; Sepalen abstehend, nicht zurückgeschlagen; blüht 2–3 Wochen später als ssp. *mascula.*

Nordafrika, Spanien, Südfrankreich (Pyrenäen).

.6 **ssp. scopulorum:** Kräftige Pflanze, bis 65 cm hoch; Blätter ungefleckt (ob immer?); Blütenstand dicht und kurz (± pyramidal); Blüten größer als bei den anderen ssp. und hell gefärbt; seitliche Sepalen abstehend, aber nicht zurückgeschlagen; Blütenlippe dreilappig, mit roten Punkten, etwa 1,5 cm lang und fast ebenso breit; S p o r n $^1/_3$ b i s $^1/_2$ s o l a n g w i e d e r F r k n . , w a a g e r e c h t o r i e n t i e r t .

In höheren Lagen (wahrscheinlich nur oberhalb 800 m) der Insel Madeira (endemisch).

.0.1 var. *alba:* Blüten weiß.

Abb. 139 : Orchis pallens, Türkei

Abb. 140 : Orchis provincialis, Rhodos

Abb. 141 : Orchis provincialis, Türkei

Abb. 142 : Orchis pauciflora, Kreta

Bleiches Knabenkraut — Orchis pallens 7.22

20–40 cm; Blätter hellgrün, sehr breit, ungefleckt; Deckblätter etwa so lang wie der Frkn., grün oder weißlich; B l ü t e n f a r b e g e l b (sehr selten weiß oder rot); Sepalen abstehend oder zurückgeschlagen; Blütenlippe dreilappig, ausgerandet oder fast ungeteilt, o h n e Z e i c h n u n g ; S p o r n a u f w ä r t s g e b o g e n (selten fast horizontal), kräftig, etwa so lang wie der Frkn.; 2n = 42 (40).

Eine wenig veränderliche, seltene Art mit weiter Verbreitung. Ihre nächste Verwandte ist *Orchis mascula,* mit der sie nicht selten Bastarde bildet.

IV–V (VI im Hochgebirge); Wälder, Gebüsche, Wiesen, in der montanen und subalpinen Region, wohl nur auf Kalk; pH 6,7–7,0 (4 M.).

Spanien?, Frankreich, Deutschland (Jura!, Thüringen!, Hessen!), Alpenländer, Italien!, Jugoslawien, Griechenland, Türkei, Polen, Tschechoslowakei, Ungarn, Bulgarien, Rumänien, Krim, Kaukasus.

Manche Angaben in der Literatur beruhen vielleicht auf Verwechslung mit einer der beiden folgenden Arten.

.0.1 var. *albiflora:* Blüten weiß.

.0.2 var. *rubriflora:* Blüten rot.

Französisches Knabenkraut — Orchis provincialis 7.23

20–35 cm; B l ä t t e r lanzettlich, g e f l e c k t (in Nordafrika ungefleckt); Deckblätter etwa so lang wie der Frkn. oder etwas kürzer; Blütenstand locker, B l ü t e n b l a ß g e l b (bis weißlich); Sepalen abstehend oder zurückgeschlagen; Blütenlippe dreilappig, m i t r o t e n P u n k t e n ; Sporn kräftig, am Ende verdickt, aufwärts gebogen (selten horizontal), etwa so lang wie der Frkn.; 2n =42.

IV–V; Bergwiesen, Macchien, Pineten, auf schwach sauren, seltener schwach basischen Böden; pH 5,5–7,7 (6 M.; 11 indir. M. 6,2–7,8).

Nordafrika!,[9]) Spanien, Südfrankreich!, Südalpen, Italien!, Korsika, Sardinien!, Sizilien!, Jugoslawien, Griechenland!, Kreta, Rhodos!, Türkei!, Bulgarien, Krim, Kaukasus.

Wenigblütiges Knabenkraut — Orchis pauciflora 7.24

15–30 cm; Blätter schmal lanzettlich, u n g e f l e c k t ; Deckblätter so lang wie der Frkn. oder bedeutend länger; Blütenstand locker, Blütenfärbung intensiv gelb; seitliche Sepalen abstehend oder zurückgeschlagen; Blütenlippe dreilappig, z i t r o n e n - b i s d o t t e r g e l b , m i t k l e i n e n b r a u n e n P u n k t e n ; Sporn schlanker als bei der vorigen, am Ende meist nicht verdickt, aufwärts gebogen, länger als der Frkn. (selten nur ebenso lang).

---

[9]) Dort die als *O. laeta* Steinheil (1838) bezeichnete Sippe.

Abb. 143 : Orchis laxiflora ssp. laxiflora, Südfrankreich

Abb. 144 : Orchis laxiflora ssp. laxiflora, Türkei

Abb. 145 : Orchis laxiflora ssp. palustris, Süddeutschland

Abb. 146 : Orchis laxiflora ssp. robusta, Algerien

Diese Sippe wird häufig als ssp. oder var. von *O. provincialis* aufgefaßt. Sie ist jedoch morphologisch u n d ökologisch deutlich von ihr verschieden: Sie ist zierlich und armblütiger, die Blüten sind größer und intensiver gefärbt, die Lippe mit kleinen braunen (nicht größeren roten) Punkten besetzt, der Sporn ist länger und dünner, die Blätter sind ungefleckt, sie blüht früher und besiedelt – im Gegensatz zu *O. provincialis* – nur Kalkböden. Übergangsformen habe ich nicht beobachtet. Hier liegt einer der wenigen Fälle vor, wo vom Umgang mit dem Artrang ein zu vorsichtiger Gebrauch gemacht wurde.

III–V; Trockenrasen, Macchien, auf Kalk (besonders in Karstgebieten); pH 7,7 (1 M.; 11 indir. M. 7,5–8,3).

Mittel- und Süditalien (Apennin, Mte. Gargano)!, Korsika, Sizilien, Jugoslawien!, Griechenland!, Kreta!

Lockerblütiges Knabenkraut, Sumpfknabenkraut — Orchis laxiflora 7.25

30–80 (100) cm; Blätter aufrecht, am Stengel verteilt (keine Rosette bildend), schmal bis breit lanzettlich, von der Basis zur Spitze verschmälert, ungefleckt; Blütenstand aufgelockert, mit großen, hell- bis dunkelrot (-violett) gefärbten Blüten; Deckblätter etwa so lang wie der Frkn. oder auch bedeutend länger; seitliche Sepalen aufrecht bis zurückgeschlagen; Blütenlippe dreilappig bis fast ganzrandig; Sporn aufwärts gerichtet, seltener horizontal orientiert, manchmal am Ende zweispaltig, etwa so lang wie der Frkn. oder kürzer; 2n = 42.

Die Art gliedert sich in zwei deutlich unterscheidbare Komplexe: *O. laxiflora* s. str. (Lippe ohne Zeichnung, Mittellappen kurz bzw. undeutlich ausgeprägt) und *O. palustris* (Lippe gezeichnet, Mittellappen wenigstens so lang wie die Seitenlappen). Die ssp. *robusta* und die var. *elegans* sind der Palustris-Gruppe zuzuordnen. Weitere Taxa, z. B. *O. laxiflora* ssp. *dielsiana* Soó, sind nicht eindeutig definiert bzw. als Synonyme zu betrachten.

Ende III–VII; Sumpfwiesen, auch auf salzhaltigen Böden und an austrocknenden Stellen, selten auf ganz trockene Standorte übergreifend. Vorwiegend Kalkböden, aber nicht an Kalk gebunden, meist in individuenreichen Verbänden und oft aspektbildend; pH 7,4–8,6 (2 M.; 4 indir. M. 8,0–9,5).

Mitteleuropa, gesamtes MMG, Vorderasien.

★.1 ssp. laxiflora: Seitenlappen der Lippe meist zurückgeschlagen, der weiße Mittelteil der Lippe o h n e F l e c k e n , d e r M i t t e l l a p p e n k ü r z e r a l s d i e S e i t e n l a p p e n ; Sporn am Ende meist gespalten, $^1/_2$ bis $^2/_3$ so lang wie der Frkn.; blüht früh: Ende III–V.

Nordafrika?, Spanien, Balearen?, Frankreich!, England (nur Kanalinseln), Belgien?, Südalpen, Italien!, Korsika, Sardinien!, Sizilien, Jugoslawien!, Griechenland!, Kreta!, Rhodos, Zypern, Türkei!, Libanon.

★.2 ssp. palustris: Seitenlappen der Lippe ausgebreitet, der meist rosa gefärbte Mittelteil der Lippe gefleckt oder punktiert, Mittellappen wenigstens so lang wie die Seitenlappen; Sporn am Ende nicht geteilt, etwa so lang wie der Frkn.; blüht später: IV–VII.

Spanien, Frankreich, Schweden (Gotland!), Deutschland!, Benelux, Alpenländer.

Abb. 147: Traunsteinera globosa ssp. globosa, Alpen

Abb. 148: Traunsteinera globosa ssp. sphaerica, Nordtürkei

Abb. 149: Traunsteinera globosa ssp. globosa, Alpen

Italien, Jugoslawien, Griechenland!, Türkei!, Polen, Tschechoslowakei, Ungarn, Bulgarien, Rumänien, Rußland, Krim, Kaukasus.

.2.1 var. *elegans:* Blätter breit (1,5–3 cm); Blütenfarbe dunkelrot; Lippe undeutlich dreilappig.

Im östlichen Teil des Verbreitungsgebietes.

.3 ssp. robusta: Pflanze sehr kräftig, bis 90 cm hoch; Deckblätter laubartig, länger als der Frkn.; Blütenlippe dreilappig, am Rande gekräuselt, der Mittellappen kaum länger als die Seitenlappen, der hell gefärbte Bereich punktiert oder gestrichelt; Sporn schlank, fast horizontal orientiert, deutlich kürzer als der Frkn. (vgl. GÖLZ u. REINHARD 1976).

Nordafrika!, Mallorca.

.0.1 var. *albiflora:* Blüten rein weiß.

.0.2 var. *rosea:* Blüten zartrosa.

Kugelorchis — Traunsteinera globosa 8.1

(15) 30–65 cm; Knollen rundlich; Blätter (3–4) blaugrün, lanzettlich, am Stengel verteilt, aufrecht, die oberen scheidenförmig; Blütenstand dicht, kugelförmig (bis pyramidal), mit kleinen, meist rosa gefärbten Blüten; Deckblätter etwa so lang wie der Frkn.; Sepalen in einen am Ende verdickten Zipfel ausgezogen; Blütenlippe dreilappig, meist rot punktiert; Sporn abwärts gerichtet, etwa $^1/_3$ so lang wie der Frkn.; 2n = 42.

Die Art wurde früher als *Orchis globosa* bezeichnet. Es gibt auch nur wenige Merkmale, die sie von *Orchis* trennen (z. B. das Fehlen einer Blattrosette).

V–VIII (je nach Höhenlage); auf frischen Bergwiesen und Matten, besonders oberhalb der Waldgrenze, 500–2500 m, meist oberhalb 1500 m, auf Kalk, aber keineswegs an basische Böden gebunden; pH 5,2–7,4 (5 M.).

Europa (fehlt im Norden), Kleinasien.

.1 ssp. globosa: Blüten rosa, mit roten Punkten; Lippe kaum 5 mm breit, Mittellappen gerundet bzw. gestutzt.

Spanien, Frankreich, Deutschland (Schwarzwald, Jura, Alpen), Alpenländer!, Italien!, Jugoslawien!, Türkei?, Polen, Tschechoslowakei, Bulgarien, Rumänien, Rußland, Kaukasus.

.2 ssp. sphaerica: Blüten weiß oder gelblich, ohne Punkte; Lippe i. d. R. über 5 mm breit, Mittellappen lang zugespitzt.

Nordosttürkei! (ob auch im Nordwesten?, vgl. TAUBENHEIM 1979), Kaukasus.

Keuschorchis, N. intacta — Neotinea maculata 9.1

10–30 cm; Knollen rund; Blätter breit lanzettlich, rosettig gehäuft, oft blaugrau bis rötlich, meist gefleckt; Blütenstand sehr dicht, Blüten sehr klein (etwa 5 mm) und unschein-

Abb. 150: Neotinea maculata, Griechenland

Abb. 151: Comperia comperiana, Türkei

Abb. 152: Comperia comperiana, Türkei

bar (schmutzigrosa, gelb oder grünlichweiß); die Sepalen bilden einen Helm; Lippe dreilappig, der Mittellappen geteilt; Sporn abwärts gerichtet, etwa $^1/_3$ so lang wie der Frkn.; 2n =40.

Die Gattung ist monotypisch und gehört in die Nähe von *Orchis*. Unter den mediterranen Arten ist sie die zierlichste und unscheinbarste. Ihr Habitus (auch in fruchtendem Zustand) ist so typisch, daß sie mit keiner anderen verwechselt werden kann.

III–V; Ödland, Pineten und Macchien, auf schwach sauren und basischen Böden; pH 6,2–7,9 (7 M., 16 indir. M. 6,6–8,3).

Kanaren, Madeira!, Nordafrika!, Spanien, Balearen!, Südwest- und Südfrankreich!, Süd-Irland, Mittel- und Süditalien!, Korsika, Sardinien!, Sizilien, Jugoslawien (nördl. bis Istrien), Griechenland!, Kreta!, Rhodos!, Zypern!, Türkei!, Libanon.

.0.1. var *alba:* Blüten weiß oder gelblich, Lippe ohne Zeichnung.

Bartorchis, Comperie, Orchis comperiana, C. taurica — Comperia comperiana 10.1

25–60 cm; Blätter lanzettlich, ungefleckt; Deckblätter wenigstens so lang wie der Frkn., die unteren bedeutend länger; die braunroten Sepalen bilden einen zugespitzten Helm; die Petalen sind fädig verlängert; Lippe dreilappig, der Mittellappen geteilt, alle 4 Zipfel sind in 3–10 cm lange Fäden ausgezogen, Lippenplatte weißlich bis hellrot, meist mit dunkleren Streifen; Sporn abwärts gerichtet, etwa so lang wie der Frkn.; 2n = 30.

Diese wenig veränderliche Art ist von manchen Autoren in die Gattung *Orchis* einbezogen worden, der sie in manchen Merkmalen nahesteht. Ihr eigentümlicher Blütenbau und vor allem die Chromosomenzahl lassen es jedoch geboten erscheinen, sie als monotypische Gattung abzutrennen. Die Pflanze gehört zu den größten Raritäten unseres Gebietes.

(IV) V–VIII; Zedern-, Zypressen- und Kiefernwälder, seltener auf Trockenrasen; 500 bis 2000 m, Kalkböden; pH 7,2–8,2 (9 M.).

Ägäische Inseln (Samos, Lesbos), Türkei!, Krim, Libanon, Persien (Kurdistan, Luristan).

Kappenorchis — Steveniella satyrioides 11.1

15–25 (35) cm; Knollen kugelrund, sehr klein (etwa 1 cm); an der Basis ein zungenförmig-lanzettliches Blatt, das in der Regel rötlich überlaufen ist; Blütenstengel von Scheidenblättern umschlossen; Blütenstand locker, mit 5–20 schmutzig grünlich (gelblich) und rotbraun gefärbten Blüten; Deckblätter bedeutend kürzer als der Frkn. (etwa $^1/_4$ so lang); Sepalen zu einer fast runden Kappe verwachsen; Petalen stark reduziert oder fehlend; Blütenlippe dreilappig, der Mittellappen ungeteilt, länger als die Seitenlappen; Sporn sackförmig, tief zweispaltig (Doppelsporn), abwärts gerichtet, etwa $^1/_3$ so lang wie der Frkn.; 2n = 38.

Diese Art ist durch eine Vielzahl von Merkmalen charakterisiert, mit *Orchis* hat sie eine entfernte Ähnlichkeit. KRÄNZLIN (1931) zählte sie zu „den seltensten Pflanzen der Welt“. Sie ist zwar selten, im Pontus aber relativ verbreitet (SUNDERMANN 1972 c).

Abb. 153 : Steveniella satyrioides, Nordtürkei

Abb. 154 : Steveniella satyrioides, Nordtürkei

Abb. 155 : Steveniella satyrioides, sich öffnende Knospe, Nordtürkei

IV–V; trockene (auch feuchte?) Wiesen, Ödland, lichte Wälder, Gebüsch (Haselnußkulturen); auf Kalk; pH 6,4–7,9 (10 M.).

Türkei (Pontus, im Westen bis östlich von Istanbul)!, Krim, Kaukasus, Persien.

Fingerwurz (Knabenkraut) — Dactylorhiza 12

In älteren Floren ist diese Sippengruppe stets als Bestandteil der LINNE'schen Gattung *Orchis* aufgefaßt worden. In der großen Monographie von KELLER, SCHLECHTER und SOÓ (1928–1940) wurde sie als Sektion behandelt, aber NEVSKI (1937) und VERMEULEN (1947) trennten sie als selbständige Gattung von *Orchis* ab. Die Gattungsbezeichnungen *Dactylorhiza* (NECKER ex NEVSKI 1937) und *Dactylorchis* (VERMEULEN 1947) traten miteinander in Konkurrenz. Der Name *Dactylorhiza* hat die Priorität, und er ist auch durchaus sinnvoll (= Fingerwurzel, vgl. S. 175).

Die Unterschiede gegenüber den Arten der Gattung *Orchis* liegen in der gespaltenen (= fingerförmigen) Knolle und in der besonders kräftigen Ausbildung der Deckblätter, die stets laubartig und wenigstens so lang wie der Fruchtknoten sind, oft jedoch die Blüten weit überragen. Der Blütenstand von *Orchis* ist anfangs von einem Scheidenblatt eingehüllt, das bei *Dactylorhiza* fehlt (Fig. 11, S. 21). Sonst zeigt die Gattung manche Übereinstimmungen mit *Orchis,* sowohl im Habitus als auch in der Gestaltung der Blüten, insbesondere der Pollenpakete mit getrennten Klebscheiben.

Diese Gattung bietet bezüglich der systematischen Gliederung die größten Schwierigkeiten. Während *D. iberica* und *D. sambucina* (unter Einschluß von *pseudosambucina* und *insularis*) zwei klar definierbare Arten sind, stellen die übrigen (*incarnata* s. l., *majalis* s. l. und *maculata* s. l.) einen Komplex dar, dessen einzelne Sippen, die teils als Arten und teils als infraspezifische Taxa beschrieben wurden, in jeder Richtung durch gleitende Merkmalsvariation miteinander verbunden sind. Auch die Chromosomenzahlen (2n = 40 oder 80 bzw. 120) sind als Anhaltspunkte für eine systematische Klassifizierung nicht oder kaum verwendbar.

Diese Situation würde konsequenterweise verlangen, diesen Komplex als e i n e Spezies zu behandeln und in eine große Zahl von Sub- und Präspezies zu untergliedern. Das trifft insbesondere zu für die „hohlstengeligen" Arten (*incarnata* und *majalis*), bei denen die weiteren Unterscheidungsmerkmale wie Habitus, Blattindex, Fleckung der Blätter, Blütenfärbung sowie Größe und Teilung der Blütenlippe nirgends in k o n s t a n t e n Kombinationen auftreten. So hat z. B. *africana* einen typischen *Incarnata*-Habitus (Pflanzen sehr kräftig) und breite, meist geteilte Lippen, während *incarnata* s. str. durchschnittlich kleiner und durch schmale, ungeteilte Lippen ausgezeichnet ist. Zwischen beiden Sippen vermittelt *sesquipedalis,* die von einigen Autoren zu *africana,* von anderen zu *incarnata* gestellt wird (vgl. z. B. GUIMARES nach VERMEULEN 1970 a).

Zwischen *incarnata* und *majalis* vermittelt beispielsweise *praetermissa,* deren Habitus an *incarnata* erinnert; die Blätter sind meist ungefleckt, die Blütenlippe ist breit (ähnlich wie bei *sesquipedalis*), ungeteilt oder ± dreilappig. Ebenso lassen sich weder *purpurella* (mehr zu *majalis* tendierend) noch *cruenta* (mit einigen Incarnata-Merkmalen) einer der beiden Arten eindeutig zuordnen. Im einzelnen werden diese und weitere Beispiele in den folgenden Sippenbeschreibungen deutlich.

Abb. 156 : Dactylorhiza iberica, Türkei

Etwas anders stellt sich die Spezies *D. maculata* s. l. dar, die immerhin durch zwei charakteristische Merkmale von den beiden zuvor erwähnten unterscheidbar ist: Der Stengel ist mit Mark ausgefüllt, also nicht zusammendrückbar, und die Blüten öffnen sich erst, wenn die Achse des Blütenstandes sich fast vollständig gestreckt hat (vgl. Abb. 185 auf S. 190).

Die nahen verwandtschaftlichen Beziehungen innerhalb dieses Dreiartenkomplexes werden besonders dort sichtbar, wo *D. incarnata, D. majalis* und *D. maculata* das gleiche Areal bewohnen und Hybridpopulationen bilden, die keiner der im folgenden aufgestellten Unterarten zugeordnet werden können.

Auch die 1976 von NELSON veröffentlichte *Dactylorhiza*-Monographie leistet keine Hilfe, um den Komplex überschaubar zu machen. Vielmehr wird hier – neben nomenklatorischen Unklarheiten – bezüglich der Formengliederung eher Verwirrung gestiftet. So fehlt z. B. die gut von ihren Nachbarsippen abgetrennte *D. majalis* ssp. *caucasica* völlig, während eine andere, nach meiner Erfahrung in sich geschlossene Sippe, in zwei Taxa aufgeteilt wird, die auch noch unter v e r s c h i e d e n e n A r t e n eingereiht werden (*D. cilicica* (Klinge) Soó ist identisch mit „*D. elata* ssp. *anatolica* Nelson").[10])

D i a g n o s e : Knollen rübenförmig und meist an der Spitze eingeschnitten oder (in der Mehrzahl der Fälle) stark abgeflacht und fingerförmig gespalten (Name!); Deckblätter laubartig, wenigstens so lang wie der Frkn., meist bedeutend länger; Blütenlippe gespornt; Pollinien mit getrennten Klebscheiben, die in einer gemeinsamen Bursicula liegen; Blütenstand vor dem Aufblühen n i c h t von einem Scheidenblatt eingehüllt (vgl. Fig. 11, S. 21).

Die aufgezählten Merkmale finden sich auch bei anderen Gattungen.

Da die Gattung neu aufgestellt wurde, kann sie nicht weiterhin die deutsche Bezeichnung „Knabenkraut" behalten, die sich allein auf Arten der Gattung *Orchis* bezieht. Es erscheint sinnvoll, die Übersetzung des Namens *Dactylorhiza* = Fingerwurz als deutschen Gattungsnamen zu verwenden.

Helmfingerwurz — Dactylorhiza iberica 12.1

20–40 (60?) cm; Knollen rübenförmig, ungeteilt oder zweispaltig; P f l a n z e m i t u n t e r i r d i s c h e n A u s l ä u f e r n ; Blätter schmal linealisch bis lanzettlich, ungefleckt; Blütenstand locker, Blüten hellrosa, mit roten Flecken; Deckblätter länger als der Frkn,; S e p a l e n z u s a m m e n g e n e i g t , e i n e n ± g e s c h l o s s e n e n H e l m b i l d e n d ; Blütenlippe dreilappig, selten ungeteilt, Mittellappen schmaler als die Seitenlappen; Sporn abwärts gerichtet, $^1/_2$ bis fast so lang wie der Frkn.; 2n = 40.

Eine weitgehend isolierte, kaum zur Variation neigende Art, die selten bastardiert. Morphologisch ist sie von den übrigen Arten der Gattung durch die Form der Knollen, die Bildung von Ausläufern und den Blütenhelm soweit distanziert, daß es berechtigt erscheint, sie als monotypische Gattung abzutrennen. Der Name *iberica* ist von einer älteren Bezeichnung für das heutige Georgien abgeleitet.

V–VIII; Quellsümpfe auf Kalk, oberhalb 800 m; pH 7,3–8,2 (2 M.).

Nordgriechenland, Zypern, Türkei!, Libanon, Krim, Kaukasus, Persien.

---

[10]) Vgl. dazu die Ausführungen von VERMEULEN 1980.

Abb. 157: Dactylorhiza sambucina ssp. sambucina (var. lutea), Deutschland

Abb. 158: Dactylorhiza sambucina ssp. insularis var. bartonii, Spanien

Abb. 159: Dactylorhiza sambucina ssp. pseudosambucina, Kreta

Abb. 160: Dactylorhiza sambucina ssp. pseudosambucina (var. rubra), Süditalien

15–45 cm; Knollen nur an der Spitze kurz gespalten, nicht so stark abgeflacht wie bei den folgenden Arten (fast zylindrisch); Blätter lanzettlich bis linealisch, u n g e f l e c k t ; Blütenfärbung gelb o d e r rot, wobei häufig rein gelbblütige Populationen, in der Regel solche mit rotblühenden und gelbblütigen Exemplaren anzutreffen sind; seitliche Sepalen zurückgeschlagen; Blütenlippe dreilappig (manchmal nur ausgerandet); Sporn etwa so lang wie der Frkn. (auch kürzer oder etwas länger); B e s i e d l e r t r o c k e n e r , v o r w i e g e n d s a u r e r S t a n d o r t e ; 2n = 40.

Die Vereinigung von *D. sambucina* L. und *D. romana* (Seb. et Maur.) Soó zu einer Art, wie sie bereits von ASCHERSON und GRÄBNER (1907) vorgenommen wurde, ist nach der Definition der Art (S.27) unumgänglich. Die Existenz einer intermediären Sippe (*D. insularis* Sommier) sowie das Vorkommen von Hybridpopulationen (z. B. Mte. Gargano!) lassen diese Lösung notwendig erscheinen. Alle unter der Artbezeichnung *D. sambucina* zusammengefaßten Sippen haben eine Reihe g e m e i n s a m e r Merkmale (Form der Knollen, Blütenfärbung, Standortansprüche sowie die frühe Blütezeit), durch die sie deutlich von den übrigen Arten der Gattung unterschieden sind.

Die Differenz zwischen den beiden ssp. *sambucina* und *pseudosambucina* [= *D. romana*] beschränkt sich auf Form und Anordnung der Blätter und die Stellung des Sporns.

III–V (VI); trockene bis frische Bergwiesen, Macchien und Pineten, vorzugsweise in höheren Lagen, auf sauren bis schwach basischen Böden; pH 5,2–7,4 (15 M.).

Nordafrika, Europa, Vorderasien.

★.1 **ssp. sambucina:** Blätter lanzettlich, ± am Stengel verteilt, manchmal einige rosettig gehäuft; Blütenlippe bei gelbblütigen Exemplaren mit kleinen roten Punkten, bei rotblütigen mit gelber Tönung an der Basis; S p o r n k r ä f t i g , a b w ä r t s g e b o g e n , so lang wie oder länger als der Frkn.

Nordspanien, Frankreich!, Skandinavien, Deutschland! (sehr selten), Alpenländer, Italien!, Sizilien?, Jugoslawien!, Griechenland, Polen, Tschechoslowakei, Ungarn, Bulgarien, Rumänien, Rußland.

★.2 **ssp. insularis:** Blätter (schmal-) lanzettlich, ± am Stengel verteilt; S p o r n ± g e r a d e , e t w a w a a g e r e c h t o r i e n t i e r t , etwas kürzer als der Frkn.; Lippe mit oder ohne Zeichnung.

Südspanien, Korsika, Sardinien, Elba, Sizilien?

.2.1 var. *bartonii*: die gelbe Lippe am Grunde mit leuchtend roten Flecken.

★.3 **ssp. pseudosambucina:** B l ä t t e r l i n e a l i s c h , a m G r u n d e d e s S t e n g e l s g e h ä u f t (Rosette); Blütenlippe ohne Zeichnung; S p o r n s c h l a n k , a u f w ä r t s g e b o g e n , wenigstens so lang wie der Frkn.

Nordafrika?, Spanien?, Italien!, Sizilien?, Jugoslawien, Griechenland!, Kreta!, Rhodos?, Zypern!, Türkei!, Bulgarien, Krim?.

★.4 **ssp. siciliensis:** Blätter rosettig gehäuft, (schmal-) lanzettlich; Blütenlippe ohne Zeichnung; Sporn aufwärts gebogen (vgl. NIESCHALK 1971).

Nordafrika, Südspanien, Italien (Kalabrien), Sizilien.

Abb. 161: Dactylorhiza incarnata ssp. incarnata, Österreich

Abb. 162: Dactylorhiza incarnata ssp. incarnata var. straminea, Deutschland

Abb. 163: Dactylorhiza incarnata ssp. africana, Algerien

Abb. 164: Dactylorhiza incarnata ssp. africana, Algerien

★.5 **ssp. georgica:** wie die vorige mit breiteren Rosettenblättern und leicht aufwärts gebogenem Sporn; Blüten kleiner, gelblich.

Kaukasus, Persien.

.0.1 var. *lutea:* Blüten gelb.

.0.2 var. *rubra:* Blüten rot.

.0.3 var. *incarnata:* Blüten rosa oder schmutzig fleischfarben.

.0.4 var. *candida:* Blüten weiß.

Fleischfarbene Fingerwurz, Steifblättrige F. — Dactylorhiza incarnata 12.3

(10) 30–80 (120) cm; Knollen abgeflacht, tief gespalten; Stengel hohl (zusammendrückbar); B l ä t t e r schmal bis breit lanzettlich, u n g e f l e c k t (Ausnahmen: *cruenta, haematodes*); Deckblätter laubartig, länger als der Frkn., oft über die Blüten hinausragend; Blütenstand dicht und vielblütig; Blütenfärbung rosa bis tief dunkelrot (sehr selten gelb oder weiß); seitliche Sepalen abstehend oder zurückgeschlagen; Blütenlippe ungeteilt, seltener angedeutet dreilappig (z. B. durch einen abgesetzten Mittelzipfel) oder deutlich dreilappig (*africana*); Sporn abwärts gerichtet (selten fast horizontal), $^1/_2$ bis ebenso lang wie der Frkn.

Ein Formenkomplex, dessen Morphotypen von den meisten Autoren als Arten aufgefaßt werden. Seine Kennzeichen sind die aufrecht gestellten, ungefleckten Blätter (mit wenigen Ausnahmen). Den nicht markhaltigen (hohlen) Stengel hat die Art mit *D. majalis* gemeinsam, von der sie sich bezüglich der Unterscheidungsmerkmale (Form, Stellung, Fleckung der Blätter sowie Chromosomenzahl) nur unscharf abhebt. Zwar kann man eine „typische" *africana* von einer *incarnata* und diese von einer „typischen" *majalis* unterscheiden, jedoch sind alle als „selbständig" deklarierten Sippen stets durch unklare Grenzen miteinander verbunden (siehe S. 173 und 175).

IV–VII (VIII); Sumpfwiesen, vorzugsweise auf Kalk, seltener in Torfmoos-Mooren; pH 5,4–8,5 (23 M., Durchschn. 7,5).

Nordafrika, Europa, Vorderasien.

★.1 **ssp. incarnata:** Blätter gelbgrün, in der Regel steif aufrecht und an der Basis am breitesten, an der Spitze kapuzenförmig zusammengezogen; Blütenlippe klein, etwas länger als breit, rosa bis fleischfarben (Abweichungen siehe unten), mit einer Linienzeichnung, ungeteilt, selten angedeutet dreilappig oder mit einer verlängerten Spitze; Sporn etwa $^1/_2$ so lang wie der Frkn.; 2n = 40.

VI–VIII (je nach Höhenlage); vorzugsweise auf kalkhaltigen Flach- und Quellmooren.

Nordspanien!, Frankreich!, Irland, England, Skandinavien!, Deutschland!, Benelux!, Alpenländer!, Norditalien!, Jugoslawien!, Griechenland?, Nordtürkei!, Polen, Tschechoslowakei, Ungarn, Bulgarien, Rumänien, Rußland, Krim?, Kaukasus?

.1.1 var. *pulchella:* Schlanke Pflanze mit großen, tief dunkelrot gefärbten Blüten; die ganzrandige Lippe ist breiter als beim Typus und an den Rändern weniger zurückgeschlagen, mit unterbrochenen Linien oder Punkten gezeichnet; blüht 2 Wochen später als der Typus.

Abb. 165: Dactylorhiza incarnata ssp. africana (sesquipedalis), Nordspanien

Abb. 166: Dactylorhiza incarnata ssp. turcestanica, Nordosttürkei

Abb. 167: Dactylorhiza incarnata ssp. cilicica, Türkei

Abb. 168: Dactylorhiza incarnata ssp. praetermissa, Holland

Südliches England, Irland.

Bei der unter der Bezeichnung Orchis *purpurella* var. *pulchella* Druce (1919) beschriebenen Pflanze handelt es sich offensichtlich um eine andere Sippe (vgl. WIEFELSPÜTZ 1977).

.1.2 var. *straminea* [= var. *ochroleuca* Wüstnei ex Boll 1860]: Blüten gelb, zerstreut im Areal. Die Varietät kommt in größeren Verbänden vor. Zerstreut vorkommende, rein weiß blühende Exemplare stellen eine eigene Varietät dar.

.1.3 var. *haematodes:* Blätter gefleckt bzw. rotbraun überlaufen (auch auf beiden Seiten), sehr zerstreut im Areal (z. B. Südalpen?), offensichtlich öfter mit ssp. *cruenta* verwechselt.

.2 ssp. africana [= *O. elata* Poiret 1786]: Pflanzen sehr kräftig, 30–120 cm; Blätter breit (1,5–5 cm), ungefleckt (sehr selten auch gefleckt: NIESCHALK 1972); Blütenlippe in der Regel deutlich breiter als lang, ungeteilt oder (meist) im unteren Viertel dreilappig, der untere Rand der Lippe gekräuselt; Blütenfärbung rosa bis dunkelrot (-violett); 2n = 80.

Naßwiesen, Quellmoore von Meereshöhe bis 1500 m.

Anfang IV (Algerien) bis Anf. VIII.

Während die Mehrzahl der Autoren für *africana* eine eigene Sektion aufstellt, kann ich gegenüber *incarnata* – mit der sie im Habitus übereinstimmt – außer einer relativen (!) Größe und der breiten Blütenlippe keine differenzierenden Merkmale feststellen.

Diese mediterrane Sippe ist durch „*D. sesquipedalis* (Wild.) Verm.“ mit *incarnata* verbunden (vgl. die gegenteiligen Auffassungen von VERMEULEN 1970a und NIESCHALK 1972a), bewohnt aber ein eigenes Areal, das sie nur im Randbereich (Spanien, Frankreich) mit der ssp. *incarnata* teilt.

Nordafrika!, Spanien!, Südwestfrankreich, Korsika, Sizilien.

.3 ssp. turcestanica [*D. umbrosa* (Kar. et. Kir.) Nevski 1937; *D. vanensis* Nelson 1976; (?) *Orchis sanasunitensis* Fleischm. 1914]: (10) 30–60 (80) cm; Blätter manchmal sehr breit (bis maximal 6 cm); Blütenfarbe rosa bis dunkel rotviolett; Lippe spitz rhombisch, seltener rundlich, manchmal an der Spitze dreilappig, länger als breit; Sporn etwa so lang wie der Frkn., oft stark abwärts bzw. nach vorwärts gekrümmt.

Eine bezüglich Größe, Habitus und Blütenstruktur sehr uneinheitliche Sippe. Sie vermittelt zwischen ssp. *incarnata* uns ssp. *cilicica* (vgl. die Beschreibungen bei NIESCHALK 1975 und RENZ 1978).

(V) VI–VII; oberhalb 1500 m.

Osttürkei (Armenien!, Van-See-Gebiet), Kaukasus?, Persien bis Zentralasien.

.4 ssp. cilicica [= *Orchis incarnata* L. var. *olocheilos* Boiss.]: 30–75 cm; Blätter aufrecht bis abstehend, sehr breit (2–6 cm), etwa in der Mitte am breitesten, ungefleckt; Deckblätter manchmal extrem lang (mehrfach so lang wie die Blüten); Blütenlippe ungeteilt, manchmal in eine Spitze ausgezogen, aber nicht eingeschnitten, wenigstens so breit wie lang; 2n = 40.

Abb. 169: Dactylorhiza incarnata ssp. praetermissa, Holland

Abb. 170: Dactylorhiza incarnata ssp. sphagnicola, Norddeutschland

Abb. 171: Dactylorhiza incarnata ssp. sphagnicola, Norddeutschland

Abb. 172: Dactylorhiza incarnata ssp. cruenta, Schweiz

V–VII; nasse Bergwiesen und sumpfige Wälder, 1000 bis 1800 m (wahrscheinlich auch höher); kalkliebend; pH 7,3–8,4 (7 M.)[11]).

Südliches und östliches Zentralanatolien!, östlicher Taurus!

★.5 **ssp. praetermissa:** 25–70 cm; Blätter kräftig, etwa in der Mitte am breitesten, aufrecht bis abstehend, ungefleckt (bei der var. *junialis* mit ringförmigen Flecken); Blütenfarbe rosa bis hellrot (-violett); Lippe ungeteilt bis angedeutet dreilappig, ± flach ausgebreitet, mit roten Punkten; Sporn abwärts gerichtet bis fast horizontal, fast so lang wie der Frkn.; 2n = 80.

Diese Sippe vermittelt zwischen *D. incarnata* und *D. majalis,* in deren Verwandtschaft sie meist eingeordnet wird. Wegen der in der Regel ungefleckten Blätter und ihrer Habitusmerkmale und der fast ungeteilten Lippe, deren Ränder nicht zurückgeschlagen sind, ist sie besser mit *D. incarnata* zu vereinigen. Eine atlantische Sippe, deren Areal in England südlich an das von *D. majalis* ssp. *purpurella* anschließt.

VI–VII; kalkhaltige Sumpfwiesen.

Nordfrankreich, England (nordwärts bis zur Linie Bristolkanal – Humberbucht), nördliches Dänemark, Belgien, Holland! (bis ins deutsche Grenzgebiet, Rheinland!).

★.6 **ssp. sphagnicola:** Knollen tief zweispaltig; Blätter linealisch bis schmal lanzettlich, ungefleckt; Blütenfärbung rosa, selten weiß oder rot; Lippe fast ungeteilt bis deutlich dreilappig, rot punktiert oder gestrichelt; Sporn fast so lang wie der Frkn.; 2n = 80.

Ein Ökotypus, der an *Sphagnum*-Moore (Hochmoore) angepaßt ist. Zuerst beschrieben aus dem Rheinland, jedoch auch anderweits in entsprechenden Biotopen im nördlichen Mitteleuropa vorkommend (WIEFELSPÜTZ 1968, RUBE 1972).

VI–VII; Hochmoore, meist zwischen Torfmoos.

Deutschland, südlich und nördlich von Köln!, Lüneburger Heide, Ostfriesland(!).

★.7 **ssp. cruenta:** 15–30 (40) cm; Blätter schmal lanzettlich (breit lanzettlich bis fast oval in den Alpen), auf beiden Seiten gefleckt (bzw. rot überlaufen); Blütenlippe ungeteilt, dunkelrot, mit Linienzeichnung; Sporn etwa $^1/_2$ so lang wie der Frkn.; 2n = 40.

Diese Sippe bewohnt zwei weit voneinander getrennte Areale. Die zerstreuten Vorkommen in den Alpen können zwar als Relikte gedeutet werden, jedoch ist die Identität der nördlichen und der alpinen Teilpopulationen keineswegs gesichert. Die schweizerischen Exemplare erwecken den Eindruck einer kleinwüchsigen *D. majalis* mit *Incarnata*blüten und wenigen, ziemlich breiten Blättern, von denen die oberen flach ausgebreitet und an den Stengel gedrückt sind, die unteren sind abstehend.

Sowohl NELSON (1976) als auch RENZ (1978) geben *D. cruenta* für das türkisch-iranische Grenzgebiet an. Ein Zusammenhang zwischen den nordischen, den alpinen und den orientalischen Vorkommen läßt sich nur schwer herstellen. NELSON ordnet zudem alle Pflanzen mit beiderseits gefleckten Blättern der *D. cruenta* zu, oder er leitet sie zumindest als Hybriden von dieser „Art“ ab. Tatsächlich treten aber z. B. im östlichen Pontus Pflanzen mit beiderseits gefleckten Blättern auf, die keinerlei Ähnlichkeit mit *cruenta* haben, und die sich nur als Hybriden zwischen *D. majalis* ssp. *caucasica* und *D. maculata* ssp. *triphylla* interpretieren lassen.

---

[11]) Diese Werte sind in den für die Gesamtart angegebenen enthalten.

Abb. 173: Dactylorhiza incarnata ssp. coccinea, England

Abb. 174: Dactylorhiza majalis ssp. majalis, Schweiz

Abb. 175: Dactylorhiza majalis ssp. majalis, Deutschland

Abb. 176: Dactylorhiza majalis ssp. cordigera, Südjugoslawien

Das Beispiel der *D. cruenta* zeigt in besonderem Maße, wie sehr sich die Gattung *Dactylorhiza* als „Hypothesenküche" eignet.

VI–VIII; Quellmoore, Sumpfwiesen, kalkliebend; blüht im Norden 2–3 Wochen später als *incarnata,* in den Alpen gleichzeitig mit *D. majalis,* also bedeutend früher; in den Alpen nur vereinzelte Fundorte oberhalb 1700 m; pH 6,7 (1 M.).

Frankreich (Alpen), Nordwestirland, Skandinavien!, Norddeutschland?, Schweiz!, Norditalien (Alpen), Rußland, Türkei?

★.8 ssp. coccinea [= forma *atrirubra* Godfery]: Pflanzen sehr klein, 5–20 (25) cm; Blätter kurz und breit, an der Basis rosettig gehäuft, ± seitlich abstehend; Blüten meist leuchtend dunkelrot; Lippe breiter als lang, an den Rändern ± ausgebreitet; blüht etwa 2 Wochen später als ssp. *incarnata;* besonders in Dünentälchen, auf humosen Sandböden.

Irland, England.

.0.1 var. *albiflora:* Blüten rein weiß.

Breitblättrige Fingerwurz, D. latifolia — Dactylorhiza majalis 12.4

15–70 cm; Knollen tief geteilt; S t e n g e l h o h l (zusammendrückbar); B l ä t t e r lanzettlich oval, i n d e r M i t t e a m b r e i t e s t e n, meist herabhängend, i. d. R. oberseits gefleckt (bei einigen ssp. gelegentlich, häufiger oder auch stets ungefleckt); die Spitze des obersten Stengelblattes erreicht oder überragt die Basis des Blütenstandes (Ausnahmen bei den ssp. *lapponica, russowii* und *traunsteineri*); Deckblätter bedeutend länger als der Frkn.; d i e u n t e r e n B l ü t e n ö f f n e n s i c h v o r d e r S t r e k k u n g d e s B l ü t e n s t a n d e s; Blütenfärbung (dunkel-) rot bis purpurviolett, selten heller; seitliche Sepalen abstehend bis zurückgeschlagen; Blütenlippe dreilappig oder ungeteilt; Sporn abwärts gerichtet, $^1/_2$ bis $^2/_3$ so lang wie der Frkn.

Ein Sippenkomplex, der kaum durch einheitliche Kriterien charakterisiert werden kann und dessen einzelne Glieder schwer gegeneinander abgrenzbar sind. Auch mit *D. incarnata* hat sie vielfach übereinstimmende Merkmale (vgl. dort). Eine große Anzahl von Subspezies und Varietäten, die von einigen Autoren als Arten unterschieden werden, schafft eher Verwirrung als Klarheit (vgl. die Zusammenstellung von SENGHAS 1968 und die Gliederung der Series Centrales bei NELSON 1976). Hier sollen nur einige weiter verbreitete bzw. geographisch differenzierte Sippen unterschieden werden, wobei die Untersektionen *Angustifoliae* und *Majales* als Angehörige einer Art aufgefaßt werden (vgl. S.27).

V–VIII; nasse Wiesen, Flachmoore, selten auch Hochmoore; pH 5,1–8,1 (68 M., Durchschn. 6,5), vgl. S. 51.

Europa mit Ausnahme des MMG, Kleinasien.

★.1 ssp. majalis: 20–50 cm; Blätter herabhängend oder abstehend, fast stets gefleckt, die größten höchstens 4 (5)mal so lang wie breit; Blütenlippe fast stets dreilappig, mit Linienzeichnung, die Seitenlappen meist zurückgeschlagen; 2n = 80.

V–VII; meist gesellig auf nassen Wiesen schwach saurer bis schwach basischer Reaktion.

Abb. 177 : Dactylorhiza majalis ssp. cordigera, Südjugoslawien

Abb. 178 : Dactylorhiza majalis ssp. caucasica, Nordosttürkei

Abb. 179 : Dactylorhiza majalis ssp. lapponica, Schweden

Abb. 180 : Dactylorhiza majalis ssp. occidentalis, Irland

Die häufigste Sumpforchidee in Mitteleuropa; Nordspanien, Frankreich!, England, Skandinavien (bis 58°), Deutschland!, Benelux, Alpenländer!, Norditalien! (Alpen), nördl. Jugoslawien, Polen, Tschechoslowakei, Ungarn, Rußland.

★**.2 ssp. cordigera:** 15–35 cm; Blätter breit, abstehend oder herabhängend, gefleckt; Blütenlippe ungeteilt, an der Basis stark verbreitert, ± herzförmig, dunkelrot bis purpurviolett, in der hellen Mittelzone mit Linienzeichnung; 2n = 80.

Diese gut charakterisierte südosteuropäische Sippe ist nur in den geographischen Übergangszonen (z. B. Karpaten: ssp. *siculorum* Soó) mit ssp. *majalis* verbunden. Alpine und nordeuropäische Sippen sind teilweise mit ihr verwechselt worden.

(V) VI–VIII; kalkarme Quellfluren und Moore oberhalb 1000 m.

Südliches Jugoslawien! (Makedonien, Montenegro), Bulgarien, Rumänien (Ostkarpaten).

.3 ssp. caucasica [= *Orchis cataonica* Fleischm. 1914?; *O. euxina* Nevski 1935]: (10) 15–25 (35) cm; Laubblätter meist 3–4 (7), am Stengel verteilt, die oberen die Basis des Blütenstandes überragend, ungefleckt (mit seltenen Ausnahmen, vgl. unter 12.3.7), breit lanzettlich bis fast oval; Blütenstand dicht und oft kurz (bis fast schopfig); Blüten purpurviolett, Lippe meist breiter als lang, ungeteilt oder an der Spitze dreilappig (mit vorgestrecktem Mittelzipfel), ± herzförmig, papillös, am Rande gekerbt und gekräuselt; Sporn stumpf, etwa $^1/_2$ bis $^2/_3$ so lang wie der Frkn.; 2n = 80.

Die Sippe ähnelt der ssp. *cordigera,* sie ist wie diese eine Gebirgspflanze mit weiter östlich gelegenem Areal.

VI–VII, feuchte Bergwiesen der subalpinen und alpinen Stufe, bis etwa 2500 m.

Östliche Türkei (Pontus!, Armenien!, Kurdistan), Kaukasus.

.4 ssp. lapponica [= *Orchis cordigera* var. *blyttii* Rchb. fil 1851; *O. pseudocordigera* Neumann 1909]: 10–20 cm; Zahl der Laubblätter fast stets 3, das untere oft zungenförmig, das obere die Basis des Blütenstandes nur selten erreichend, am Stengel verteilt, oberseits (selten auf beiden Seiten) gefleckt; Blütenstand locker, mit bis zu 15 dunkel purpurn (selten heller) gefärbten Blüten; Lippe etwas breiter als lang, eiförmig bis rhombisch, ungeteilt oder undeutlich 3lappig.

Diese Sippe ist in allen Sektionen der Gattung aufgetaucht und teilweise noch untergliedert worden (ssp. *pseudocordigera* Vermln.). NELSON (1976) stellt sie als ssp. zu *D. cruenta* und deutet sie als hybridogene Sippe aus *D. incarnata* und *D. cruenta.* Sie ist besonders durch ihre geringe Zahl von (gefleckten) Laubblättern und ihre *incarnata*-ähnlichen Blüten ausgezeichnet.

(VI) VII–VIII; Sphagnum-Moore und Moorwiesen.

Mittleres und nördliches Skandinavien.

★**.5 ssp. occidentalis** [= *O. kerryensis* Wilmott 1936]: 15–30 cm; Blätter breit lanzettlich, seitlich abstehend, gefleckt oder ungefleckt (*kerryensis*); Blütenstand dicht und vielblütig; Blüten meist dunkel purpurviolett, selten auch heller gefärbt; Lippe dreilappig, mit Schleifenmal oder mit Punkten bzw. Strichen gezeichnet, die Seitenlappen ausgebreitet oder leicht nach oben gebogen (selten ± zurückgeschlagen), der Mittellappen viel schmaler und selten auch kürzer; Sporn etwa so lang wie der Frkn.; 2n = 80.

Abb. 181 : Dactylorhiza majalis ssp. purpurella, England

Abb. 182 : Dactylorhiza majalis ssp. purpurella, England

Abb. 183 : Dactylorhiza majalis ssp. russowii, Norddeutschland

Abb. 184 : Dactylorhiza majalis ssp. traunsteineri

Mitte V–VI (VII).

Irland, westl. England, Hebriden, westl. Schottland.

★.6 ssp. purpurella: 15–20 (30) cm; Blätter am Grunde scheidig, breit lanzettlich, abstehend bis herabhängend, gefleckt oder ungefleckt; Blütenstand sehr dicht, Blüten leuchtend purpur- oder rubinrot, selten blasser gefärbt; Lippe ungeteilt bis angedeutet dreilappig, meist flach ausgebreitet, manchmal die Ränder aufwärts gebogen; Sporn etwa $^2/_3$ so lang wie der Frkn.; 2n = 80.

Eine schwer charakterisierbare Sippe, die besonders durch die (meist!) intensive Blütenfärbung und die relativ späte Blütezeit gekennzeichnet ist.

Mitte VI–VII (VIII); Sumpfwiesen mit schwach saurer bis basischer Reaktion.

Irland, Nordengland, Schottland, Dänemark, Norwegen.

★.7 ssp. baltica: (25) 30–40 (60) cm; Stengel dünn; Blätter schmal lanzettlich (bis fast linealisch), fast 10mal so lang wie breit, schwach gefleckt (selten ungefleckt), aufwärts gerichtet; Blütenstand relativ kurz und vielblütig; Blüten klein, blaß purpurn; Lippe breiter als lang, dreilappig, mit Streifen und Punkten gezeichnet, der Mittellappen nur wenig länger als die meist ausgebreiteten Seitenlappen; Sporn kürzer als der Frkn.

Die Sippe vertritt die Art im Nordosten des Areals, das sie wahrscheinlich nur mit der ssp. *russowii* und *D. incarnata* ssp. *cruenta* teilt. Vorkommen im Areal der ssp. *majalis* (Norddeutschland) und im Kaukasus sind nicht sicher belegt.

Mitte V–VII; nördliches Polen, Nordrußland bis Sibirien.

★.8 ssp. russowii: 15–25 (40) cm; Blätter linealisch-lanzettlich, die schmalsten etwa 10mal so lang wie breit, aufrecht bis seitlich abstehend, i. d. R. gefleckt, über der Mitte am breitesten, an der Spitze meist abgerundet; Blütenstand dicht und kurz (± pyramidal bis kugelförmig); Blüten rosenrot (bis purpurviolett); Lippe breiter als lang, kreisförmig bis fast herzförmig, dreilappig bis fast ungeteilt; Sporn fast so lang wie der Frkn., ± horizontal orientiert; 2n = 120 (122).

Auch diese Sippe ist gegenüber denjenigen, mit denen sie das gleiche Areal bewohnt, nicht klar abgrenzbar. Von einigen Autoren (NEVSKI 1935, NELSON 1976) wird sie (als ssp.) zu *traunsteineri* gestellt. Im Gegensatz zu *traunsteineri* beansprucht sie Kalk-Standorte. Besonders ist sie durch ihre außergewöhnliche Chromosomenzahl (ob durchgängig?) ausgezeichnet.

Mitte VI–VII; Kalkflachmoore (Schoenetum-Gesellschaften).

Nordostdeutschland (Mecklenburg, Pommern), nördl. Polen, Nord- und Mittelrußland bis Sibirien.

★.9 ssp. traunsteineri: (15) 25–30 (45) cm; Knollen mit langen Spitzen, oft nur aus 2 Spaltstücken bestehend; Blätter linealisch-lanzettlich, kaum 1 cm breit, zugespitzt, unterhalb der Mitte am breitesten, (meist?) ungefleckt oder gefleckt, steil aufrecht bis abstehend, die Spitzen erreichen nur selten die Basis des Blütenstandes; Blütenstand gestreckt, locker und wenigblütig, mit dunkelroten Blüten; Lippe ungeteilt oder schwach dreilappig, breiter als lang, die Ränder meist zurückgeschlagen; Sporn etwa $^1/_2$ so lang wie der Frkn. oder länger; 2n = 80 (40, 120).

(VI) VII–VIII; vorwiegend saure Standorte (*Sphagnum*-Moore).

Vorwiegend im Bereich der Alpen, zerstreut auch in anderen Gebieten (vgl. unten).

Abb. 185 : Dactylorhiza maculata ssp. maculata

Diese Sippe ist weder sicher diagnostizierbar noch bezüglich der Entstehung ihrer einzelnen Teilpopulationen einheitlich zu beurteilen. Mit großer Wahrscheinlichkeit ist sie hybridogenen Ursprungs, wobei sowohl *D. majalis* und *D. incarnata* als auch *D. maculata* beteiligt sind. FUCHS und ZIEGENSPECK (1919, 1924) sind nach langjährigen Untersuchungen zu der Überzeugung gelangt, daß *D. traunsteineri* (Sauter) keine Art sei. Es erscheint daher auch wenig sinnvoll, diese höchst zweifelhafte Sippe noch weiter zu unterteilen. Eine Reihe getrennt beschriebener Sippen muß – will man sie bestehen lassen – wohl hier einbezogen werden: *pycnantha* (Neumann 1909), *curvifolia* (Nyl. 1844), *francis – drucei* (Wilm. 1936); *traunsteineroides* (Pugsl. 1936): Kalkflachmoore in Irland und England; *ruthei* (Schulze 1897); vgl. SENGHAS (1968).

.0.1 var. *albiflora:* Blüten weiß.

Gefleckte Fingerwurz — Dactylorhiza maculata 12.5

15–65 cm; Stengel markhaltig, nicht zusammendrückbar[12]); Blätter lanzettlich, abstehend bis herabhängend, etwa in der Mitte am breitesten, fast stets auf der Oberseite stark gefleckt; die Spitze des oberen Blattes erreicht i. d. R. nicht die Basis des Blütenstandes; die Blüten öffnen sich erst nach fortgeschrittener Streckung des Blütenstengels; Deckblätter länger als der Frkn., aber nur selten bedeutend länger als die Blüten; seitliche Sepalen abstehend, meist zurückgeschlagen; Blütenlippe dreilappig (manchmal der Mittellappen reduziert), i. d. R. mit Linienzeichnung, flach ausgebreitet; Sporn etwa so lang wie der Frkn. oder etwas länger, abwärts gerichtet.

Obgleich auch diese Art mit den beiden vorhergehenden durch Hybridenschwärme verbunden ist, läßt sie sich besser durch morphologische Kriterien charakterisieren als *D. incarnata* und *D. majalis.*

Ende IV–VIII (im Gebirge); Halbtrockenrasen, frische bis nasse Wiesen, Moore, Heiden, Laub- und Nadelwälder, auf Böden unterschiedlicher Reaktion; pH 4,3–8,5 (84 M.), vgl. Seite 51.

Nordafrika, Europa, Westasien.

★.1 ssp. maculata: Unterstes Laubblatt spitz; Blütenlippe undeutlich dreilappig, mit breit gerundeten Seitenlappen, die ebensolang oder etwas länger sind als der bedeutend kleinere Mittellappen (Fig. 5a); Sporn dünn; 2n =80.

Das einzig sichere Unterscheidungsmerkmal gegenüber der ssp. *fuchsii* ist die Chromosomenzahl. Sowohl VERMEULEN (1968) als auch GROLL (1965) stellen fest, daß auch die Pflanzen mit *Fuchsii*-Merkmalen 2n = 80 aufweisen können, ebenso gibt es triploide Bastarde zwischen beiden Sippen mit 2n = 60. – Die von einigen Autoren gesondert ausgewiesenen Subspezies *ericetorum* und *elodes (helodes)* werden hier einbezogen, da sie nicht über ausreichend differenzierende Merkmale verfügen.

Die ssp. *maculata* scheint Standorte mit sauren Böden, Heiden und Sphagnum-Moore, zu bevorzugen.

---

12) Nur bei sehr kräftigen Exemplaren und bei den ssp. *triphylla* und *osmanica* innen mit einem engen Hohlraum.

Abb. 186 : Dactylorhiza maculata ssp. maculata, Deutschland

Abb. 187 : Dactylorhiza maculata ssp. fuchsii, Alpen

Abb. 188 : Dactylorhiza maculata ssp. saccifera, Jugoslawien

Abb. 189 : Dactylorhiza maculata ssp. triphylla, Nordosttürkei

Da *maculata* und *fuchsii* nicht sicher unterschieden werden können und in der älteren Literatur nicht getrennt wurden, ist es nicht möglich, genauere Verbreitungsangaben zu machen.

Nordafrika?, Spanien!, Frankreich!, Island, Irland, England, Skandinavien, Deutschland!, Benelux, Alpenländer!, Norditalien!, Jugoslawien, Griechenland?, Polen, Tschechoslowakei, Ungarn, Bulgarien, Rumänien, Rußland.

★.2 ssp. fuchsii: Unterstes Laubblatt stumpf; Blütenlippe deutlich dreilappig, die Seitenlappen ± zugespitzt, seitlich abgespreizt, etwa von gleicher Größe wie der Mittellappen (Fig. 5b); 2n = 40.

Halbtrockenrasen und Wälder auf basischen Böden. Ob diese Sippe streng an Kalk gebunden ist und trockene Standorte bevorzugt, läßt sich nicht mit Sicherheit nachprüfen (vgl. – auch bezüglich der Verbreitung – unter ssp. *maculata*). – Die ssp. *hebridensis* (Wilmott) Nelson (2n = 40) unterscheidet sich nur unscharf von *fuchsii*. Da sie auch die gleiche Chromosomenzahl hat, wird sie hier einbezogen.

★.3 ssp. saccifera [= *O. macrostachys* Tineo 1846]: Deckblätter aus dem Blütenstand herausragend (z. T. länger als die Blüten); Schleifenzeichnung der Lippe nicht immer ausgeprägt, die Seitenlappen meist breiter als der Mittellappen; Sporn sackförmig, meist etwas länger als der Frkn.; 2n = 80 (40).

Eine auf den südlichen Teil des Areals der Art beschränkte Sippe. Da sie sich – mit Ausnahme des kräftigen Sporns und der relativ langen Deckblätter – nur wenig von der ssp. *fuchsii* unterscheidet, hat VERMEULEN (1968) vorgeschlagen, beide Taxa zu vereinigen.

Feuchte Wiesen, auch trockenere Standorte (z. B. Wälder) der montanen und subalpinen Stufe.

Nordafrika?, Spanien, Balearen?, Südfrankreich?, Süditalien!, Korsika?, Sardinien, Sizilien, Jugoslawien, Griechenland, Bulgarien, Rumänien, Nordtürkei!

.4 ssp. triphylla: Stengel mit saftigem Mark gefüllt, in der Mitte mit einem schmalen Hohlraum; 3–4 cm breite, lanzettliche (teilweise fast eiförmige), seitlich abstehende, gefleckte Laubblätter, außerdem 1–3 hochblattähnliche Stengelblätter, die Spitze des obersten erreicht manchmal die Basis des Blütenstandes; Deckblätter sehr kräftig, oft die Blüten erheblich überragend und gefleckt; Blüten sehr kräftig gefärbt; Lippe dreilappig (selten fast ungeteilt), die Seitenlappen breiter (und oft kürzer) als der Mittellappen; Sporn kräftig, zylindrisch bis sackförmig, etwa so lang wie der Frkn. (auch länger); 2n = 40.

Orchis lancibracteata C. Koch (1849) [= *O. orientalis* ssp. *cartaliniae* Klinge 1898] ist dieser Sippe sehr ähnlich, sie kommt im Kaukasus und nördlichen Persien vor. Nach RENZ (1978) ist sie jedoch von *triphylla* deutlich unterscheidbar.

Frische bis nasse Wiesen (Quellmoore) vorwiegend der montanen bis subalpinen Stufe.

Nordosttürkei (Pontus)!, Kaukasus?

.5 ssp. osmanica: Pflanzen sehr kräftig, 30–70 (80) cm; der meist reich beblätterte Stengel mit einem engen Hohlraum; Blätter breit lanzettlich, die unteren oft eiförmig, i. d. R. ungefleckt, seltener (meist nur schwach) gefleckt; die unteren Deckblätter oft wesentlich länger als die meist intensiv rot bis purpurviolett gefärbten, sehr großen Blüten; Lippe sehr breit, dreilappig bis fast ungeteilt, der oft un-

Abb. 190: Dactylorhiza maculata ssp. osmanica, Nordtürkei

Abb. 191: Dactylorhiza foliosa, Madeira

Abb. 192: Coeloglossum viride, Alpen

deutlich abgesetzte Mittellappen schmaler als die Seitenlappen; Sporn sehr kräftig (bis 6 mm dick), fast so lang wie der Frkn.

Die Sippe schließt unmittelbar an das Verbreitungsgebiet der ssp. *triphylla* an; ihr Areal ist sehr begrenzt.

VI–Anfang VIII, auf feuchten bis nassen Wiesen oberhalb 1000 m.

Nordtürkei (Paphlagonien)!

★.6 ssp. transsilvanica: Blätter (breit-) lanzettlich, ungefleckt oder nur undeutlich gefleckt; Blüten gelblich-weiß, manchmal schwach rötlich überlaufen; Lippe undeutlich dreilappig, Seitenlappen breiter als der meist reduzierte Mittellappen, Zeichnung wenig ausgeprägt oder fehlend; Sporn dünn, kaum so lang wie der Frkn.

VI–VII, feuchte bis nasse Wiesen.

Jugoslawien, Rumänien (südwestl. Rußland?, Tschechoslowakei?).

0.1 var. *albiflora:* Blüten rein weiß.

Madeira-Fingerwurz, D. maderiensis — Dactylorhiza foliosa 12.6

30–70 cm; Stengel mit Mark gefüllt; Blätter breit lanzettlich, hellgrün und glänzend, abstehend bis herabhängend, ungefleckt (sehr selten schwach gefleckt); Deckblätter relativ kurz, die Blüten nicht oder kaum überragend; Blütenstand kurz, anfangs ± pyramidal; Blüten hellrot gefärbt (selten dunkler), sehr groß (die größten innerhalb der Gattung); seitliche Sepalen abstehend, aber nicht aufgerichtet oder zurückgeschlagen (allenfalls die Spitzen nach außen gebogen); Lippe dreilappig, der Mittellappen reduziert, viel schmaler und oft auch kürzer als die Seitenlappen, Streifenzeichnung verwaschen bis völlig aufgelöst; Sporn sehr dünn, gerade, ± waagerecht orientiert, etwa $^1/_2$ so lang wie der Frkn.; 2n = 40.

Die nächste Verwandte dieser Art ist zweifellos *D. maculata* (Form der Lippe, kurze Deckblätter, gefüllter Stengel). Sie ist aber sowohl durch morphologische wie ökologische Kriterien von ihr eindeutig zu unterscheiden. Dieses Beispiel zeigt eindrucksvoll die Bedeutung einer vollständigen (langfristigen) geographischen Isolation.

V–VI (VII); feuchte bis relativ trockene, aber schattige Standorte mit hoher Luftfeuchtigkeit zwischen 400 und 1000 m, auf sauren Böden; pH 4,9–5,9 (4 M.).

Endemisch auf der Insel Madeira!

Grüne Hohlzunge — Coeloglossum viride 13.1

10–25 (35) cm; Knollen abgeflacht, geteilt; Blätter eiförmig bis lanzettlich, 3–4, am Stengel verteilt, ungefleckt; Deckblätter laubartig, länger als der Frkn., die unteren länger als die Blüten; Sepalen grün bis gelblich, manchmal braun oder rot überlaufen, zusammengeneigt, einen ± geschlossenen Helm bildend; Blütenlippe an der Spitze 2- bis 3teilig oder zumindest deutlich gezähnt, grün, gelb, bräunlich oder rot; Sporn kurz, sackförmig, etwa $^1/_5$ so lang wie der Frkn.; 2n = 40 (42, 80).

Abb. 193 : Gymnadenia conopsea, Jugoslawien

Abb. 194 : Gymnadenia conopsea, Deutschland

Abb. 195 : Gymnadenia conopsea, var. albiflora, Alpen

V–VIII (im Hochgebirge); auf frischen bis trockenen, meist sauren Standorten; Bergwiesen bis 2500 m, Nadelwälder der subalpinen Stufe, selten auf kalkreichen Trockenrasen des Hügellandes, im Hochgebirge ziemlich häufig (z. B. auf Borstgraswiesen); pH 5,7–7,9 (12 M.).

Spanien, Frankreich, Island, Irland, England, Skandinavien, Deutschland! (fehlt im norddeutschen Flachland), Benelux, Alpenländer!, Italien!, Jugoslawien!, Griechenland, Türkei!, Polen, Tschechoslowakei, Ungarn, Bulgarien, Rumänien, Krim, Kaukasus.

Händelwurz, Höswurz, Kohlröschen, Nigritella — Gymnadenia 14

Die Zusammenfassung der in der Literatur im allgemeinen unterschiedenen Gattungen *Gymnadenia* R. Br. s. str. und *Nigritella* L. C. Rich. geht auf REICHENBACH fil. (1856) zurück; auch WETTSTEIN (1889) und SCHULZE (1894, vgl. die dort gegebene Begründung) vertreten die Ansicht, beide Gattungen seien nur durch unbedeutende Merkmale getrennt. Obgleich beide Gruppen sich durch einige morphologische Kriterien gut unterscheiden, wird ihre nahe Verwandtschaft vor allem durch die Tatsache unterstrichen, daß zwischen beiden sehr häufig Bastarde auftreten, die auch gleitende Übergangspopulationen bilden können (was zwischen *Pseudorchis* und *Gymnadenia* bzw. *Nigritella* nicht der Fall ist).

Die im Kapitel III,4 dargelegten Prinzipien gebieten es, *Nigritella* wieder mit *Gymnadenia* zu vereinigen.

Diagnose: Knollen abgeflacht und geteilt; Blätter linealisch bis schmal lanzettlich, ungefleckt; Blütenfärbung rosa (selten gelb oder weiß) bis schwarzrot, ohne Punktierung; Sepalen abstehend bis leicht zusammengeneigt (nicht helmförmig); Blütenlippe gespornt, dreiteilig oder ungeteilt; Pollinien mit 2 Klebscheiben, die n i c h t von einer Bursicula umschlossen sind (*Gymnadenia* = Nacktdrüse).

Mückenhändelwurz — Gymnadenia conopsea 14.1

20–80 cm; Blätter schmal lanzettlich bis fast linealisch; Deckblätter wenigstens so lang wie der Frkn.; Blütenfärbung rosa bis rot; seitliche Sepalen abstehend; Blütenlippe dreilappig, die Lappen etwa von gleicher Größe, ohne Zeichnung; S p o r n d ü n n , f a d e n f ö r m i g , b e d e u t e n d l ä n g e r a l s d e r F r k n . (bis doppelt so lang), herabhängend; 2n = 40 (80).

V–VIII (im Hochgebirge); auf Bergwiesen, Halbtrockenrasen, Flach- und Quellmooren, in lichten Wäldern. Eine Pflanze mit sehr breitem ökologischem Spektrum, vom Flachland bis über 2500 m im Gebirge, fehlt in der immergrünen Zone des MMG; im Flach- und Hügelland wohl nur auf kalkhaltigen Böden, im Hochgebirge auch auf saurem Substrat (vgl. Seite 58); pH 4,5–8,5 (38 M.), vgl. Seite 52!

Spanien!, Frankreich!, Irland, England, Skandinavien!, Deutschland!, Benelux, Alpenländer!, Italien!, Korsika, Sizilien, Jugoslawien!, Griechenland, Türkei (Pontus)!, Polen, Tschechoslowakei, Ungarn, Bulgarien, Rumänien, Rußland, Krim, Kaukasus, Persien; über Sibirien und Nordchina bis Japan.

Abb. 196 : Gymnadenia odoratissima, Alpen

Abb. 197 : Gymnadenia nigra ssp. nigra, Alpen

Abb. 198 : Gymnadenia nigra ssp. nigra, Alpen

Abb. 199 : Gymnadenia nigra ssp. nigra, Farbvariante, Alpen

.0.1 var. *densiflora:* Pflanze kräftig, bis 80 cm hoch; Blütenstand dicht, bis 20 cm lang, Blätter bis 2 cm breit; 2n = 80.

.0.2 var. *leucantha:* Blüten weiß.

Wohlriechende Händelwurz — Gymnadenia odoratissima 14.2

Blätter sehr schmal, meist rinnig gefaltet, bei alpinen Exemplaren fast grasartig; Blüten nach Vanille duftend (bei *G. conopsea* sind sie ebenfalls wohlriechend!); Sporn kürzer als oder ebensolang wie der Frkn.; sonst wie *G. conopsea;* Blüten im Durchschnitt heller gefärbt; 2n = 40 (20).

Ende V–VIII (im Hochgebirge); Halbtrockenrasen, Flachmoore, Bergwiesen, lichte Nadelwälder, Legföhrengebüsch, bis etwa 2500 m; auch im Gebirge stärker an Kalk gebunden als die vorige; im Flachland sehr selten, in den Alpen häufig; pH 7,3–7,6 (3 M.; 14 indir. M. 5,4–7,7).

Nordspanien, Frankreich, Südschweden, Deutschland!, Benelux, Alpenländer!, Norditalien!, Jugoslawien, Südwest-Polen, Tschechoslowakei, Rumänien, Rußland.

.0.1 var. *alba:* Blüten rein weiß.

.0.2 var. *ecalcarata:* Blütenlippe ohne Sporn.

Schwarze Händelwurz, Kohlröschen, Nigritella nigra — Gymnadenia nigra 14.3

8–20 (25) cm; Blätter grasartig schmal, verdickt, rinnig gefaltet; Deckblätter länger als der Frkn.; Blütenstand dicht; Blüten nicht resupiniert, daher die Lippe nach oben weisend; Sepalen abstehend, oft etwas zusammengedrängt; Blütenlippe ungeteilt bis angedeutet dreilappig; Sporn kaum $^{1}/_{2}$ so lang wie der Frkn.; 2n = 40 (32, 38, 64, 80) – vgl. Seite 197 und 248.

(V) VI–VIII (IX); Bergheiden und Matten zwischen 1500 und 2500 m; fast ausschließlich im Hochgebirge, in Skandinavien auch in tieferen Lagen; bezüglich der Bodenansprüche tolerant; pH 4,8–7,5 (9 M., 11 indir. M. 5,0–7,6).

Kantabrisches Gebirge (Nordspanien), Pyrenäen, Französisches Zentralmassiv, Französ. und Schweizer Jura, Skandinavien, Alpen, Apennin, Karpaten und Hochgebirge der Balkanhalbinsel.

★**.1 ssp. nigra:** Schwarzes Kohlröschen, Brändli; Blüten tief dunkelrot, fast schwarz; Blütenstand pyramidal bis kugelig; Lippe rhombisch-dreieckig, die Spitze am Grunde plötzlich verschmälert.

.1.1 var. *fulva:* Blüten gelb, manchmal mit rotem Schlund.

.1.2 var. *alba:* Blüten weiß.

.1.3 var. *rosea:* Blüten hellrot.

★**.2 ssp. rubra** [= *Nigritella miniata* Janchen]: Rotes Kohlröschen; Blütenstand mehr gestreckt, kurz zylindrisch; Blüten rosa bis ziegelrot; Lippe eiförmig, die Spitze geht allmählich in den breiten (eingerollten) basalen Teil über; blüht am gleichen Standort etwa 2 Wochen früher als *nigra;* 2n = 80.

Abb. 200: Gymnadenia nigra ssp. rubra, Dolomiten

Abb. 201: Pseudorchis albida (links), Pseudorchis frivaldii (rechts), Bulgarien

Die Trennung der beiden Sippen läßt sich wohl nicht ganz eindeutig vollziehen. Während die ssp. *rubra* eine wahrscheinlich ausschließlich im Osten vorkommende Form ist, werden einzelne Exemplare auch aus den Westalpen gemeldet (Verwechslungen mit var. *rosea*?).

Von Vorarlberg und Südtirol an ostwärts, nördl. Jugoslawien, Ostkarpaten.

Höswurz, Gymnadenia, Leucorchis — Pseudorchis 15

Knollen abgeflacht und gespalten; Blätter lanzettlich, meist am Stengel verteilt, ungefleckt; Deckblätter etwa so lang wie der Frkn. oder länger; die kleinen Blüten sind weiß (rosa) bis gelblich (-grün) gefärbt; Sepalen ± zusammengeneigt; Lippe dreilappig bis fast ungeteilt (nur bei *frivaldii*); Sporn abwärts gerichtet, etwa $^1/_2$ so lang wie der Frkn.; von *Gymnadenia* wenig verschieden.

Wegen der Umbenennung von *Leucorchis* in *Pseudorchis* vgl. SENGHAS 1972, RAUSCHERT 1974 und WIRTH 1977.

Weiße Höswurz — Pseudorchis albida 15.1

10–30 cm; Blätter breit lanzettlich; Blütenstand dicht und reichblütig, z y l i n d r i s c h ; Blüten hell gelblich, sehr klein (etwa 5 mm im Durchmesser); Sepalen glokkig zusammengeneigt; Lippe deutlich dreiteilig, der Mittellappen ungeteilt; 2n = 42 (40).

V–VIII; trockene bis frische Wiesen und Weiden höherer Mittelgebirge ab 500 m (selten) und im Hochgebirge (häufig); im Norden wohl auch im Flachland; auf sauren oder zumindest oberflächlich entkalkten Böden, vor allem auf Borstgrasrasen der subalpinen und alpinen Stufe; pH 4,7–6,2 (11 M.).

Nordspanien, Frankreich!, Island, Irland, England, Skandinavien, Deutschland!, Benelux! (nicht in Holland), Alpenländer!, Italien!, Korsika, Jugoslawien, Griechenland?, Polen, Tschechoslowakei, Ungarn, Bulgarien, Rumänien, Rußland. – Grönland, Nordamerika.

Balkanhöswurz — Pseudorchis frivaldii 15.2

Blätter schmal lanzettlich; Blütenstand sehr dicht, k u r z z y l i n d r i s c h b i s f a s t k u g e l i g ; Deckblätter am Rande rötlich; Blüten größer als bei *albida,* weiß bis rosa gefärbt; seitliche Sepalen abgewinkelt; Lippe nur undeutlich dreilappig bis ungeteilt; Sporn schlank, etwa 1,5 mm lang oder kürzer (vgl. BAUMANN 1978).

Feuchte Wiesen und Moore (im Gegensatz zu *albida!*), oberhalb 1000 m, auf Silikatböden.

Südjugoslawien, Albanien, Nordgriechenland?, Bulgarien, Rumänien.

Abb. 202 : Chamorchis alpina, Alpen

Abb. 203 : Chamorchis alpina, Alpen

Abb. 204 : Platanthera bifolia, Frankreich

Zwergorchis — Chamorchis alpina 16.1

5–10 cm; Blätter an der Basis gehäuft, g r a s a r t i g s c h m a l , rinnig gefaltet; Deckblätter länger als der Frkn.; Blütenstand mit 5–12 unscheinbaren Blüten; Sepalen gelblichgrün bis bräunlich, zusammengeneigt; Blütenlippe gelblichgrün, ungeteilt bis leicht dreilappig; S p o r n f e h l t ; 2n = 42 (38).

Eine unscheinbare, leicht zu übersehende, seltene Art der Hochgebirge und Skandinaviens.

VII–VIII; flachgründige, kurzgrasige Weiden und überwachsene Felsterrassen, meist zwischen *Dryas octopetala* (Silberwurz); in den Alpen zwischen 1500 und 2700 m, vorwiegend auf Kalk; pH 5,5–7,5 (5 M.).

Skandinavien, Deutschland (nur Alpen), Alpenländer!, Norditalien (Alpen), Jugoslawien, Tschechoslowakei (Hohe Tatra), Rumänien, Rußland (Kola).

Waldhyazinthe, Kuckucksblume — Platanthera 17

Knollen rübenförmig, an der Spitze lang ausgezogen; Blätter breit eiförmig bis lanzettlich, ungefleckt; Blütenfarbe weiß, gelblich oder grünlich; seitliche Sepalen abstehend; B l ü t e n l i p p e u n g e t e i l t , z u n g e n f ö r m i g ; Sporn meist fadenförmig.

Die Arten unseres Gebietes werden von SCHLECHTER (1928) in vier Sektionen unterteilt, die sich durch Form und Stellung der Blätter unterscheiden. Die Gattung enthält etwa 80 Arten, die auch in Asien und Amerika verbreitet sind.

Zweiblättrige Waldhyazinthe (Kuckucksblume) — Platanthera bifolia 17.1

20–50 (60) cm; am Grunde des Stengels 2 (sehr selten 3) ovale bis breit lanzettliche Blätter, am Stengel nur kleine, deckblattartige Blätter; Deckblätter ebenso lang wie der Frkn.; Blütenfarbe weiß bis leicht gelblich; d i e S t a u b b e u t e l f ä c h e r s t e h e n e n g b e n a c h b a r t u n d p a r a l l e l ; Sporn fadenförmig, viel länger als der Frkn., meist abwärts orientiert; 2n = 42.

Ende V–VIII; trockene bis frische Wiesen, Wälder, Heiden und Moore; Lehm- und Sandböden unterschiedlicher Reaktion; vom Flachland bis ins Hochgebirge; pH 4,3–7,5 (10 M.).

Nordafrika, Spanien, Balearen, Frankreich!, Irland, England, Skandinavien, Deutschland!, Benelux!, Alpenländer!, Italien!, Korsika, Sardinien, Sizilien, Jugoslawien, Griechenland, nördliche Türkei!, Polen, Tschechoslowakei, Ungarn, Bulgarien, Rumänien, Rußland, Kaukasus – bis Himalaya und Ostsibirien.

Abb. 205: Platanthera chlorantha ssp. chlorantha, Deutschland

Abb. 206: Platanthera chlorantha ssp. chlorantha, Deutschland

Abb. 207: Platanthera chlorantha ssp. algeriensis, Marokko

Abb. 208: Platanthera oligantha, Nordschweden

Grünliche Waldhyazinthe (Kuckucksblume) **Platanthera chlorantha 17.2**

Von *P. bifolia* unterschieden durch meist kräftigeren Wuchs mit größeren, locker gestellten, oft (aber keineswegs immer) grünlich überlaufenen Blüten; Staubbeutelfächer gegeneinander gewinkelt (dachförmig), an der Basis mit weitem Abstand (Fig. 5, Seite 18); 2n = 42.

.1 ssp. chlorantha: Blütenfärbung meist gelblich- (grünlich-) weiß, Lippe i. d. R. abwärts gerichtet.

V–VIII; etwa 2 Wochen früher als *P. bifolia;* Halbtrockenrasen, Bergwiesen (bis etwa 1800 m), Buchen- und Kiefernwälder, Gebüsche; im MMG nur in höheren Regionen; selten auf schwach sauren, meist auf basischen Böden; in Kalkgebieten stellenweise häufig; pH 5,4–8,1 (8 M., 30 indir. M. 7,0–8,4).

Nordafrika, Spanien, Balearen?, Frankreich!, Irland, England, Skandinavien (bis 63°), Deutschland!, Benelux!, Alpenländer!, Italien!, Korsika, Sardinien?, Jugoslawien!, Nordgriechenland, Zypern!, Türkei!, Polen, Tschechoslowakei, Ungarn, Bulgarien, Rumänien, Rußland, Krim, Kaukasus – bis Mittel- und Ostasien.

.2 ssp. algeriensis: Blüten dichter am Stengel stehend, vorwiegend grün gefärbt; Lippe zurückgeschlagen; Sporn zur Spitze hin verdickt; die unteren Deckblätter länger als die Blüten (vgl. die Beschreibung bei BAUMANN 1977).

Die Unterschiede gegenüber *chlorantha* sind unbedeutend, zumal die Differentialmerkmale (grüne Blüten, zurückgeschlagene Lippe, verdickter Sporn und lange Deckblätter) gelegentlich auch bei *chlorantha* vorkommen, z. B. bei der aus Zypern beschriebenen *Platanthera holomboei* Lindberg 1942, die ich zu *chlorantha* stelle. Besonders wird ihr Rang als Subspezies dadurch infrage gestellt, daß *chlorantha* (wahrscheinlich?) im Areal dieser Sippe vorkommt.

Nasse Wiesen. – Algerien, Marokko.

Wenigblütige Waldhyazinthe, P. parvula, Lysiella **Platanthera oligantha 17.3**

Etwa 10 cm, an der Basis nur ein Blatt; 3–5 Blüten von kaum mehr als 1 cm Größe; Blütenlippe an der Basis mit zwei Höckern; Staubbeutelfächer divergierend; Sporn kürzer als der Frkn. oder fast ebenso lang; 2n etwa 126.

Diese Sippe wird auch als ssp. von der in Nordamerika vorkommenden *P. obtusata* (Pursh) Lindley 1835 aufgefaßt.

VII–VIII; Laub- und Nadelwälder, wahrscheinlich auf sauren Böden; pH 6,3 (1 M.). – Nordschweden (äußerst selten), Nordfinnland, Nordrußland, Sibirien.

Isländische Waldhyazinthe, Limnorchis **Platanthera hyperborea 17.4**

10–25 cm; Blätter 3–4, lanzettlich, am Stengel verteilt; Staubbeutelfächer leicht divergierend; Sporn kürzer als der Frkn.; 2n = 42 (84).

VI–VII; feuchte Tundren und Moore. – Island, Grönland, Nordamerika.

Abb. 209: Platanthera hyperborea, Nordamerika

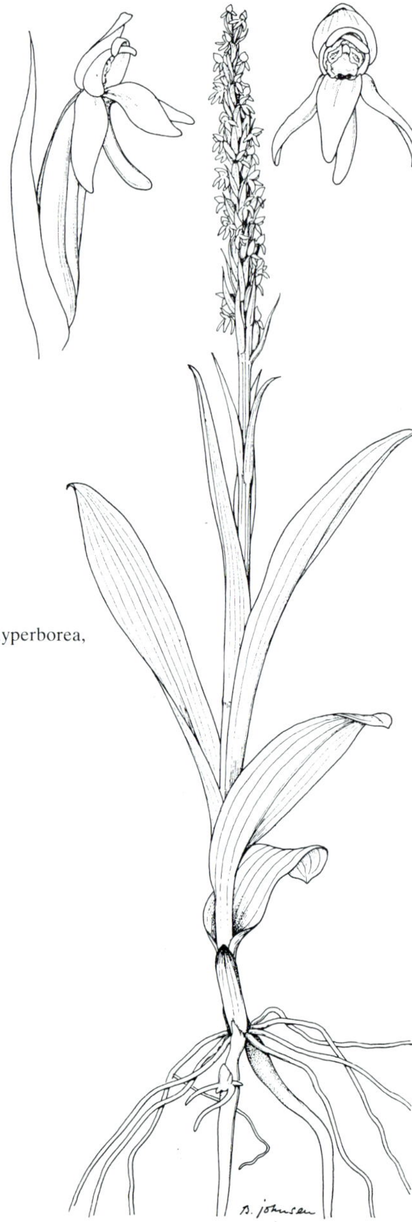

Abb. 211: Platanthera hyperborea, Grönland

Abb. 210: Platanthera hyperborea, Nordamerika

Abb. 212: Platanthera micrantha, Azoren

Abb. 213: Platanthera micrantha, Azoren

Kleinblütige Waldhyazinthe — Platanthera micrantha 17.5

15–30 cm; Blätter breit oval bis lanzettlich, am Stengel verteilt; Deckblätter meist bedeutend kürzer als der Frkn.; Blütenfarbe gelblich-grün; seitliche Sepalen schräg abwärts gerichtet; Lippe an der Basis verbreitert, ± abwärts gerichtet; Sporn höchstens $^1/_2$ so lang wie der Frkn.

VI–VII; zwischen Moospolstern (z. B. *Sphagnum*) luftfeuchter *Erica azorica* – Heiden, auf saurem Substrat, 500–1400 m (RASBACH 1974).

Edemische Art der Azoren.

Azoren-Waldhyazinthe — Platanthera azorica 17.6

25–40 cm; Blätter lanzettlich bis oval, am Stengel verteilt; Deckblätter länger als der Frkn.; Blütenfarbe weißlich; seitliche Sepalen nach unten gerichtet, einander fast berührend; Lippe zungenförmig, nach oben gebogen; Sporn wenigstens so lang wie der Frkn.

SCHLECHTER (1920) hat diese Sippe von *P. micrantha* unterschieden, HANSEN (1972) hält beide für identisch. FREY (1976) hat die Unterschiede zwischen diesen beiden Arten nochmals herausgestellt.

Standorte wie *P. micrantha?* – Endemische Art der Azoren (z. B. auf Sao Jorgo).

Abb. 215 : Goodyera macrophylla,
Madeira

Abb. 214: Platanthera azorica, Azoren

Abb. 216: Neottianthe cucullata, Polen

Kapuzenorchis **Neottianthe cucullata 18.1**

10–30 cm; Knollen rund, ungeteilt; an der Basis des Stengels 2 eiförmige (zugespitzte) Blätter, am Stengel 1 bis 2 kleine, lanzettliche Blätter; Deckblätter etwa so lang wie der Frkn.; Blütenstand locker, oft einseitswendig; Blütenfarbe rosa bis purpurrot; Sepalen zu einem spitzen, manchmal sich öffnenden Helm zusammengeneigt; Lippe dreilappig, die Seitenlappen schmal und spitz, der etwas breitere Mittellappen ungeteilt und zugespitzt bis abgerundet; Sporn abwärts gerichtet, kürzer als der Frkn. oder fast ebenso lang; 2n = 42.

Abb. 217: Neottianthe cucullata, Polen (Ostpreußen)

Abb. 218: Herminium monorchis, Deutschland

Abb. 219: Gennaria diphylla, Kanaren

Abb. 220: Gennaria diphylla, Kanaren

VII–VIII; nach ZIEGENSPECK (1936) in moosreichen, bodentrockenen (sandigen) aber luftfeuchten Nadelwäldern (selten Eichenwäldern) mit saurer Bodenreaktion, oft in Gesellschaft von *Goodyera repens.*

Weitere Angaben zur Verbreitung und Ökologie bei WISNIEWSKI und KLEIN (1976).

Polen (z. B. früheres Ostpreußen), nördliches und mittleres Rußland, über Sibirien und China bis Japan.

Einknolle — Herminium monorchis 19.1

10–20 (30) cm; zur Blütezeit mit nur e i n e r runden (alten) Knolle (Name!), die Ersatzknollen entstehen später an unterirdischen Ausläufern; am Grunde des Stengels 2 (3) lanzettliche bis eiförmige Blätter, am Stengel nur 1 (2) deckblattartiges Blatt; Deckblätter etwa so lang wie der Frkn.; Blüten sehr klein, grünlich-gelb, stark nach Honig duftend; S e p a l e n z u s a m m e n n e i g e n d , an den Spitzen nach außen gebogen; Blütenlippe kaum 5 mm lang, dreilappig, der Mittellappen ungeteilt; S p o r n f e h l t ; 2n = 40.

VI–VIII (im Hochgebirge); trockene Wiesen, Bergweiden bis 1800 m, Flachmoore, vorwiegend auf Kalk; in der Ebene fast ganz fehlend, in mittleren Lagen der Hochgebirge am meisten verbreitet; pH 7,4–7,5 (2 M.; 6 indir. M. 5,7–8,1).

Spanien, Frankreich, England, Skandinavien, Deutschland!, Benelux, Alpenländer!, Italien (Alpen und Apennin), Jugoslawien, Polen, Tschechoslowakei, Ungarn, Bulgarien, Rumänien, Rußland, Kaukasus – Hauptverbreitung im mittleren Asien bis Japan.

Grünstendel, Gennarie — Gennaria diphylla 20.1

15–30 cm; Knollen länglich, ungeteilt; a m S t e n g e l 2 g r o ß e , h e r z f ö r m i g e , s i t z e n d e (stengelumfassende) B l ä t t e r ; Blütenstand einseitswendig, mit kleinen grünlich-gelben Blüten; Deckblätter etwa so lang wie der Frkn.; Sepalen zusammenneigend; Blütenlippe kaum 5 mm lang, dreilappig; Sporn kurz, sackförmig; 2n = 40 (34).

I (Kanaren) – IV (MMG); Lorbeer- und Nadelwälder, Macchien, Felsspalten; vorwiegend auf saurem Substrat, bis etwa 1000 m; pH 5,9–7,4 (3 M.).

Kanaren (häufig), Madeira!, Nordafrika!, Portugal!, Südspanien, Balearen (Formentera), Korsika, Sardinien!, im westlichen MMG sehr selten.

Kanarenstendel — Habenaria tridactylites 21.1

10–40 (60) cm; Knollen länglich, ungeteilt; an der Basis des Stengels meist 2 lanzettliche Blätter; Blütenstand locker, mit etwa 4 bis 25 unscheinbaren, etwa 2 cm großen Blüten; Deckblätter kürzer als der Frkn.; seitliche Sepalen abstehend; B l ü t e n l i p p e i n 3 l a n g e Z i p f e l a u s g e z o g e n ; S p o r n e t w a s o l a n g w i e d e r F r k n . , abwärts gerichtet und gebogen; 2n = 42.

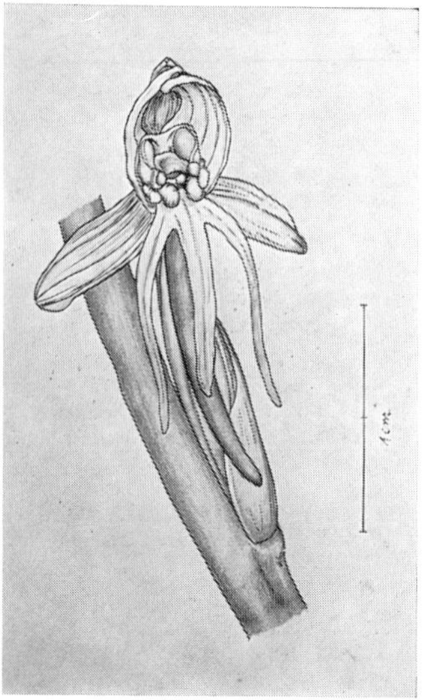

Abb. 221: Habenaria tridactylites, Kanaren

Abb. 222: Liparis loeselii, Deutschland

Abb. 223: Hammarbya paludosa, Deutschland

Abb. 224: Malaxis monophyllos, Süddeutschland

XI–II; Baumheidegebüsch, Felsspalten, verwildertes Kulturland; von Meereshöhe bis etwa 600 (800) m, vermutlich auf schwach sauren Böden; pH 6,1–6,7 (4 M.) (TESCHNER 1974 b).

Endemisch auf den Kanarischen Inseln.

Glanzkraut, Torf-Glanzwurz — Liparis loeselii 22.1

6–20 cm; Knollen oberirdisch in den Achseln der Laubblätter; an der Basis 2 (3) fast gegenständige, lanzettliche, hellgrüne Blätter; Deckblätter viel kürzer als der gestielte Fruchtknoten; Blütenstand locker, mit 3 bis 10 (18) grünlich-gelben Blüten; Sepalen und Petalen sehr schmal, abstehend; Blütenlippe ungeteilt (selten gelappt), in verschiedene Richtungen weisend; Sporn fehlt; Selbstbestäuber; 2n = 32 (26).

(V) VI–VII; Flachmoore (in Moospolstern), selten auch *Sphagnum*-Moore oder andere feuchte Stellen (z. B. in Dünentälern), vorzugsweise auf basischen Böden; Ebene und mittlere Gebirgslagen (bis 900 m!); pH 7,3–8,5 (4 M.). Die Pflanze ist in Ermangelung geeigneter Standorte wohl überall selten (vgl. BRIELMAIER, KÜNKELE u. SEITZ 1976).

Frankreich, England, Skandinavien (fehlt im Norden), Deutschland!, Benelux!, Alpenländer!, Norditalien, Jugoslawien (Bosnien), Polen, Tschechoslowakei, Ungarn, Rußland, fehlt im MMG. – Nordamerika.

Weichwurz, Malaxis paludosa — Hammarbya paludosa 23.1

5–25 cm; Knollen oberirdisch, am Grunde des Stengels in den Achseln der Laubblätter; Blätter am Grunde des Stengels, oval (löffelförmig), oft am oberen Rande mit körnigen Brutknospen; Deckblätter etwa so lang wie der Frkn.; Blüten grünlich-gelb, extrem klein; Sepalen abstehend; Lippe kaum von den Sepalen unterscheidbar, nach oben weisend (um 360° gedreht), ungeteilt; Sporn fehlt; 2n = 28.

Eine ebenfalls sehr seltene Pflanze, die wegen ihrer Unscheinbarkeit kaum aufzufinden ist, und die vielleicht häufig übersehen wird.

VII–VIII; Hochmoore, nasse Standorte am Rande nährstoffarmer Gewässer, meist zwischen Torfmoos, nur auf sauren Standorten, vorwiegend im Flachland, im Gebirge bis etwa 900 m!; pH 4,5–6,0 (5 M.).

Frankreich, Irland, England, Skandinavien, Deutschland!, Benelux, Alpenländer!, Polen, Tschechoslowakei, Rußland. – Nordostasien, Nordamerika, zirkumpolar.

Einblatt, Microstylis monophyllos — Malaxis monophyllos 24.1

8–30 (40) cm; Knollen oberirdisch, am Grunde des Stengels in den Achseln der Laubblätter; am Grunde des Stengels 1 (selten 2 oder 3) eiförmiges bis lanzettliches Blatt; Deckblätter etwa so lang wie der Frkn.; Blüten grünlich-gelb, unschein-

Abb. 225 : Calypso bulbosa, Nordschweden

Abb. 226 : Corallorhiza trifida, Alpen

Abb. 227 : Spiranthes spiralis, Südfrankreich

Abb. 228 : Spiranthes spiralis, Deutschland

bar, nur wenige mm groß; Sepalen und Petalen abstehend; L i p p e ± n a c h o b e n g e r i c h t e t , ungeteilt, am Ende zugespitzt; Sporn fehlt; 2n = 28 (30).

VI–VII (VIII im Hochgebirge); Wiesenmoore, Moospolster an überrieselten Felsen, Nadel- und Erlenwälder, nicht in Hochmooren; selten und sehr zerstreut, nur in den Alpen etwas häufiger; pH 6,9–7,7 (2 M.).

Skandinavien (in Finnland bis etwa 65°), Deutschland! (nur Norden und Alpen mit Vorland), Alpenländer?. Norditalien (Alpen), Jugoslawien (Kroatien), Polen, Tschechoslowakei, Ungarn, Rumänien, Rußland. – zirkumpolar.

Norne, C. borealis — Calypso bulbosa 25.1

10–20 cm; Knollen oberirdisch, am Grunde des Stengels; S t e n g e l i. d. R. m i t n u r e i n e r B l ü t e , an seinem Grunde e i n o v a l e s B l a t t ; Sepalen und Petalen abstehend, rosa bis violettrot; L i p p e weiß bis rosa, m i t e i n e r w e i t g e ö f f n e t e n , s c h u h f ö r m i g e n H ö h l u n g , ihr vorderer Rand flach ausgebreitet, vor der Höhlung ein Haarbüschel; ein nicht an der Basis entspringender (zweispaltiger) Sporn ist der Unterseite der Lippe angedrückt; die Säule ist sehr breit und über den Eingang der Höhlung geneigt; 2n = 28 (32).

Diese prachtvolle, mit dem Frauenschuh vergleichbare (aber nicht verwandte) Pflanze stellt wohl die größte Rarität unter den Orchideen unseres Gebietes dar.

Ende IV–VI (nach der Schneeschmelze); in subarktischen Nadelwäldern, seltener in Mooren; pH 6,9 (1 M.). – Nordskandinavien, Nordrußland, Nordasien, Nordamerika.

Korallenwurz, C. innata — Corallorhiza trifida 26.1

8–30 cm; unterirdische Teile von korallenähnlicher Beschaffenheit, ohne Wurzeln; der gelblich-grüne S t e n g e l o h n e L a u b b l ä t t e r , nur von scheidigen Hüllblättern umgeben; Deckblätter viel kürzer als der gestielte Frkn.; Blütenlippe ungeteilt oder mit sehr kleinen Seitenlappen, rot punktiert, im mittleren Teil mit zwei wulstartigen Erhebungen; Sporn fehlt; 2n = 42.

V–VIII (im Hochgebirge); Nadelwälder, auch Laubwälder und Moore; auf humosen und torfigen Böden unterschiedlicher Reaktion, vorwiegend im Mittel- und Hochgebirge (in der subalpinen Stufe); pH 6,5–7,5 (3 M.).

Frankreich, Island, Nordengland, Skandinavien, Deutschland! (fehlt im Norden), Benelux, Alpenländer!, Norditalien!, Jugoslawien, nördl. Griechenland, Nordtürkei!, Polen, Tschechoslowakei, Ungarn, Bulgarien, Rumänien, Rußland, Krim, Kaukasus. – Nord- und Mittelasien, Nordamerika, Grönland.

Drehwurz, Wendelorchis — Spiranthes 27

Knollen rübenförmig; Blütenstand schraubig gedreht, sehr selten ± einseitswendig, mit kleinen, weißen, meist waagerecht von der Achse abstehenden Blüten; Deckblätter län-

Abb. 229: Spiranthes aestivalis, Süddeutschland

Abb. 230: Spiranthes aestivalis, Österreich

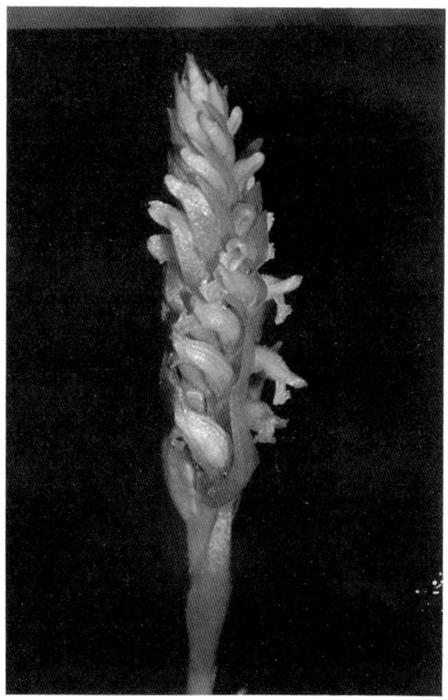

Abb. 231: Spiranthes romanzoffiana

ger als der Frkn.; Sepalen an der Spitze nach außen gebogen; Blütenlippe kaum größer als die Sepalen, ungeteilt, mit krausem Rand; spornlos.

Die Gattung enthält etwa 35 Arten, die vorwiegend auf der Nordhalbkugel, teilweise auch in den Tropen vorkommen.

Herbstdrehwurz, Schraubenblume, S. autumnalis — Spiranthes spiralis 27.1

10–35 cm; Blätter kurz eiförmig, eine Rosette bildend, am Stengel nur Scheidenblätter; der Blütenstengel erscheint neben der jungen Blattrosette, während die vorjährige (überwinterte) Blattrosette meist schon abgestorben ist; Blütenlippe innen grün; 2n = 30.

VIII–X; Halbtrockenrasen, vorwiegend Schafweiden, selten feuchte Standorte; in den Alpen bis 1200 m; bezüglich der Bodenansprüche sehr tolerant, nach BAUMANN und KÜNKELE (1971) in Südwestdeutschland nur auf saurem Substrat (pH 3,8–6,1) festgestellt; von mir vorwiegend – besonders im MMG, wo sie auf Ödland, in Macchien und Pineten nicht selten vorkommt – auf Kalkböden beobachtet; pH 5,0–7,6 (5 M.).

Nordafrika, Spanien, Balearen, Frankreich!, Irland, England, Dänemark, Deutschland!, Benelux, Alpenländer, Italien!, Korsika, Sardinien!, Sizilien, Jugoslawien, Griechenland!, Kreta, Rhodos?, Zypern?, Türkei!, Libanon!, Polen, Tschechoslowakei, Ungarn, Rumänien, Bulgarien, Rußland, Kaukasus, Persien.

Sommerdrehwurz — Spiranthes aestivalis 27.2

10–35 cm; Blätter schmal lanzettlich, aufgerichtet; Blütenstengel in der Mitte der Blattrosette, im unteren Teil mit Laubblättern; Blütenlippe innen mehr gelblichweiß, nicht grün.

VI–VIII; Sumpfwiesen, Flachmoore (Schoenetum-Gesellschaften), auf kalkhaltigen, aber nicht immer basischen Böden; in der Ebene und mittleren Gebirgslagen (bis 1400 m im Süden); pH 6,8 (1 M.).

Nordafrika, Spanien, Balearen?, Frankreich, Südengland?, Süddeutschland!, Benelux, Alpenländer!, Italien! (wohl nur im Norden), Korsika, Sardinien, Jugoslawien, Griechenland, Ungarn.

Die Verbreitungsangaben sind sehr lückenhaft und z. T. wohl auch unsicher. Die Pflanze ist selten und ihre Fundorte sind sehr zerstreut. Die in Gewächshäuser öfter eingeschleppte *Spiranthes* gehört nicht zu dieser Art, es handelt sich um *S. sinensis*!

Amerikanische Drehwurz, S. gemmipara — Spiranthes romanzoffiana 27.3

Bis 30 cm; Blätter linealisch (-lanzettlich, bis 12 cm lang und 7 mm breit); Deckblätter überragen z. T. die Blüten; Blüten größer als bei den beiden vorigen Arten, gelblichweiß

Abb. 232: Goodyera repens, Deutschland

Abb. 233: Goodyera repens, Deutschland

bis rahmgelb, in 2 oder 3 Reihen am Blütenstengel angeordnet; Lippe zur Basis hin verbreitert; 2n = 60.

VII–VIII; Moorwiesen.

Sehr selten in Irland und auf den südlichen Hebriden, sonst in Nordamerika.

Netzblatt — Goodyera 28

Rhizom kriechend, an den Knoten bewurzelt; Blüten weiß bis gelblich; Sepalen ± helmförmig zusammengeneigt; Blütenlippe ungeteilt, sehr stark gewölbt, meist etwas kürzer als die Sepalen; ohne Sporn. Die Gattung ist besonders im tropischen Asien verbreitet, bei uns nur die zwei folgenden Arten.

Kriechendes Netzblatt, Mooswurz — Goodyera repens 28.1

5–30 cm; Blätter herzförmig bis oval, dunkelgrün mit heller, netzadriger Zeichnung (Name!, jedoch nicht immer deutlich hervortretend), eine Rosette bildend; die Blattrosette überwintert und stirbt nach der Blütezeit ab, nachdem sie sich durch Ausläufer vermehrt hat (repens = kriechend); Deckblätter etwa so lang wie der Frkn. oder länger; Blütenstand einseitswendig; Sepalen stark behaart; 2n = 30 (28, 32).

Ende VI–IX (im Hochgebirge); Nadelwälder von der Ebene (z. B. Dünenkiefernwälder) bis in die subalpinen Fichtenwälder (2000 m), wo die Pflanze in Kalkgebieten nicht selten ist; in den Mittelgebirgen sehr zerstreut und auf weite Strecken fehlend; pH 4,6–7,5 (7 M.).

Frankreich!, England, Skandinavien! (bis 70°), Deutschland!, Benelux!, Alpenländer!, Italien (Alpen!), Jugoslawien, nördliches Griechenland, nördliche Türkei!, Polen, Tschechoslowakei, Ungarn, Bulgarien, Rumänien, Rußland, Krim, Kaukasus, Persien.

Großblättriges Netzblatt — Goodyera macrophylla 28.2

Bis 60 (70) cm; Rhizom und Wurzeln kräftig (fast 1 cm dick); Laubblätter breit lanzettlich bis elliptisch, bis 20 cm lang und 7 cm breit, glänzend; im oberen Teil des Stengels zahlreiche hochblattähnliche Blätter; die schmutzigweißen Blüten um den Stengel verteilt; Deckblätter so lang wie der Frkn. oder länger; Lippe nach unten gebogen, gefaltet und ± zugespitzt; Sepalen und Frkn. behaart.

IX–XI; feuchte, schattige Stellen in steilen Schluchten (vgl. FREY 1977).

Nur im Norden der Insel Madeira.

Siehe Abb. 215, S. 208!

Abb. 234:
Listera
ovata,
Deutschland

Abb. 235: Listera ovata, Türkei

Abb. 236: Listera cordata, Alpen

Abb. 237: Listera cordata, Alpen

Zweiblatt **Listera 29**

Rhizom verkürzt, mit fleischigen Wurzeln; Stengel mit nur zwei, einander gegenüberstehenden, herzförmigen oder ovalen, sitzenden Laubblättern; Deckblätter häutig, viel kürzer als der gestielte Frkn.; Blütenlippe zweilappig; Sporn fehlt.

Großes Zweiblatt **Listera ovata 29.1**

20–70 cm; Blätter breit oval, mit deutlich hervortretenden Nerven, im unteren Drittel des Stengels; Blüten grün (bis gelblich); Sepalen zusammengeneigt; die Zipfel der Lippe abgerundet; 2n = 34 (32–42).

V–VIII; Laub- und Nadelwälder, Halbtrockenrasen und Sumpfwiesen; von der Ebene bis 2000 m, bezüglich der Standortansprüche ebenso anpassungsfähig wie *Gymnadenia conopsea* und oft mit dieser vergesellschaftet; in der mediterranen Stufe sehr selten, in Mitteleuropa weit verbreitet und ziemlich häufig, vorzugsweise auf Kalkböden; pH 6,4 bis 8,5 (7 M.).

Spanien, Frankreich!, Irland, England, Skandinavien (bis 70°), Deutschland!, Benelux, Alpenländer!, Italien!, Korsika, Sardinien, Sizilien, Jugoslawien!, Griechenland, Kreta, Türkei!, Polen, Tschechoslowakei, Ungarn, Rumänien, Rußland, Krim, Kaukasus. – Mittelasien.

Kleines Zweiblatt, Herzblatt **Listera cordata 29.2**

10–20 cm; Blätter herzförmig, ± dreieckig, etwa in der Mitte des Stengels; Sepalen abstehend; Blüten rötlich braun; Lippe an der Basis mit zwei kurzen Seitenlappen, die langen Spaltstücke zugespitzt; Früchte oft schon aufspringend, während die Blüten noch nicht verwelkt sind; 2n = 38 (36–42).

Eine unscheinbare Pflanze, die leicht übersehen wird. Von *L. ovata* deutlich durch Größe, Blätter, Blütenbau und Standortansprüche unterschieden.

(V) VI–VIII (im Hochgebirge); Nadelwälder auf sauren Böden, häufig zwischen Polstern von Torfmoos *(Sphagnum)* und Sumpf-Frauenhaar *(Polytrichum commune)*, fast stets in Begleitung der Heidelbeere *(Vaccinium myrtillus)*, feuchte und schattige Standorte, in subalpinen Nadelwäldern nicht selten, im Mittelgebirge meist oberhalb 1000 m, in niedrigen Lagen und in der Ebene sehr selten (eingeschleppt); pH 4–6 (7 M.).

Spanien (Pyrenäen), Frankreich, Island, Irland, England, Skandinavien (bis 71°), Deutschland!, Benelux, Alpenländer!, Italien! (Alpen und Apennin), Jugoslawien, nördl. Griechenland, Türkei (Pontus)!, Polen, Tschechoslowakei, Bulgarien, Rumänien, Rußland, Kaukasus. – Zirkumpolar: Nordasien, Nordamerika, Grönland.

Abb. 238 : Neottia nidus-avis, Deutschland

Abb. 239 : Neottia nidus-avis, Deutschland

Abb. 240 : Epipogium aphyllum, Süddeutschland

Abb. 241 : Epipogium aphyllum, Nordtürkei

Vogelnestwurz — Neottia nidus – avis 30.1

15–40 cm; Rhizom kurz, dicht mit fleischigen, unverzweigten Wurzeln besetzt (Vogelnest!); Pflanze ohne grüne Blätter, der Stengel ist nur mit einigen bräunlichen Scheidenblättern besetzt; Färbung der ganzen Pflanze (einschließlich Blüten), braun bis gelblich; Deckblätter etwa $^1/_2$ so lang wie der gestielte Frkn.; Sepalen zusammengeneigt; Blütenlippe zweilappig; Sporn fehlt; 2n = 36.

Eine der – trotz eines geringfügigen Gehaltes an Blattgrün – wohl rein saprophytisch lebenden Pflanzen.

V–VII; Kalkbuchenwälder (dort fast regelmäßig), Laub- und Nadelwälder bis in die subalpine Stufe (1700 m); auf humusreichen, basischen bis neutralen Böden; pH 7,2–8,1 (3 M., 21 indir. M. 6,4–8,5).

Nordafrika (sehr selten), Spanien, Frankreich!, Irland, England, Skandinavien! (bis 68°), Deutschland!, Benelux, Alpenländer!, Italien!, Korsika, Sardinien, Sizilien, Jugoslawien!, Griechenland, Türkei!, Polen, Tschechoslowakei, Ungarn, Bulgarien, Rumänien, Rußland, Krim, Kaukasus. – Persien, Mittel- und Nordasien.

.0.1 var. *nivea:* Pflanze schneeweiß.

Widerbart, Ohnblatt — Epipogium aphyllum 31.1

10–30 cm; Rhizom fleischig, ohne Wurzeln (aber mit Ausläufern); Pflanze ohne Laubblätter, Stengel nur mit scheidigen Blattschuppen besetzt, blaßgelb (manchmal rötlich überlaufen); Sepalen schmal, abstehend bzw. abwärts gerichtet; Blütenlippe aufwärts gerichtet (Name!), dreiteilig, die Seitenlappen kurz und abstehend, der kräftige Mittellappen mit papillösen Lamellen (wie ein falsch orientierter Bart), gelblich weiß mit rötlichem Anflug; Sporn sehr kräftig, sackartig, aufwärts und nach vorn gerichtet; 2n = 68.

VII–VIII; schattige, feuchte Laub- und Nadelwälder mit starken Moder- oder Mullschichten; in der Ebene fast vollständig fehlend, im Gebirge sehr zerstreut und mit großen Verbreitungslücken, überall selten. Die Pflanzen überschlagen oft mehrere Jahre, ohne zu blühen, bzw. die Blüten werden unterirdisch ausgebildet (ZIEGENSPECK 1936); Fruchtansatz wird selten beobachtet. Offensichtlich ist die Pflanze an milden, d. h. höchstens schwach sauren Humus gebunden, vorzugsweise auf Kalkböden; pH 6,0–7,6 (2 M.).

Frankreich, England, Skandinavien (bis 66°, im Jämtland ziemlich häufig), Deutschland!, Belgien, Alpenländer, Italien (Alpen und Apennin), Jugoslawien, nördl. Griechenland, Nordtürkei!, Polen, Tschechoslowakei, Ungarn, Bulgarien, Rumänien, Rußland, Krim, Kaukasus. – Nordasien bis Japan.

.0.1 var. *lacteum:* Blüten milchweiß.

Abb. 242: Limodorum abortivum, Griechenland

Abb. 243: Limodorum abortivum, Südalpen

Abb. 244: Limodorum abortivum var. rubrum, Türkei

Dingel **Limodorum abortivum 32.1**

20–75 cm; Rhizom kurz und dick, mit zahlreichen, bis zu 1 cm dicken Wurzeln, bis zu 50 cm tief im Boden; der Stengel nur mit stahlblauen bis violettroten (selten etwas grünlichen) Scheidenblättern besetzt; Deckblätter länger als der Frkn.; Blüten groß, weiß mit violett, sehr selten rot gefärbt (südliche Türkei!); seitliche Sepalen abstehend (bei nicht voll aufblühenden Pflanzen nach vorn gerichtet); Blütenlippe ungeteilt, ± zweigliedrig, die Ränder nach oben gebogen; Sporn abwärts gerichtet, etwa so lang wie der Frkn., selten kürzer oder ganz fehlend; vor dem Aufblühen erweckt die Pflanze den Eindruck eines „durchgeschossenen" Spargels; 2n = 56 (60, 64).

IV (im Süden) – VII (im Norden); Macchien, Kiefernwälder, selten Laubwälder oder Trockenrasen am Rande von Wäldern; in Mitteleuropa äußerst selten, im MMG häufig, erscheint nicht immer regelmäßig (soll auch unterirdisch Blüten entwickeln); auf warmen Standorten, im Norden nur auf Kalk, im Süden vorzugsweise ebenfalls auf basischen Böden; pH 7,1–8,5 (2 M., 18 indir. M. 6,6–9,2, Durchschn. 8,0).

Nordafrika!, Spanien!, Balearen!, Frankreich, Deutschland! (nur im Kaiserstuhl und bei Trier), Benelux, Alpenländer (nicht im Hochgebirge), Italien!, Korsika, Sardinien, Sizilien, Jugoslawien!, Griechenland!, Kreta!, Rhodos!, Zypern, Türkei!, Libanon!, südliche Tschechoslowakei, Ungarn, Bulgarien, Rumänien, Krim, Kaukasus.

Eine zirkummediterrane Pflanze mit Ausstrahlungen nach Mittel- und Südosteuropa.

★.1 **ssp. abortivum:** Blüten normal entwickelt; Sporn so lang wie der Frkn. oder etwas länger; im gesamten Verbreitungsgebiet; 2n = 56 (64).

.1.1 var. *rubrum:* Blütenfarbe rot (karmin); Türkei!

★.2 **ssp. trabutianum:** Sporn reduziert (1–2 mm lang oder ganz fehlend); Lippe petaloid ausgebildet; die Blüten öffnen sich kaum; 2n = 60.

RENZ (1972) hält diese Sippe für eine selbständige Art. Nach meiner Meinung ist sie kaum als Subspezies, sondern besser als Varietät einzustufen.

Nordafrika, Portugal, Südspanien, Pantelleria.

Waldvögelein **Cephalanthera 33**

Rhizom kurz, kriechend, meist verzweigt und stark bewurzelt; Blüten groß, weiß, rosa oder rot, ohne Flecken- oder Linienzeichnung, aber die Lippe mit gelblichen Lamellen; Blütenlippe in Hypochil und Epichil gegliedert, gespornt oder spornlos bzw. mit sackförmiger Vertiefung; Hypochil mit deutlich ausgeprägten Seitenlappen, der basale Teil mit der Säule verwachsen; Epichil mit gezähnelten Längsleisten; Fruchtknoten i. d. R. sitzend und gedreht, Blüten und Früchte daher ± aufrecht; teilweise Selbstbestäuber (vgl. unter *Epipactis,* S. 231).

Abb. 245 : Cephalanthera damasonium ssp. damasonium, Nordtürkei

Abb. 246 : Cephalanthera damasonium ssp. damasonium, Deutschland

Abb. 247 : Cephalanthera damasonium ssp. damasonium var. chlorotica, Deutschland

Abb. 248 : Cephalanthera damasonium ssp. kotschyana, Türkei

Weißes Waldvögelein, C. alba — Cephalanthera damasonium 33.1

15–60 cm; Blätter oval bis lanzettlich; untere Deckblätter ± laubblattartig und länger als die Blüten; Blüten weiß bis gelblich; Lippe ohne Sporn; Epichil mit 3 (5) Lamellen; 2n = 36 (32).

(IV) V–VII; typische Pflanze der Kalkbuchenwälder (Cephalanthero-Fagetum, vgl. S. 57), auch in Gebüschformationen oder in Nadelwäldern, selten auf Halbtrockenrasen; von der Ebene bis etwa 1500 m; in Mitteleuropa an Kalk gebunden, wobei die Reaktion des Bodens auch im schwach sauren Bereich liegen kann (vgl. KREFT 1969); pH 7–8 (4 M., 33 indir. M. 6,5–8,5).

Nordafrika?, Ostspanien, Balearen, Frankreich!, Südengland, südliches Skandinavien (Dänemark, Insel Gotland), Deutschland!, Benelux, Alpenländer!, Italien!, Korsika, Sardinien, Sizilien, Jugoslawien!, Griechenland, Kreta, Zypern, Türkei!, Libanon, Syrien, Israel, Polen (selten), Tschechoslowakei, Ungarn, Bulgarien, Rumänien, südliches Rußland, Krim, Kaukasus, nördliches Persien.

★.1 **ssp. damasonium:** Laubblätter oval bis elliptisch, bis 6,5 cm lang und 3,5 cm breit; obere Deckblätter so lang wie der Frkn. oder nur wenig kürzer; Blüten kaum geöffnet, seitliche Sepalen daher nicht abstehend.

★.2 **ssp. caucasica:** 7–9 abstehende oder auswärts gebogene Blätter, die unteren verkehrt eiförmig bis elliptisch, meist über 10 cm lang und 4–7 cm breit, die oberen schmaler und länger zugespitzt; Blütenstand dicht und vielblütig, seltener aufgelokkert; unterstes Deckblatt bis 11 cm lang, die folgenden kleiner (aber meist länger als die Blüten), die oberen bedeutend kürzer als der Frkn.; Blüten rein weiß, meist geöffnet, die Sepalen daher ± abstehend; Frkn. kurz gestielt, weißlich.

Schattige und luftfeuchte Wälder im Bereich des Kaspischen Meeres, bis 1500 m (vgl. RENZ 1978).

Kaukasus (Talysch), Nordpersien.

★.3 **ssp. kotschyana:** Blätter lanzettlich, 6–10 cm lang, 2–3 (5) cm breit, zugespitzt, oft gefaltet und nach außen gebogen; Blütenstand dicht und vielblütig; unterstes Deckblatt bis 7 cm lang, die folgenden kürzer (aber meist länger als die Blüten), die oberen wenig kürzer als der Frkn.; Blüten groß, weiß bis elfenbeinfarbig, ± geöffnet; Epichil breit herzförmig.

Oberhalb 1000 m, besonders an Waldrändern und in Eichengebüschen.

Östliche Türkei (vgl. RENZ u. TAUBENHEIM 1980).

Langblättriges (Schwertblättriges) Waldvögelein C. xiphophyllum — Cephalanthera longifolia 33.2

15–60 cm; Blätter aufrecht bis abstehend, selten etwas zurückgebogen, linealisch bis lanzettlich, zugespitzt, ± zweizeilig angeordnet (nicht um den Stengel verteilt); Deckblätter nur bei der untersten Blüte (selten auch bei der 2. und 3.) länger als der Frkn., die obersten höchtens 1/4 bis 1/2 so lang wie der

Abb. 249: Cephalanthera longifolia, Deutschland

Abb. 250: Cephalanthera cucullata ssp. epipactoides, Türkei

Abb. 251 : Cephalanthera cucullata ssp. kurdica, Persien

Frkn.; Blüten rein weiß, ± geöffnet; Lippe ohne Sporn; Epichil mit 4–7 Lamellen; 2n = 32 (34).

IV (im MMG) – VI (VII) (etwa 2 Wochen früher als *C. damasonium*); Wälder, Gebüsche, Macchien, seltener auf Halbtrockenrasen; in den Alpen ziemlich häufig, sonst sehr zerstreut; Hügelland und Gebirge (bis 2000 m im Süden), vorzugsweise auf Kalk, im MMG auch auf schwach sauren Böden; pH 6,5 (1 M., 17 indir. M. 6,5–8,6).

Nordafrika, nördl. Spanien, Frankreich!, Irland, England, südl. Skandinavien!, Deutschland!, Benelux, Alpenländer!, Italien!, Korsika, Sardinien, Sizilien, Jugoslawien!, Griechenland, Kreta, Rhodos?, Zypern, Türkei!, Libanon, Polen, Tschechoslowakei, Ungarn, Bulgarien, Rumänien, Krim, Kaukasus. – Persien, Mittelasien bis Japan.

Gespornte s Waldvögelein, C. epipactoides — Cephalanthera cucullata 33.3

10–100 cm; Blätter (zumindest die unteren) kurz und tütenförmig, den Stengel ganz oder teiweise umfassend; Deckblätter (auch die oberen) länger als der Frkn.; B l ü t e n l i p p e d e u t l i c h g e s p o r n t ; Blütenfarbe einheitlich weiß, rosa oder rot.

Die 3 Sippen dieser Art sind verschieden beurteilt und öfter miteinander verwechselt worden (vgl. DIETRICH 1970). Die Pflanze ist durch die gespornte Lippe und habituell – vor allem durch den langen, oft schon kurz über dem Boden ansetzenden Blütenstand – deutlich von den anderen Arten der Gattung unterschieden.

Ende III – Anfang VI; Kiefernwälder, Eichenwälder und Macchien auf Kalk, stellenweise häufig; pH 7,8 (1 M., 4 indir. M. 7,7–8,2).

Östliches MMG, Vorderasien, Kaukasus.

.1 ssp. cucullata: 15–30 cm; alle Blätter stumpf tütenförmig; Blüten weiß bis rosa; Sporn kurz; Epichil herzförmig; nur auf Kreta (Ida-Gebirge).

.2 ssp. epipactoides: 25–100 cm; untere Blätter tütenförmig, die oberen manchmal flach und abstehend; der Stengel oft schon vom unteren Fünftel an mit bis zu 40 Blüten besetzt; Blütenfarbe weiß; Sporn 3-5 mm lang.

Östliche Ägäische Inseln, Türkei! (von Galipoli-Halbinsel an ostwärts etwa bis zur Provinz Mersin im Süden, im Norden bis Artvin).

.3 ssp. kurdica: 25–65 cm; sonst wie *epipactoides,* aber Blüten rot; löst jene nach Osten hin ab, im Übergangsgebiet (z. B. Provinz Mersin) kommen beide gemeinsam vor, mit rosa blühenden Zwischenformen (!); östliche Türkei!, Nord-Syrien, Persien.

.4 ssp. floribunda: Achse des Blütenstandes, Fruchtknoten und Lippe papillös behaart, sonst wie *kurdica;* die Blütenfarbe wird aber von LIPSKI (nach NEVSKI 1935) mit gelblichweiß angegeben[13]); östl. Pontus, Kaukasus.

[13]) Ich sah bei Artvin, von wo die Pflanze beschrieben wurde, sowohl weiß als auch rot blühende Exemplare, die man entweder unter *epipactoides* oder *kurdica* einordnen kann.

Abb. 252: Cephalanthera rubra, Griechenland

Rotes Waldvögelein — Cephalanthera rubra 33.4

20–60 cm; Blätter schmal lanzettlich; Deckblätter so lang wie der Frkn., die unteren bedeutend länger; Pflanze im oberen Teil kurz behaart; Blüten rosa bis rotlila; seitliche Sepalen abstehend, nach auswärts gebogen; Blütenlippe ohne Sporn; 2n = 36 (48).

V–VII (VIII); trockene Laub- und Nadelwälder, seltener auf Halbtrockenrasen; in der Ebene selten (z. B. auf kalkhaltigen Sanden), im Mittelgebirge zerstreut, besonders in Buchenwäldern; in subalpinen Nadelwäldern (bis 1800 m) stellenweise verbreitet; im MMG in Kiefern-, Zedern- und Eichenwäldern der montanen bis subalpinen Region (bis 2600 m nach MAIRE); vorzugsweise auf Kalk, nach BORSOS (1959) auch in säureliebenden Gesellschaften; pH 5,9–8,2 (7 M.).

Nordafrika, Spanien, Frankreich!, Südengland, Skandinavien, Deutschland!, Belgien, Alpenländer!, Italien, Korsika?, Sardinien, Sizilien, Jugoslawien, Griechenland, Kreta, Zypern, Türkei!, Polen, Tschechoslowakei, Ungarn, Bulgarien, Rumänien, Rußland, Krim, Kaukasus, Persien.

.0.1 var. *albiflora:* Blüten weiß.

Stendelwurz, Sumpfwurz, Sitter — Epipactis 34

Die Gattung *Epipactis (Helleborine)* ist zweifellos mit *Cephalanthera* nahe verwandt. Die Berechtigung ihrer Trennung ist mehrfach bestritten worden, so von ZIEGENSPECK (1936, Seite 85). Beide Gattungen ähneln sich bezüglich der Gestaltung der unterirdischen Organe (kriechende Wurzelstöcke) und in einer starken Bindung an die Pilzernährung (Mykotrophie). Ebenso haben beide die durch eine Einschnürung in einen vorderen (Epichil) und einen hinteren Abschnitt (Hypochil) gegliederte Lippe gemeinsam. Bei beiden Gattungen kommt Autogamie (Selbstbestäubung) vor. Durch Habitus und Blütenfärbung sowie durch die bei *Epipactis* ± gefalteten Blätter lassen sich beide Gruppen – zumindest in unserem Gebiet – gut unterscheiden.

Schwierig ist dagegen die Abgrenzung der *Epipactis*sippen gegeneinander, insbesondere innerhalb der *Helleborine*gruppe, bei der sowohl Selbstbestäubung als auch Insektenbestäubung vorkommen. Die autogamen Sippen sind daran zu erkennen, daß die Blüten meist schlaff herabhängen und kaum geöffnet sind, im allgemeinen fehlt ihnen die Rostelldrüse (Fig. 7, S. 19, vgl. auch S. 16).

Einige speziell diese Gruppe betreffende Fragen wurden in einer zusammenfassenden Darstellung behandelt (SENGHAS und SUNDERMANN 1968), seitdem konnten jedoch zwei neue Sippen aus dem *Helleborine*komplex entdeckt und einige weitere offene Fragen geklärt bzw. neu aufgeworfen werden (NIESCHALK 1970a, RENZ 1973/74, TAUBENHEIM 1975, 1977).

Diagnose: Rhizom kurz, seltener mit Ausläufern, mit langen, oft dicken Wurzeln; Laubblätter oval bis lanzettlich, selten linealisch, mit deutlich hervortretenden Längsnerven, meist faltig; Blüten ± einseitswendig, abstehend oder herabhängend (nicht aufrecht); Fruchtknoten nicht gedreht, sondern mit gedrehtem Stiel; Sepalen abstehend bis glokkenförmig zusammengeneigt, i. d. R. (zumindest außen) von grünlicher oder bräunlicher

Abb. 253 : Epipactis helleborine ssp. helleborine, Deutschland

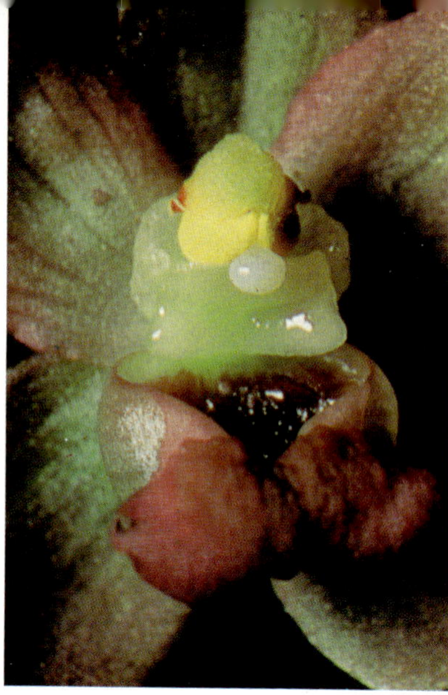

Abb. 254 : Epipactis helleborine ssp. helleborine, Deutschland

Abb. 255 : Epipactis helleborine ssp. varians, Jugoslawien

Abb. 256 : Epipactis helleborine ssp. varians, Deutschland

Grundfärbung; Blütenlippe in Hypochil und Epichil gegliedert, nicht gespornt; Hypochil schüsselförmig; Epichil meist mit zwei runzeligen Höckern oder einer tropfenförmigen Schwiele.

Breitblättrige Stendelwurz, E. latifolia — Epipactis helleborine 34.1

(10) 30–80 (100) cm; Blätter breit eiförmig bis lanzettlich, selten fast linealisch; Deckblätter etwa so lang wie der Frkn., die unteren bedeutend länger; Sepalen abstehend oder glockig zusammengeneigt, grünlich, gelblich oder bräunlich, innen manchmal rötlich überlaufen, jedoch nicht innen und außen einheitlich rot; Epichil starr mit dem Hypochil verbunden, weißlich, grün oder rot gefärbt.

Diese „Sammelart" umfaßt eine größere Anzahl mehr oder weniger distinkter Sippen, die in der Literatur unterschiedlich beurteilt werden und über deren Verbreitung teilweise noch Unklarheit besteht. Man kann diese Sippen einteilen in (obligat) allogame (fremdbestäubte), fakultativ allogam-autogame und vollkommen autogame (selbstbestäubende). Die morphologischen Unterschiede sind nicht immer deutlich, und der Umfang der Teilpopulationen ist in einigen Fällen sehr gering *(dunensis, phyllanthes, confusa)*, so daß man sie nicht als „Arten" auffassen kann. Keine der folgenden Sippen bewohnt ein eigenes Areal, alle kommen im Verbreitungsgebiet von *helleborine* s. str. vor. Man kann sie daher auch nicht als Subspezies im engeren Sinne (vgl. S. 28) bezeichnen.

Als Unterscheidungskriterien werden verwendet: Form, Anzahl und Anordnung der Blätter, Behaarung der Blütenstandsachse, Ausbildung einer Rostelldrüse, Beschaffenheit der Säule, Öffnungsgrad der Blüten (und deren Stellung) sowie die Form des Epichils.

(VI) VII–IX (im MMG selten schon ab IV); Laub- und Nadelwälder auf nicht zu sauren bis schwach basischen Lehm- und Sandböden; seltener auf Halbtrockenrasen, auf Dünen oder in der Macchie; stellenweise häufig, in Kalkbuchenwäldern selten fehlend; pH 5,4 bis 8,2 (28 M., Durchschn. 6,9).

Nordafrika, Spanien!, Balearen, Frankreich!, Irland, England, Skandinavien! (bis 71°), Deutschland!, Benelux, Alpenländer!, Italien!, Korsika, Sardinien!, Sizilien, Jugoslawien!, Griechenland, Kreta, Rhodos, Zypern, Türkei!, Libanon!, Polen, Tschechoslowakei, Ungarn, Bulgarien, Rumänien, Rußland, Krim, Kaukasus. – Persien bis Mittelasien, in Nordamerika eingebürgert.

★.1 **ssp. helleborine:** Blätter mittel- bis dunkelgrün, etwas zugespitzt, wenigstens so lang wie zwei Stengelabschnitte [14]), die unteren breit oval; Achse des Blütenstandes und Frkn. behaart (reife Frkn. kahl); Blüten abstehend, meist rötlich überlaufen; Sepalen ausgebreitet; Hypochil mit Nektar, innen glänzend; Epichil herzförmig, etwa so lang wie breit; Rostelldrüse (zumindest bei jüngeren Blüten) deutlich entwickelt; allogam; 2n = 40 (36–44).

Fast ausschließlich in Wäldern, sehr selten auch in Macchien; bis 1600 m, im MMG auch höher.

★.2 **ssp. varians** [= *E. purpurata* Smith 1828]: Pflanzen kräftig, mit dickem Stengel; 30–75 cm; violett überlaufen; häufig mehrere Stengel aus einem Rhizom entsprin-

[14]) Abschnitte der Sproßachse zwischen den Ansatzpunkten der Blätter (Internodien).

Abb. 257 : Epipactis helleborine ssp. condensata, Türkei

Abb. 259 : Epipactis helleborine ssp. troodii, Zypern

Abb. 258 : Epipactis helleborine ssp. condensata, Türkei

gend; Blätter schmal oval bis lanzettlich, relativ klein, nicht länger als zwei Stengelabschnitte (nach NIESCHALK (1970a) ist dieses Merkmal zur Abgrenzung gegenüber anderen Sippen nicht geeignet); Blütenstand lang und dicht, die Achse graufilzig behaart; Blütenfarbe grünlich-weiß; Blüten abstehend; Sepalen ausgebreitet; Hypochil und Epichil wie bei ssp. *helleborine;* Rostelldrüse vorhanden; allogam; 2n = 40.

Blüht im August, am gleichen Standort deutlich später als ssp. *helleborine;* schattige, frische bis feuchte Laubwälder der Mittelgebirge; auf kalkhaltigen oder kalkfreien Lehmböden; ihre Fundorte sind sehr zerstreut.

Portugal, südliches England, Mittel- und Ostfrankreich, Deutschland!, Benelux, Alpenländer, Norditalien, Jugoslawien!, Polen, Tschechoslowakei, Ungarn, Bulgarien, Rumänien, Rußland.

★.3 ssp. condensata: 30–75 cm; manchmal mehrere Stengel aus einem Rhizom entspringend; Blütenstand dicht, mit behaarter Achse; Blätter klein, oval (bis lanzettlich), kaum doppelt so lang wie breit und meist nicht länger als 2 Stengelglieder, unterseits manchmal rötlich, d i e u n t e r e n ± t ü t e n f ö r m i g ; Blüten abstehend; Sepalen ausgebreitet, grün; Hypochil mit Nektar; Epichil herzförmig, mit zwei ausgeprägten, runzeligen, rotviolett gefärbten Höckern; Rostelldrüse vorhanden; offensichtlich allogam. Die Pflanze ist kräftig und ähnelt in einigen Merkmalen der ssp. *varians.* Sie blüht etwa 2 Wochen früher als ssp. *helleborine.*

VI–VII (VIII); Nadelwälder der montanen Stufe. Zypern, Türkei, Libanon.

★.4 ssp. troodii: bis 45 cm; schlanke, lockerblütige Pflanze mit nickenden Blüten; S t e n g e l k a h l b i s d ü n n h a a r i g ; Blätter lanzettlich, wenigstens doppelt so lang wie breit, violett bis rötlich überlaufen; Sepalen grün; Hypochil innen olivgrün; Epichil dreieckig, rötlich, mit kleinen Höckern; Rostelldrüse bei jungen Blüten vorhanden und wirksam; wahrscheinlich fakultativ autogam (YOUNG 1970).

VI–VII; Kiefernwälder, 1200–2000 m; im Troodosgebirge auf Zypern.

Abb. 260 : Epipactis helleborine ssp. persica, Türkei

Abb. 261 : Epipactis helleborine ssp. persica, Türkei

Abb. 262: Epipactis helleborine ssp. phyllanthes, England

Abb. 263: Epipactis helleborine ssp. confusa, Dänemark

Abb. 264: Epipactis helleborine ssp. muelleri, Deutschland

Abb. 265: Epipactis helleborine ssp. leptochila, Deutschland

★.5 **ssp. persica:** 10–50 (70) cm; zierliche Pflanzen m i t k a h l e m o d e r n u r s p ä r l i c h b e h a a r t e m S t e n g e l und lockerem Blütenstand; 3 (4) Laubblätter im mittleren Teil des Stengels, eiförmig bis lanzettlich, am Rande papillös, das untere etwa 10 cm über dem Boden; außer den 3 eigentlichen Laubblättern an der Basis 1–2 Scheidenblätter und im oberen Teil des Stengels noch 1–2 hochblattähnliche Blätter; Blüten grün bis weißlich, manchmal schwach rötlich überlaufen, abstehend bis nickend; Sepalen ± abstehend, grün; Hypochil mit Nektar; Epichil dreieckig; Rostelldrüse vorhanden, aber unwirksam; autogam bzw. fakultativ allogam (vgl. RENZ 1973/74, TAUBENHEIM 1977).

VI–VII; Laub- und Nadelwälder mit spärlichem Unterwuchs, zwischen 800 und 2500 m.

Türkei!, Persien, Afghanistan.

Die kürzlich von KALOPISSIS und ROBATSCH (1980) beschriebene *E. cretica* steht der ssp. *persica* nahe, hat aber auch Merkmale anderer Sippen des *Helleborine*-Komplexes. Sie ist vermutlich fakultativ autogam, hat kurze, z. T. tütenförmige, unterseits rotviolett gefärbte Blätter und ein auf der Oberfläche stärker strukturiertes Epichil. Von der Pflanze sind wohl nur wenige Exemplare bekannt.

★.6 **ssp. phyllanthes:** Habitus kräftig; Blätter breit und kurz (4 × 2 — 6,5 × 3,5 cm), deutlich zugespitzt; Stengel kahl, mit nur winzigen, nicht gekrümmten Papillen besetzt; B l ü t e n g r ü n , h e r a b h ä n g e n d , s i c h n i c h t o d e r k a u m ö f f n e n d ; Sepalen zur Fruchtzeit noch grün; Blütenlippe manchmal mißgebildet und den Sepalen ähnlich; Rostelldrüse fehlt; autogam (kleistogam); 2n = 36; [Synonyme: *E. vectensis* (T. et T. A. Steph.) Brooke et Rose = *E. pendula* C. Thomas = *E. cambrensis* C. Thomas].

VI–IX; Küstendünen, Kiefernwälder, Waldränder und Gebüsche.

Westfrankreich, Irland, England, Dänemark.

★.7 **ssp. confusa:** 20–50 cm; Pflanze zierlich; Blätter lanzettlich, kaum zugespitzt; Stengel kahl oder nur schwach angedrückt behaart; Blüten grün, anfangs nickend, später herabhängend, nicht oder kaum geöffnet; Sepalen während der Fruchtreife verwelkend; Rostelldrüse fehlend oder reduziert; autogam (kleistogam); 2n = 40.

VII–VIII; Laub- und Nadelwälder, an lichten Stellen, besonders auf Kalk.

Südschweden, Dänemark, Norddeutschland.

★.8 **ssp. muelleri:** 25–70 (90) cm; Blätter lanzettlich, lang zugespitzt, rinnig gefaltet, am Rande gewellt und mit Papillen besetzt, sichelförmig nach außen gebogen, manchmal zweizeilig angeordnet; Blütenstandsachse behaart; die gelblichgrünen Blüten sind nickend bis herabhängend; Sepalen glockenförmig zusammengeneigt; Hypochil mit oder ohne Nektar; Epichil rund bis herzförmig, meist breiter als lang; Rostelldrüse fehlend oder reduziert; autogam (fakultativ allogam?); 2n = 40 (38).

VII–VIII; lichte Wälder und buschreiche Halbtrockenrasen, wahrscheinlich nur auf Kalk.

Frankreich, Benelux, Deutschland, Alpenländer, Jugoslawien, Tschechoslowakei, wahrscheinlich weiter verbreitet als bekannt, da meist mit ssp. *helleborine* verwechselt.

★.9 **ssp. dunensis:** ähnlich der ssp. *muelleri,* Blüten jedoch abstehend bis nickend; Blätter elliptisch bis lanzettlich, ziemlich breit und kurz, gelblichgrün; Stengel be-

Abb. 266: Epipactis helleborine ssp. leptochila, Dänemark

Abb. 267: Epipactis helleborine ssp. pontica, Nordtürkei

Abb. 268: Epipactis helleborine ssp. pontica, Nordtürkei

Abb. 269: Epipactis helleborine ssp. pontica: Blütenlippe und Rostellum nach Entfernung der übrigen Blütenteile

haart; Sepalen abstehend; Hypochil mit Nektar; Epichil kurz, mit zurückgeschlagener Spitze; Rostelldrüse fehlt; autogam.

VI–VII; Dünen und Kiefernwälder, nur in der Nähe der Küste. Nur im mittleren England (YOUNG 1970 a).

★.10 ssp. leptochila: 30–60 (70) cm; Blätter eiförmig bis lanzettlich, manchmal herabhängend; untere Deckblätter sehr groß, fast laubblattähnlich; Blütenstand locker, die Achse behaart; Blüten nickend; Sepalen grün, abstehend; Hypochil innen rötlich, manchmal nektarführend; Epichil lang zugespitzt, etwas länger als breit; Staubbeutel gestielt (Figur 9, Seite 20); Rostelldrüse fehlend oder stark reduziert; autogam (fakultativ allogam?); 2n = 40 (36).

VII, früher als *helleborine;* Laubwälder, auf lockeren und relativ trockenen Kalkböden. Die Verbreitungsangaben sind sehr lückenhaft, Fundmeldungen liegen vor aus Frankreich, England, Dänemark, Deutschland, Benelux, Alpenländern, Griechenland und Tschechoslowakei.

★.11 ssp. pontica: 15–40 cm; 3–5 Laubblätter etwa in der Mitte des dünnen Stengels, die oberen schmal lanzettlich, sichelförmig herabgebogen (bis 2,5 × 10 cm); außerdem noch 1–2 hochblattähnliche Blätter; 7–15 grünlichgelbe, nickende Blüten; Blütenstandsachse dicht und kurz behaart; Sepalen abstehend bis glockenförmig zusammengeneigt; Hypochil innen mattgrün; Epichil rundlich, ohne Spitze, kürzer als das Hypochil, breiter als lang (etwa 3–4 × 2–3 mm); Staubbeutel groß und deutlich gestielt; Klebdrüse kräftig, knorpelig, mit strukturierter Oberfläche, jedoch unwirksam; autogam.

Mitte VII–VIII; in Buchenwäldern der Schwarzmeerküste, 500–1500 m, auf Kalk; Flachwurzler im Humusbereich; pH 6,2–7,1 (6 M.).

Nordtürkei!

★.12 ssp. tremolsii: 40–60 cm; Stengel (besonders vor der Blütezeit) rot überlaufen, im oberen Teil behaart oder kahl; Blätter zweizeilig angeordnet, ± aufrecht,

Abb. 270 : Epipactis helleborine ssp. tremolsii, Portugal

Abb. 271 : Epipactis helleborine (varians) var rosea

Abb. 272 : Epipactis microphylla, Schweiz

Abb. 273: Epipactis atrorubens ssp. atrorubens, Deutschland

Abb. 274: Epipactis atrorubens ssp. parviflora, Spanien

die unteren kreisrund mit kurzer Spitze, den Stengel tütenförmig umfassend; Blüten groß; mit kleinem, rot gefärbtem Epichil, dessen Spitze zurückgebogen ist; Rostelldrüse vorhanden; Frkn. schwach behaart; besonders auffallend ist die frühe Blütezeit (im südlichen Portugal bereits Mitte April!). – Die Sippe zeigt – wie auch die meisten anderen – bedeutende Übereinstimmungen mit der Nominatrasse (vgl. KLEIN 1979).

Das Vorkommen ist wahrscheinlich auf die Iberische Halbinsel beschränkt (Spanien, Portugal!).

.0.1 var. *albiflora:* Blüten weiß.

.0.2 var. *rosea:* Pflanze ohne Blattgrün, Blätter daher weiß (seltener rötlich überlaufen); Stengel und Blüten meist rosa.

Kleinblättrige Stendelwurz — Epipactis microphylla 34.2

15–45 (55) cm; Blätter sehr klein, eiförmig bis schmal lanzettlich, 2–4 cm lang, die unteren oft tütenförmig; untere Deckblätter länger, die oberen oft kürzer als der Frkn.; Blätter und Stengel manchmal violett überlaufen; Achse des Blütenstandes und Frkn. dicht graufilzig behaart; Blüten graugrün, weißlich, seltener rötlich, abstehend; Sepalen abstehend bis glockig zusammengeneigt; Hypochil meist mit Nektar; Epichil rundlich, kaum zugespitzt; Rostelldrüse vorhanden, aber wenig wirksam; vorwiegend autogam; 2n = 40 (32).

V (im Süden) – VIII; trockene, vegetationsarme Buchenwälder (seltener Nadelwälder) auf Kalk (oder kalkhaltigen Sanden); meist in geringer Anzahl, selten in der mediterranen Stufe, im Hochgebirge bis etwa 1200 m; pH 7,5–7,9 (2 M., 5 indir. M. 6,3–7,9).

Ostspanien, Balearen, Frankreich, Deutschland! (fehlt im Norden), Benelux, Alpenländer!, Italien!, Korsika, Sardinien, Sizilien, Jugoslawien!, Griechenland, Kreta, Türkei!, Polen, Tschechoslowakei, Ungarn, Bulgarien, Rumänien, Krim, Kaukasus.

Braunrote Stendelwurz, Strandvanille, E. rubiginosa — Epipactis atrorubens 34.3

(15) 20–60 (80) cm; der Abstand zwischen dem obersten Blatt und der Basis des Blütenstandes ist bedeutend länger als die übrigen Stengelabschnitte; untere Blätter eiförmig, die oberen breit bis schmal lanzettlich, zugespitzt, oft sichelförmig gebogen, ± zweizeilig angeordnet; Achse des Blütenstandes und Fruchtknoten dicht filzig behaart; Blüten bei der Nominatrasse meist einheitlich dunkel violett- bis braunrot gefärbt; Hypochil mit Nektar; Epichil herzförmig, etwas breiter als lang, meist mit stark runzeligen Höckern; allogam; 2n = 40.

V–VIII (im Hochgebirge); lichte Nadelwälder (besonders Kiefern), Halbtrockenrasen, überwachsene Geröllhalden, Sanddünen, seltener in Laubwäldern; von der Meeresküste bis in die alpine Stufe (2200 m); nicht in der immergrünen Stufe des MMG; auf lockeren, trockenen Böden auf Kalk oder anderem basischen Gestein; pH 7,5–9 (6 M.).

Abb. 275 : Epipactis palustris, Deutschland

Abb. 276 : Epipactis veratrifolia, Türkei

Abb. 277 : Epipactis veratrifolia, Türkei

Abb. 278 : Epipactis veratrifolia : Säule und Hypochil

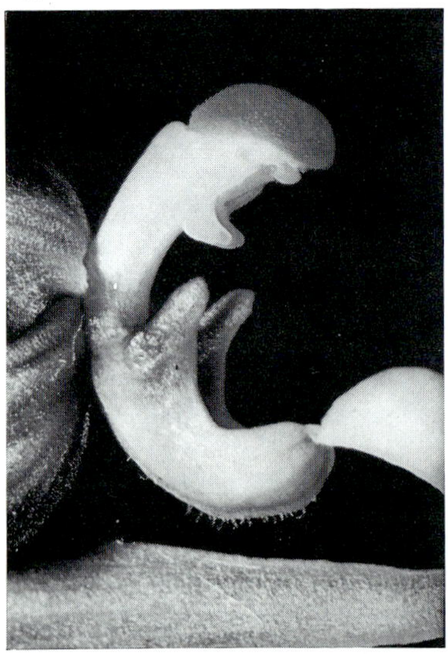

Spanien, Frankreich!, Irland, England, Skandinavien! (bis 70°), Deutschland!, Benelux, Alpenländer!, Norditalien!, Jugoslawien!, Nordgriechenland, Polen, Tschechoslowakei, Ungarn, Bulgarien, Rumänien, Rußland, Krim, Kaukasus, Persien, Mittelasien.

.1 ssp. atrorubens: Blätter dunkelgrün, meist rot überlaufen (wenigstens die unteren auf der Unterseite rot); Blütenfarbe dunkelrot (selten etwas heller gefärbt); Blüten nach Vanille duftend.

.1.1 var. *albiflora:* Blüten weiß.

.1.2 var. *borbasii:* mittlere Stengelblätter so lang wie $1^1/_2$ Stengelglieder, eiförmig bis eiförmig-lanzettlich. — Ungarisches Tiefland.

.2 ssp. parviflora: Blätter silbrig-graugrün, selten rötlich gefärbt; Blüten klein; Epichil kaum 3 mm lang, weiß bis rosa, seltener hellviolett.

Die Pflanze zeigt morphologische und ökologische Beziehungen zu *E. microphylla.* Ihr Areal ist wahrscheinlich von dem der Nominatrasse getrennt (vgl. NIESCHALK 1971 b).

Südöstliches Spanien.

Sumpfstendelwurz, Echte (Weiße) Sumpfwurz — Epipactis palustris 34.4

20–50 (60) cm; Rhizom mit Ausläufern; Blätter lanzettlich, zugespitzt, die mittleren bedeutend länger als die Stengelglieder; Blütenstand locker; Blüten abstehend Sepalen ausgebreitet, außen grünlichgrau, innen meist rot; Petalen weiß mit roten Streifen; Hypochil länglich, innen mit roten Streifen; Epichil weiß, gelenkig mit dem Hypochil verbunden und gegen dieses beweglich; allogam; 2n = 40 (44–48).

VI–VIII; Sumpfwiesen, Quell- und Flachmoore, meist gesellig; auf schwach sauren bis basischen Böden; vom Flachland bis 1600 m; pH 6,5–8,5 (12 M.).

Nordspanien, Frankreich!, Irland, England, südliches Skandinavien!, Deutschland!, Benelux!, Alpenländer!, Italien (bis zum südlichen Apennin)!, Jugoslawien!, Nordgriechenland, Nordtürkei (Pontus)!, Polen, Tschechoslowakei, Ungarn, Bulgarien, Rumänien, Rußland, Krim, Kaukasus — Persien, Mittelasien, Sibirien.

.0.1 var. *albiflora:* Blüten rein weiß.

Germerblättrige Stendelwurz, E. consimilis? — Epipactis veratrifolia 34.5

50–120 cm; Blätter breit bis schmal lanzettlich (nicht mit den Blättern des Germers *(Veratum)* vergleichbar!), bis 20 cm lang und 4 cm breit; untere Deckblätter doppelt so lang wie die Blüten, die oberen etwa so lang wie der Frkn.; Stengel, Fruchtknoten und die Außenseite der Sepalen dicht filzig behaart; Blütenstand sehr locker, mit 15–30 großen, intensiv gefärbten, abstehenden bis etwas abwärts geneigten Blüten; Sepalen und Petalen innen dunkel weinrot bis purpurbraun und grün gefärbt; Hypochil schmal, rinnig, aufwärts gebogen (bananenförmig), mit zwei aufwärts gerichteten Seitenlappen; Epichil spitz dreieckig, weiß mit rotem Quer-

Abb. 279: Cypripedium calceolus. Deutschland

Abb. 280: Cypripedium macranthum
(var. hofei)

band, in der Mitte eine tropfenförmige Schwiele, gelenkig mit dem Hypochil verbunden und gegen dieses beweglich (TAUBENHEIM und SUNDERMANN 1974); allogam; 2n = 40.

VI–VIII; quellige Hänge und feuchte Wiesen der Gebirge, etwa 500–2000 (?) m; wahrscheinlich kalkstet; wohl eine der seltensten Orchideen unseres Gebietes; pH 8,3 (1 M.).

Zypern, Osttürkei!, Libanon, Kaukasus. — Persien bis zum Himalaja, nördliches Afrika?

Frauenschuh — Cypripedium 35

Rhizom kurz oder kriechend, mit fleischigen Wurzeln; Stengel mit 2–4 eiförmigen bis breit lanzettlichen, am Rande (und auf den Nerven) bewimperten Blättern, deren Nerven deutlich hervortreten; mit 1–2 (sehr selten 3 oder 4) sehr großen Blüten; mittleres Sepalum aufrecht oder nach vorn geneigt, die beiden seitlichen miteinander verwachsen und abwärts gerichtet (das untere Sepalum ist meist an der Spitze, sehr selten fast bis zum Grunde gespalten); Petalen schmal, seitlich oder abwärts gerichtet; Lippe schuhförmig, eine nach oben geöffnete Kesselfalle bildend; zwei Staubblätter sind fertil, ein drittes bildet ein breites, schildförmiges Staminodium, das die Antheren und die dreilappige Narbe überdeckt.

Gelber Frauenschuh — Cypripedium calceolus 35.1

20–60 cm; Blätter 3–4 (5), am Stengel verteilt; Sepalen und Petalen dunkel braunrot; Lippe gelb, 3–4 cm lang; 2n = 20 (22).

V – Anfang VIII (im Hochgebirge); Laub- und Nadelwälder auf Kalk; von der Ebene bis fast 2000 m, in kühlen und schattigen Lagen. Trotz des großen Verbreitungsgebietes tritt die Pflanze nur sehr zerstreut auf, an vielen Wuchsorten wurde diese auffallend schöne Orchidee durch Nachstellungen ausgerottet; pH 7,3–7,9 (6 M.).

Frankreich, England, Skandinavien (bis 70°), Deutschland!, Alpenländer!, Norditalien, Jugoslawien, Nordgriechenland, Polen, Tschechoslowakei, Ungarn, Bulgarien, Rumänien, Rußland, Kaukasus. — Sibirien, Nordostasien.

.0.1 var. *flavum:* Sepalen und Petalen gelb oder gelblichgrün.

Großblütiger Frauenschuh — Cypripedium macranthum 35.2

20–45 cm; 3–4 Blätter am Stengel verteilt; Sepalen und Petalen hellrosa bis purpurn; Lippe rosa bis rot, mit weiß umrandeter Öffnung, 4,5–6 cm lang; 2n = 20.

VI–VII; Waldwiesen, Birkenwälder, häufig zusammen mit der folgenden Art.

Mittleres Rußland, von Moskau an ostwärts über Sibirien bis Korea und Japan.

35.3 Cypripedium guttatum — Gesprenkelter Frauenschuh

15–30 cm; Rhizom lang kriechend; 2 Blätter, in der Mitte des Stengels einander genähert; Blüten weiß, Lippe und Petalen mit großen purpurnen Punkten („Tropfen"); 2n = 20.

V–VI; Birkenwälder, Nadel- und Mischwälder, feuchte Wiesen.

Mittleres Rußland, von Weißrußland (Mohilew) an ostwärts über Sibirien bis Japan, nördliches Nordamerika.

.0.1 var. *redowskii:* Blüten weiß, Schuh verlängert.

VII. Bastarde

1. Allgemeine Gesichtspunkte

Die Orchideen sind als stammesgeschichtliche junge Familie (vgl. Seite 26) in besonderem Maße für Bastardierungen „zugänglich“. Viele Arten – in einigen Fällen auch Gattungen – stehen einander in ihrem Erbgut noch so nahe, daß natürliche oder künstliche Kreuzbestäubungen zur Ausbildung keimungsfähiger Samen und damit zur Entstehung von Hybriden führen. Bastarde zwischen verschiedenen A r t e n sind jedoch i. d. R. unfruchtbar. Sie können zwar entstehen, sich aber nicht fortpflanzen, d. h. nur in seltenen Fällen entwicklungsfähige Samen ausbilden.

Das Auftreten von hybridogenen Formenschwärmen, deren Individuen fortpflanzungsfähig sind, stellt den Artrang der an ihrer Entstehung beteiligten Sippen infrage (vgl. Seite 27). Das Vorkommen oder Fehlen natürlicher Kreuzungen zwischen verschiedenen Gattungen oder Arten sind ein gutes Kriterium zur Beurteilung ihrer verwandtschaftlichen Beziehungen. Dabei muß allerdings berücksichtigt werden, daß bei künstlich erzeugten Bastarden die in der Natur möglicherweise erreichte sexualbiologische Barriere nicht sichtbar wird.

Manche Autoren (z. B. DANESCH 1971, 1972, 1976) vertreten die Auffassung, daß Hybridisierung ein wesentlicher Faktor für die Artbildung sei oder prinzipiell zur Entstehung neuer Arten führen würde (vgl. dazu Kapitel III, 4). Ich neige mehr zu der Ansicht, daß das Auftreten von Hybridschwärmen zwischen nahe verwandten Sippen (Arten?) ein Zeichen für unvollständige Isolation ist und eher als evolutorischer Rückschritt, nicht aber als Fortschritt gedeutet werden kann. Die Entstehung neuer Arten durch Bastardierung ist zumindest an die Voraussetzung gebunden, daß gleichzeitig ein Isolationsmechanismus wirksam ist (STEBBINS 1968, SUNDERMANN 1972 b, 1976).

Als Bastarde werden hier nur solche Pflanzen aufgefaßt, die Produkte von Kreuzungen zwischen Angehörigen verschiedener Arten oder Gattungen sind und die nur in einzelnen oder doch wenigen Exemplaren auftreten und von denen angenommen wird, daß sie i. d. R. unfruchtbar sind. Dabei ist zwischen zwei Kategorien zu unterscheiden:

a) I n f r a g e n e r i s c h e H y b r i d e n (Artbastarde), Kreuzungen zwischen verschiedenen Arten, also unterhalb der Gattungsebene. Sie sind zwar meist unfruchtbar, jedoch kann ihre Fortpflanzungsfähigkeit nicht grundsätzlich ausgeschlossen werden.

b) I n t e r g e n e r i s c h e (bigenerische) H y b r i d e n (Gattungsbastarde), Kreuzungen zwischen Arten verschiedener Gattungen. Sie sind bedeutend seltener als Artbastarde.

Die Möglichkeit der Hybridisierung zwischen Arten verschiedener Gattungen stellt unter Beweis, daß in denjenigen Fällen, wo solche Kreuzungen mit Sicherheit nachweisbar sind, der evolutorische Abstand nur gering sein kann. Bei allen pflanzlichen und tierischen Organismen kommt es bei „Fremdbefruchtung" nur dann zur Entwicklung lebensfähiger – wenn auch meist unfruchtbarer – Nachkommen, wenn die unterschiedlichen genetischen Informationen integrierbar sind. Das relativ häufige Auftreten von Bastarden zwischen *Orchis* und *Aceras* läßt darauf schließen, daß die zur Abgrenzung der Taxa herangezogenen morphologischen Kriterien oft von untergeordneter Bedeutung sind (vgl. S. 27). Bei Bastarden zwischen den in der Fachliteratur fast stets getrennten Gattungen *Gymnadenia* und *Nigritella* tritt stellenweise ein breites Spektrum von Übergangsformen auf. Die Existenz zahlreicher Bastarde zwischen diesen beiden Taxa veranlaßte WETTSTEIN (1889), beide zu einer Gattung zu vereinigen. Auch SCHULZE (1894) folgte dieser Auffassung. Die in Kapitel III, 4 dargelegten Grundsätze erfordern es, die Vereinigung von *Gymnadenia* und *Nigritella* erneut vorzuschlagen.

Kreuzbestäubungen werden oft dadurch verhindert, daß auf dem Wege über artspezifische Bestäuber Paarungsschranken errichtet sind. Dieses Beispiel wird uns besonders deutlich bei der Gattung *Ophrys* demonstriert, wo der von den Blüten produzierte Lockstoff (vgl. Seite 83) oft ausschließlich Männchen einer bestimmten Insektenart anspricht, die auf Blüten anderer Arten dieser Gattung nicht reagieren. Auch das Haarmuster der Blüte spielt eine bedeutende Rolle (KULLENBERG 1961). Dennoch kommen gelegentlich bei den Insekten „Irrtümer" vor, was zur Entstehung einzelner Bastarde führt. Falls solche Bastarde fruchtbar sind, können sich auch Mischpopulationen entwickeln (vgl. oben). „Arten" sind dadurch ausgezeichnet, daß sie gegenüber verwandten Sippen gut funktionierende Paarungsschranken entwickelt haben – was auch durch Selbstbestäubung geschehen kann – oder daß die durch Hybridisierung entstandenen Nachkommen steri! sind.

Die Beurteilung von Bastarden schließt oft erhebliche Unsicherheiten ein. Zwar ist einer der Kreuzungspartner meist deutlich erkennbar, während der zweite in vielen Fällen nur vermutet werden kann. Selbst die Tatsache, daß beide vermuteten Eltern in der Nähe der fraglichen Pflanze wachsen, ist kein sicherer Beweis, weil die Samen über große Entfernungen verweht werden können. Besonders kritisch sind solche Auslegungen zu beurteilen, die die Beteiligung bestimmter Unterarten an den jeweiligen Kreuzungen festlegen. So läßt sich z. B. im Falle von *Dactylorhiza maculata* nicht aussagen, ob die ssp. *maculata* oder die ssp. *fuchsii* einer der Eltern ist, weil viele Pflanzen, die nach ihren morphologischen Kriterien zu *fuchsii* gehören müßten, einen tetraploiden Chromosomensatz (2n =80) besitzen, demnach also zu *maculata* gehören.

Bei vielen Bastarden, die von Eltern gleicher Arten abstammen, werden sehr unterschiedliche Blütenformen und -farben ausgebildet. Dadurch sind mehrfach artgleiche Kreuzungen unter verschiedenen Namen beschrieben worden. Die vielen Namen, die den gleichen Tatbestand belegen, belasten die Taxonomie sehr erheblich und stempeln die Literatur über Bastarde zu einem besonders unerfreulichen Kapitel.

Das trifft besonders für diejenigen Fälle zu, wo die Hybriden nicht irrtümlich mehrfach beschrieben, sondern ganz bewußt eine Produktion neuer Namen angestrebt wurde, indem für jede abweichende Form innerhalb einer Art, die sich an der Entstehung eines Bastardes beteiligt haben soll, eine Neubeschreibung mit Namensgebung erfolgte. Das geht so weit, daß für Kreuzungen i n n e r h a l b einer Art Hybridkombinationen erfunden werden. Solche Beschreibungen dienen wohl eher der Leidenschaft des Sammelns als der Klärung von Zusammenhängen, die der Forschung von Nutzen sein könnten.

In der folgenden Liste sind nur solche Hybriden aufgeführt, die im Sinne der eingangs gegebenen Definitionen als „echte“ Artbastarde aufgefaßt werden können. Dabei wird derjenige Name eingesetzt, der für die betreffende Kombination zuerst gebraucht wurde. Die Nennung der Synonyme würde die Liste um ein Vielfaches verlängern. Die Beteiligung mehrerer Unterarten an der jeweiligen Kreuzung ist i. d. R. in einer abgesetzten Zeile in Klammern am Schluß angegeben. Diejenige Unterart, auf die sich der Name der Kombination bezieht, ist – sofern erforderlich – bei der Nennung der Eltern in Klammern hinzugefügt. Die sogenannten Tripelbastarde, bei denen drei Elternteile an der Kreuzung beteiligt sein sollen, wurden aus den oben genannten Gründen nicht berücksichtigt. Solche Bastarde, die bisher nur durch künstliche Bestäubung erzeugt werden konnten, werden als Artefakte bezeichnet und sind durch artef. (= artefactum) gekennzeichnet. In einigen Fällen ist kein Bastardname angegeben, wenn die Beschreibung oder Erwähnung in der Literatur nicht mit einer Benennung verbunden war. Falls eine Veröffentlichung des Fundes bisher nicht erfolgte, ist der Finder (leg.) angegeben, der dem Archiv des Fuhlrott-Museums in Wuppertal einen photographischen Beleg der jeweiligen Kombination zur Verfügung stellte.

Die Bastarde sind nach dem Zahlensystem geordnet, und zwar so, daß sie unter derjenigen Art bzw. Gattung aufgeführt sind, die d i e n i e d r i g s t e S y s t e m n u m m e r hat. Jede Kombination tritt in der Liste nur einmal auf. Bei den Artbastarden sind die Gattungen in systematischer Folge getrennt angegeben, die Kombinationen sind dann nur durch die Artnummern gekennzeichnet. Die Gattungsbastarde sind fortlaufend unter Verwendung der Gattungs- und Artnummern aufgezählt. Durch die Anordnung nach Systemnummern wird eine rasche Orientierung über die bisher bekanntgewordenen Art- und Gattungshybriden möglich.

Die folgenden Listen sind vorwiegend aus Literaturangaben zusammengestellt. Sie enthalten zweifellos eine ganze Reihe von Fehldiagnosen. Manche Angaben sind nur unzureichend belegt, oder die Beschreibungen sind unzulänglich. In denjenigen Fällen, wo berechtigte Zweifel bestehen, wurde ein ? gesetzt. Außerdem kann diese Liste keinen Anspruch auf Vollständigkeit erheben, weil es kaum möglich erscheint, die weit gestreute Literatur über Bastarde lückenlos zu erfassen. Eine ausführliche Zusammenstellung über die Hybriden der in Deutschland verbreiteten Orchideen gibt P E I T Z (1972).

Die Benennung der Bastarde erfolgt nach den Nomenklaturregeln. Sie sind durch eine Formel *(Ophrys speculum × O. tenthredinifera)* gekennzeichnet oder „wenn es nützlich oder notwendig erscheint“ (Intern. Code of Bot. Nomencl.) mit einem Namen belegt. Der Name wird wie ein Artname behandelt, ist aber durch ein vorangestelltes Multiplikationszeichen als Bastard auszuweisen (z. B. *Ophrys × heraultii* Keller).

Bei intergenerischen Hybriden wird ein „Gattungsname“ gebildet, der aus den beiden Namen der Elterngattungen zusammengesetzt ist (z. B. × *Orchiaceras* für *Orchis* × *Aceras*, × *Dactylocamptis* für *Dactylorhiza* × *Anacamptis*). Die Kennzeichnung als Bastardname hat ebenfalls durch ein vorangestelltes × zu erfolgen.

Abkürzungen:
artef. = artefactum = künstlich erzeugt, siehe oben. NH = Naturhybride (ist i. d. R. der Fall, falls nichts anderes angegeben wird).

Abb. 281 : Bestäubung von Ophrys speculum durch 3 Männchen von Campsoscolia ciliata (Feldexperiment !)

Abb. 282 : Ophrys bombyliflora x O. speculum

Abb. 283 : Ophrys bombyliflora x O. kotschyi ssp. cretica

2. Infragenerische Hybriden (Artbastarde)

1. Ophrys

1/2 *O. bombyliflora* × *O. speculum*
= *O.* × *fernandi* Rolfe 1918 (artef.), NH Renk 1975

1/5 *O. bombyliflora* × *O. lutea (murbeckii)* = *O.* × *domitia* Del Prete 1978

1/6 *O. bombyliflora* × *O. sphegodes (arachnitiformis)*
= *O.* × *semibombyliflora* Bergon et Cam. 1908
(sphegodes, atrata)

1/7 *O. bombyliflora* × *O. ferrum-equinum* Demut 1978

1/8 *O. bombyliflora* × *O. bertolonii* = *O.* × *cataldi* Gölz 1971

1/9 *O. bombyliflora* × *O. tenthredinifera* = *O.* × *sommieri* Cam. ap. Cortesi 1904

1/10a *O. bombyliflora* × *O. fuciflora (scolopax)* = *O.* × *olbiensis* Cam. 1908
(apulica, oxyrrhynchos, fuciflora, cornuta)

1/10b *O. bombyliflora* × *O. carmeli (attica)* Graf 1977

1/16 *O. bombyliflora* × *O. kotschyi (cretica)*
= *O.* × *kastelli* Klein 1976/78 nom. illegit.

2/4 *O. speculum* × *O. fusca (fusca)* = *O.* × *eliasii* Sennen ap. Cam. 1929

2/5 *O. speculum* × *O. lutea* = *O.* × *chobautii* Keller 1930/40 (artef.)

2/6 *O. speculum* × *O. sphegodes (sphegodes)* = *O.* × *macchiatii* Cam. 1908
(lunulata, atrata, arachnitiformis, mammosa)

2/7 *O. speculum* × *O. ferrum-equinum* Waldmann 1971

2/8 *O. speculum* × *O. bertolonii* = *O.* × *emmae* Keller ex Wettstein 1970

2/9 *O. speculum* × *O. tenthredinifera* = *O.* × *heraultii* Keller ex Schenk 1971

2/10 *O. speculum* × *O. fuciflora (scolopax)*
= *O.* × *kelleriella* Denis ap. Keller 1930/40 nom. nud. (artef.)

2/12 *O. speculum* × *O. apifera* (Bouchard 1937) (artef.)

2/13 *O. speculum* × *O. argolica* = *O.* × *rasbachii* Eberle 1966

3/6 *O. insectifera* × *O. sphegodes (sphegodes)*
= *O.* × *hybrida* Pokorny ap. Rchb. f. 1851
(litigiosa)

3/10 *O. insectifera* × *O. fuciflora (fuciflora)* = *O.* × *devenensis* Rchb. f. 1851
(scolopax)

3/12 *O. insectifera* × *O. apifera*
= *O.* × *pietzschii* Kümpel 1971 (artef.), NH Willis 1969/1980

4/5 *O. fusca (fusca?)* × *O. lutea* = *O.* × *subfusca* (Rchb. f.) Hausskn. 1899
(atlantica?)

4/6 *O. fusca (fusca)* × *O. sphegodes (sphegodes)*
= *O.* × *pseudofusca* Albert et Cam. 1919
(atrata, arachnitiformis, provincialis, garganica, mammosa)

4/8 *O. fusca (fusca)* × *O. bertolonii* = *O.* × *spuria* Keller ex Reinhard 1970

4/9 *O. fusca (iricolor)* × *O. tenthredinifera* = *O.* × *lievreae* Maire 1921
(fusca)

4/10 *O. fusca (fusca)* × *O. fuciflora (scolopax)*
= *O.* × *enigmatodes* Keller 1930/40 (artef.)

5/6 *O. lutea* × *O. sphegodes (sphegodes)* = *O.* × *quadriloba* Cam. 1908

5/7 *O. lutea* × *O. ferrum-equinum (gottfriediana)* Renz 1928

Abb. 285 : Ophrys insectifera x O. apifera

Abb. 284 : Ophrys speculum x O. sphegodes ssp. mammosa

Abb. 286 : Ophrys lutea x O. bertolonii

Abb. 287 : Ophrys sphegodes x O. kotschyi ssp. cretica

5/8 *O. lutea* × *O. bertolonii*
= *O.* × *opaca* Keller 1930/40 (artef.), NH Gölz et Reinh. 1976
5/9 *O. lutea* × *O. tenthredinifera* = *O.* × *personei* Cortesi 1915
6/7 *O. sphegodes (mammosa)* × *O. ferrum-equinum* = *O.* × *rechingeri* Soó 1925
(aesculapii)
6/8 *O. sphegodes (sphegodes)* × *O. bertolonii* = *O.* × *saratoi* Cam. 1893
(lunulata, atrata, arachnitiformis, litigiosa)
6/9 *O. sphegodes (sphegodes)* × *O. tenthredinifera* = *O.* × *grampini* Cortesi 1904
(atrata, garganica, arachnitiformis, litigiosa, sipontensis, lunulata)
6/10 *O. sphegodes (sphegodes)* × *O. fuciflora (fuciflora)*
= *O.* × *aschersonii* Nanteuil 1887
Fast alle Sippen von *O. sphegodes* sind an Kreuzungen mit verschiedenen Unterarten von *O. fuciflora* beteiligt (vgl. DANESCH 1972)
6/12 *O. sphegodes (sphegodes)* × *O. apifera* = *O.* × *flahaultii* D'Abzac 1895
6/13 *O. sphegodes (aesculapii)* × *O. argolica (argolica)*
= *O.* × *epidavrensis* Eberle 1966
(spruneri, mammosa)
6/16 *O. sphegodes (sphegodes)* × *O. kotschyi (cretica)* Baumann 1972
(mammosa, spruneri)
7/9 *O. ferrum-equinum* × *O. tenthredinifera*
= *O.* × *zeidleri* Hermjakob (nicht publiziert)
7/10 *O. ferrum-equinum* × *O. fuciflora (cornuta)*
= *O.* × *petri* Hermjakob (nicht publiziert)
7/15 *O. ferrum-equinum* × *O. kotschyi (cretica)*
= *O.* × *kalopissi* Hermjakob (nicht publiziert)
8/9 *O. bertolonii* × *O. tenthredinifera* = *O.* × *kallista* Keller 1930/40
8/10 *O. bertolonii* × *O. fuciflora (scolopax)*
= *O.* × *neo-ruppertii* Cam. ap. Ruppert 1926
(fuciflora, exaltata, apulica)
8/12 *O. bertolonii* × *O. apifera* Harbeck (unveröffentlicht, artef.), NH Basler 1976
9/10 *O. tenthredinifera* × *O. fuciflora (apiformis)* = *O.* × *peltieri* Maire 1924
(fuciflora, apulica, exaltata, oxyrrhynchos, scolopax, cornuta)
9/13 *O. tenthredinifera* × *O. argolica* Waldmann 1971
10a/10b *O. fuciflora (cornuta)* × *O. carmeli (attica)* Krey u. M. 1980
(fuciflora)
10a/12 *O. fuciflora (fuciflora)* × *O. apifera* = *O.* × *albertiana* Cam. 1891
(cornuta)
10a/13 *O. fuciflora (cornuta)* × *O. argolica* = *O.* × *delphinensis* Danesch 1972
10a/16 *O. fuciflora (cornuta)* × *O. kotschyi (cretica)* = *O.* × *regis-minois* Halx 1972
(scolopax)
10b/14 *O. carmeli (attica)* × *O. reinholdii* = *O.* × *rhodi* Frey et Keller 1930/40
10b/15 *O. carmeli (attica)* × *O. kotschyi (kotschyi)* **(?)** Sundermann 1969
13/14 *O. argolica* × *O. reinholdii* Krey u. M. 1980
Nachtrag: 3/5 *O. insectifera* × *O. lutea* (Loos 1980)

2. Serapias

1a/1b *S. cordigera (cordigera)* × *S. parviflora* = *S.* × *ranei* Cam. 1908
(vomeracea)

Abb. 288 : Ophrys bertolonii x O. apifera

Abb. 289 : Ophrys fuciflora x O. apifera

Abb. 290 : Orchis coriophora x O. morio

Abb. 291 : Orchis longicornu x O. papilionacea

1a/2 *S. cordigera (vomeracea)* × *S. lingua*
= *S.* × *intermedia* De Forest ap. Schultz 1853
(cordigera, neglecta)
1b/2 *S. parviflora* × *S. lingua* = *S.* × *semilingua* Cam. 1908

7. Orchis

1/2 *O. coriophora (fragrans)* × *O. sancta* = *O.* × *kallitheae* Klein 1973
1/3 *O. coriophora* × *O. ustulata* = *O.* × *franzonii* Schulze ap. A. et Gr. 1907
1/4 *O. coriophora* × *O. tridentata* = *O.* × *tremezzinae* Keller 1930/40
1/7 *O. coriophora* × *O. purpurea* = *O.* × *celtiberica* Pau 1921
1/11 *O. coriophora* × *O. morio* = *O.* × *olida* Breb. 1936
1/25 *O. coriophora (fragrans?)* × *O. laxiflora (laxiflora)*
= *O.* × *parvifolia* Chaub. 1821
(palustris)
3/4 *O. ustulata* × *O. tridentata* = *O.* × *dietrichiana* Bogenh. 1850
3/8 *O. ustulata* × *militaris* **(?)** Füller 1962
3/9 *O. ustulata* × *O. simia* = *O.* × *doellii* Zimmerm. 1916
3/11 *O. ustulata* × *O. morio* = *O. christii* Keller 1930/40
4/5 *O. tridentata* × *O. galilaea* Mouterde 1966
4/7 *O. tridentata* × *O. purpurea* = *O.* × *fuchsii* Schulze 1916
4/8 *O. tridentata* × *O. militaris* = *O.* × *canuti* Richt. 1890
4/10 *O. tridentata* × *O. italica* = *O.* × *diversifolia* Gaudagno 1923
4/11 *O. tridentata* × *O. morio* = *O.* × *huteri* Schulze 1902
4/21 *O. tridentata* × *O. mascula* = *O.* × *untchjii* Schulze ap. A. et Gr. 1907
6/7 *O. punctulata* × *O. purpurea* = *O.* × *wulffiana* Soó 1940/40
6/9 *O. punctulata (stevenii)* × *O. simia* = *O.* × *golestanica* Renz 1978
7/8 *O. purpurea* × *O. militaris* = *O.* × *hybrida* Boenningh. 1830
7/9 *O. purpurea* × *O. simia* = *O.* × *angusticruris* Franch. ap. Humicki 1876
7/11 *O. purpurea* × *O. morio* = *O.* × *perretii* Richt. 1890
7/21 *O. purpurea* × *O. mascula* = *O. wilmsii* Richt. 1890
8/9 *O. militaris* × *O. simia* = *O.* × *beyrichii* Kern. 1865
8/11 *O. militaris* × *O. morio (picta)* = *O.* × *ladurneri* Murr 1905
8/25 *O. militaris* × *O. laxiflora (palustris)* = *O.* × *bouneriana* Cam. 1890
9/10 *O. simia* × *O. italica* leg. Baumann u. Halx 1971
11/12 *O. morio* × *O. longicornu* = *O.* × *cortesii* Cam. 1921
(champagneuxii, picta)
11/13 *O. morio* × *O. papilionacea* = *O.* × *gennarii* Rchb. fil. 1851
11/14 *O. morio (picta)* × *O. collina* = *O.* × *semisaccata* Cam. 1908
11/19 *O. morio (picta)* × *O. quadripunctata* = *O.* × *adriatica* Soó 1930/40
11/21 *O. morio* × *O. mascula* = *O.* × *vilmsii* Cam. 1892 [*O.* × *morioides* Brand]
11/25 *O. morio* × *O. laxiflora (laxiflora)* = *O.* × *alata* Fleury 1819
(palustris)
12/13 *O. longicornu* × *O. papilionacea* = *O.* × *bornemannii* Asch. 1865
13/14 *O. papilionacea* × *O. collina* leg. Paterny 1973
13/18 *O. papilionacea* × *O. boryi* = *O.* × *lasithica* Renz 1930
13/21 *O. papilionacea* × *O. mascula* = *O.* × *peltieri* Keller 1930/40
13/23 *O. papilionacea* × *O. provincialis* = *O.* × *neo-gennarii* Cam. 1908

Abb. 292 : Orchis patens x O. spitzelii

Abb. 293 : Orchis quadripunctata x O. provincialis

Abb. 294 : Dactylorhiza sambucina x D. maculata

Abb. 295 : Serapias cordigera ssp. vomeracea x Orchis coriophora

13/25	*O. papilionacea* × *O. laxiflora* = *O.* × *caccabaria* Verguin 1907
15/16	*O. patens* × *O. spitzelii* Teschner 1974
15/20	*O. patens* × *O. anatolica* **(?)** Mouterde 1966 (*nitidifolia:* Kellenberger 1978)
15/21	*O. patens* × *O. mascula* = *O.* × *ligustica* Ruppert
15/23	*O. patens* × *O. provincialis* = *O.* × *subpatens* Cam. [*O.* × *fallax* de Notaris]
16/21	*O. spitzelii* × *O. mascula (mascula)* = *O.* × *petterssonii* Keller ex Pettersson 1947 *(olbiensis, laxifloraeformis)*
18/20	*O. boryi* × *O. anatolica* leg. Sundermann 1965
19/23	*O. quadripunctata* × *O. provincialis* = *O.* × *bueelii* Wildhaber 1970
19/24	*O. quadripunctata* × *O. pauciflora* = *O.* × *pseudoanatolica* Fleischm. 1914
20/24	*O. anatolica* × *O. pauciflora* = *O.* × *thriftiensis* Renz 1932
21/22	*O. mascula (mascula)* × *O. pallens* = *O.* × *loreziana* Bruegg. 1874 *(signifera)*
21/23	*O. mascula* × *O. provincialis* = *O.* × *penzigiana* Cam. 1929
21/24	*O. mascula* × *O. pauciflora* = *O.* × *colemannii* Cortesi 1907
21/25	*O. mascula* × *O. laxiflora (palustris)* = *O.* × *dolocheilos* Maus 1892
22/23	*O. pallens* × *O. provincialis* = *O.* × *plessidiaca* Renz 1927
23/24	*O. provincialis* × *O. pauciflora* Ruppert 1933

12. D a c t y l o r h i z a

Da bei *D. incarnata, majalis* und *maculata* grundsätzlich alle Unterarten, sofern sie am gleichen Standort vorkommen, an der Bastardierung beteiligt sein können, werden sie nicht gesondert aufgeführt.

1/2	*D. iberica* × *D. sambucina (pseudosambucina)* Klinge 1898
1/3	*D. iberica* × *D. incarnata (cilicica)* Klinge 1898
1/5	*D. iberica* × *D. maculata (lancibracteata* bzw. *triphylla)* Klinge 1898
2/4	*D. sambucina (sambucina)* × *D. majalis* = *D.* × *ruppertii* (Schulze 1899) Borsos et Soó 1960
2/5	*D. sambucina (sambucina)* × *D. maculata* = *D.* × *altobracensis* (Coste 1897) Soó 1960 *(pseudosambucina)*
3/4	*D. incarnata* × *D. majalis* = *D.* × *aschersoniana* (Hauskn. 1884) Borsos et Soó 1960
3/5	*D. incarnata* × *D. maculata* = *D.* × *ambigua* (Kern. 1865)
4/5	*D. majalis* × *D. maculata (fuchsii ?)* = *D.* × *braunii* (Hal. 1881) Borsos et Soó 1960

13. G y m n a d e n i a

1/2	*G. conopsea* × *G. odoratissima* = *G.* × *intermedia* Peterm. 1841
1/3	*G. conopsea* × *G. nigra* = *G.* (= *Gymnigritella* Cam. 1892) × *suaveolens* Wettstein 1889
2/3	*G. odoratissima* × *G. nigra* = *G.* × *heufleri* Wettstein 1889

Abb. 296: Aceras anthropophorum x Orchis italica

Abb. 297: Serapias cordigera ssp. vomeracea x Orchis papilionacea

Abb. 298: Aceras anthropophorum x Orchis militaris

Abb. 299: Dactylorhiza incarnata ssp. cruenta x Gymnadenia conopsea

14. P l a t a n t h e r a

1/2 *P. biofolia* × *P. chlorantha* = *P.* × *hybrida* Bruegg. 1882

15. P s e u d o r c h i s

1/2 *P. albida* × *P. frivaldii* = *P. (Leucorchis) vitosana* Baumann 1978

27. S p i r a n t h e s

1/2 *S. spiralis* × *S. aestivalis* = *S.* × *zahlbruckneri* Fleischm. 1910

33. C e p h a l a n t h e r a

1/2 *C. damasonium* × *C. longifolia* = *C.* × *schulzei* Cam. et Ber. 1908
1/4 *C. damasonium* × *C. rubra* = *C.* × *mayeri* (Zimm.) Cam. 1929
2/3 *C. longifolia* × *C. cucullata* = *C.* × *schaberi* Baumann 1980
2/4 *C. longifolia* × *C. rubra* = *C.* × *otto-hechtii* Keller 1930

34. E p i p a c t i s

1/2 *E. helleborine* × *E. microphylla* = *E.* × *barlae* Cam. 1929
1/3 *E. helleborine* × *E. atrorubens* = *E.* × *schmalhausenii* Richt. 1890
2/3 *E. microphylla* × *E. atrorubens* = *E.* × *graberi* Cam. 1929
3/4 *E. atrorubens* × *E. palustris* = *E.* × *pupplingensis* Bell 1969

35. C y p r i p e d i u m

1/2 *C. calceolus* × *C. macranthum* = *C.* × *barbeyi* Cam. et Berg. 1908

3. Intergenerische Hybriden (Gattungsbastarde)

Die Kreuzungen sind nach dem gleichen System wie die Artbastarde unter Einschluß der jeweiligen Gattungsnummern in fortlaufender Folge (ohne Gattungsüberschriften) aufgeführt.

1.6 / 2.2 *Ophrys sphegodes (mammosa)* × *Serapias lingua* **(?)** Nelson 1962
2.1 / 7.1 *Serapias cordigera (vomeracea)* × *Orchis coriophora (fragrans)*
= × *Orchiserapias tommasinii* (Kern.) Cam. 1908
2.1 / 7.11 *Serapias cordigera (vomeracea)* × *Orchis morio*
= × *Orchiserapias fontanae* (Rigo et Gior.) Cam. et Berg. 1908
(neglecta, champagneuxii)
2.1 / 7.13 *Serapias cordigera (cordigera)* × *Orchis papilionacea*
= × *Orchiserapias debauxii* Cam. 1891/93
(vomeracea, neglecta)

Abb. 300: Dactylorhiza majalis ssp. cordigera x Pseudorchis frivaldii?

Abb. 301: Dactylorhiza maculata (ssp. fuchsii?) x Pseudorchis albida

Abb. 302: Dactylorhiza maculata x Coeloglossum viride

2.1 / 7.25 *Serapias cordigera (vomeracea)* × *Orchis laxiflora*
= × *Orchiserapias purpurea* Cam. 1891/93
(neglecta, cordigera)
2.2 / 3.1 *Serapias lingua* × *Anacamptis pyramidalis*
= × *Serapicamptis forbesii* Godf. 1921
2.2 / 2.7 *Serapias lingua* × *Orchis purpurea*
= × *Orchiserapias duffortii* Cam. 1908
2.2 / 7.11 *Serapias lingua* × *Orchis morio*
= × *Orchiserapias capitata* Cam. 1891/93
2.2 / 7.13 *Serapias lingua* × *Orchis papilionacea*
= × *Orchiserapias barlae* Cam. 1891/93
2.2 / 7.25 *Serapias lingua* × *Orchis laxiflora*
= × *Orchiserapias complicata* Cam. 1891/92
3.1 / 7.1 *Anacamptis pyramidalis* × *Orchis coriophora (fragrans)*
= × *Anacamptorchis simorrensis* Cam. et Berg. 1908
3.1 / 7.3 *Anacamptis pyramidalis* × *Orchis ustulata*
= × *Anacamptorchis fallax* Cam. 1892
3.1 / 7.11 *Anacamptis pyramidalis* × *Orchis morio*
= × *Anacamptorchis laniccae* Br.-Blanquet 1921
3.1 / 7.25 *Anacamptis pyramidalis* × *Orchis laxiflora (laxiflora)*
= × *Anacamptorchis klingei* Fournier 1927
(palustris)
3.1 /12.5 *Anacamptis pyramidalis* × *Dactylorhiza maculata*
= × *Dactylocamptis weberi* (Schulze) Soó 1966
3.1 /14.1 *Anacamptis pyramidalis* × *Gymnadenia conopsea*
= × *Gymnanacamptis anacamptis* (Wilms) A. et Gr. 1907
3.1 /14.2 *Anacamptis pyramidalis* × *Gymnadenia odoratissima*
= × *Gymnanacamptis odoratissima* Wildhaber 1966
3.1 /17.1 *Anacamptis pyramidalis* × *Platanthera bifolia*
= × *Anacamptiplatanthera payotii* Fournier 1927
4.1 / 7.9 *Himantoglossum hircinum* × *Orchis simia* **(?)**
= × *Orchimantoglossum lacazei* A. et Gr. 1907
5.1 / 6.1 *Barlia robertiana* × *Aceras anthropophorum* **(?)**
= × *Barlaceras terraccianoi* Cam. 1924
6.1 / 7.1 *Aceras anthropophorum* × *Orchis coriophora* Keller 1930/40
6.1 / 7.7 *Aceras anthropophorum* × *Orchis purpurea*
= × *Orchiaceras melsheimeri* Rouy 1912
6.1 / 7.8 *Aceras anthropophorum* × *Orchis militaris*
= × *Orchiaceras spurium* (Rchb. f.) Cam. 1892
6.1 / 7.9 *Aceras anthropophorum* × *Orchis simia*
= × *Orchiaceras bergonii* (De Nant.) Cam. 1892
6.1 / 7.10 *Aceras anthropophorum* × *Orchis italica*
= × *Orchiaceras bivonae* Soó 1940
6.1 /12.4 *Aceras anthropophorum* × *Dactylorhiza majalis* **(?)**
= × *Dactyloaceras helveticum* Garay et Sweet 1969
6.1 /19.1 *Aceras anthropophorum* × *Herminium monorchis* **(?)**
= × *Aceraherminium* (Gremli) Cam. 1929

7.1 /12.2 *Orchis coriophora (fragrans)* × *Dactylorhiza sambucina (sambucina)*
= × *Orchidactyla carpetana* (Willk.) Borsos et Soó 1966
7.1 /12.3 *Orchis coriophora* × *Dactylorhiza incarnata*
= × *Orchidactyla drudei* (Schulze) Borsos et Soó 1966
7.1 /12.4 *Orchis coriophora* × *Dactylorhiza majalis*
= × *Orchidactyla schulzei* (Hauskn.) Borsos et Soó 1966
7.7 /12.4 *Orchis purpurea* × *Dactylorhiza majalis*
= × *Orchidactyla guestphalica* (Richt.) Borsos et Soó 1966
7.8 /12.3 *Orchis militaris* × *Dactylorhiza incarnata*
= × *Orchidactyla jeanpertii* (Cam. et Luiz.) Borsos et Soó 1966
7.11/12.2 *Orchis morio* × *Dactylorhiza sambucina (sambucina)*
= × *Orchidactyla luciae* (Royer) Borsos et Soó 1966
7.11/12.3 *Orchis morio* × *Dactylorhiza incarnata*
= × *Orchidactyla arbostii* (Cam.) Borsos et Soó 1966
7.11/12.4 *Orchis morio* × *Dactylorhiza majalis*
= × *Orchidactyla boudieri* (Cam.) Borsos et Soó 1966
7.11/12.5 *Orchis morio* × *Dactylorhiza maculata*
= × *Orchidactyla timbaliana* (Cam.) Borsos et Soó 1966
7.11/14.1 *Orchis morio* × *Gymnadenia conopsea*
= × *Orchigymnadenia reserata* (Pau) Soó 1935
7.21/12.2 *Orchis mascula (signifera)* × *Dactylorhiza sambucina (sambucina)*
= × *Orchidactyla speciosissima* (Wettst. et Sennh.) Borsos et Soó 1966
7.21/12.4 *Orchis mascula* × *Dactylorhiza majalis* Mayer 1928
7.21/12.5 *Orchis mascula (signifera)* × *Dactylorhiza maculata*
= × *Orchidactyla pentecostalis* (Wettst. et Sennh.) Borsos et Soó 1966
(mascula)
7.21/14.1 *Orchis mascula* × *Gymnadenia conopsea*
= × *Orchigymnadenia belezei* Fournier 1927
7.22/12.2 *Orchis pallens* × *Dactylorhiza sambucina (sambucina)*
= × *Orchidactyla chenevardii* (Schulze) Borsos et Soó 1966

7.22/17.2 *Orchis pallens* × *Platanthera chlorantha*
= × *Orchiplatanthera andreasii* Kümpel 1973
7.23/12.5 *Orchis provincialis* × *Dactylorhiza maculata* Harbeck 1968 (artef.)
7.25/12.3 *Orchis laxiflora (palustris)* × *Dactylorhiza incarnata*
= × *Orchidactyla uechtriziana* (Hausskn.) Borsos et Soó 1966
(praetermissa)
7.25/12.4 *Orchis laxiflora (palustris)* × *Dactylorhiza majalis*
= × *Orchidactyla rouyana* (Cam.) Borsos et Soó 1966
7.25/12.5 *Orchis laxiflora (palustris)* × *Dactylorhiza maculata*
= × *Orchidactyla neglecta* (Cam.) Borsos et Soó 1966
7.25/14.1 *Orchis laxiflora (palustris)* × *Gymnadenia conopsea*
= × *Orchigymnadenia burdigalensis* Keller et Jeanj. 1937
8.1 /14.1 *Traunsteinera globosa* × *Gymnadenia conopsea*
= × *Gymnotraunsteinera vallesiaca* (Spiess) Hunt 1971
12.2 /13.1 *Dactylorhiza sambucina (sambucina)* × *Coeloglossum viride*
= × *Dactyloglossum erdingeri* (Kerner) Janchen 1960

12.2 /14.1 *Dactylorhiza sambucina (sambucina)* × *Gymnadenia conopsea*
= × *Dactylodenia zollikoferi* (Stoj.) Peitz 1972

12.2 /15.1 *Dactylorhiza sambucina (sambucina)* × *Pseudorchis albida*
= × *Pseudorhiza albucina* (Cliff. et Giac. 1950)

12.2 /17.1 *Dactylorhiza sambucina (sambucina)* × *Platanthera bifolia*
= × *Rhizanthera fournieri* (Royer) Soó 1966

12.3 /13.1 *Dactylorhiza incarnata* × *Coeloglossum viride*
= × *Dactyloglossum guilhotii* (Cam. et Bergon.) Soó 1966

12.3 /14.1 *Dactylorhiza incarnata* × *Gymnadenia conopsea*
= × *Dactylodenia vollmannii* (Schulze) Soó 1966
(cruenta, praetermissa)

12.4 /13.1 *Dactylorhiza majalis* × *Coeloglossum viride*
= × *Dactyloglossum drucei* (Cam. 1929) Soó 1966
(purpurella)

12.4 /14.1 *Dactylorhiza majalis* × *Gymnadenia conopsea*
= × *Dactylodenia lebrunii* (Cam.) Peitz 1972
(traunsteineri, russowii)

12.4 /14.2 *Dactylorhiza majalis (traunsteineri)* × *Gymnadenia odoratissima*
Hepp. 1954

12.4 /15.2 *Dactylorhiza majalis (cordigera)* × *Pseudorchis frivaldii* **(?)** Krey 1977

12.5 /13.1 *Dactylorhiza maculata* × *Coeloglossum viride*
= × *Dactyloglossum dominianum* (Cam. et Berg.) Soó 1966

12.5 /14.1 *Dactylorhiza maculata* × *Gymnadenia conopsea*
= × *Dactylodenia legrandiana* (Cam.) Peitz 1972

12.5 /14.2 *Dactylorhiza maculata* × *Gymnadenia odoratissima*
= × *Dactylodenia regeliana* (Bruegg.) Peitz 1972

12.5 /14.3 *Dactylorhiza maculata* × *Gymnadenia nigra*
= × *Dactylodenia tourensis* (Godf.) Sunderm. 1975

12.5 /15.1 *Dactylorhiza maculata* × *Pseudorchis albida*
= × *Pseudorhiza bruniana* (Bruegg.) Hunt 1971
(fuchsii?)

12.5 /17.1 *Dactylorhiza maculata* × *Platanthera bifolia*
= × *Rhizanthera chevallieriana* (Cam.) Soó 1966

13.1 /14.1 *Coeloglossum viride* × *Gymnadenia conopsea*
= × *Gymnaglossum jacksonii* (Druce) Rolfe 1919

13.1 /17.2 *Coeloglossum viride* × *Platanthera chlorantha*
= × *Coeloplatanthera brueggeri* Ciff. et Giac. 1950

14.1 /15.1 *Gymnadenia conopsea* × *Pseudorchis albida*
= × *Pseudadenia schweinfurtii* (Hegelmann 1865) Hunt 1971

14.1 /17.1 *Gymnadenia conopsea* × *Platanthera bifolia*
= × *Gymnaplatanthera chodatii* (Lendn.) Lamb. 1907

14.1 /17.2 *Gymnadenia conopsea* × *Platanthera chlorantha* **(?)** leg. W. Sundermann

14.2 /15.1 *Gymnadenia odoratissima* × *Pseudorchis albida*
= × *Pseudadenia strampfii* (Asch.) Hunt 1971

14.2 /16.1 *Gymnadenia odoratissima* × *Chamorchis alpina* **(?)**
= × *Chamodenia heteroglossa* (Rchb. f.) Peitz 1972

14.2 /17.2 *Gymnadenia odoratissima* × *Platanthera chlorantha*
= × *Gymnaplatanthera borelii* Lamb. 1907

14.3 /15.1 *Gymnadenia nigra (nigra)* × *Pseudorchis albida*
= × *Pseudadenia micrantha* (Kern.) Sunderm. 1975
(rubra)

14.3 /15.2 *Gymnadenia nigra* × *Pseudorchis frivaldii*
= × *Pseudadenia borisii* (Stoj. et Steff.) Sunderm. 1975

15.1 /19.1 *Pseudorchis albida* × *Herminium monorchis*
= × *Pseudinium aschersonianum* (Bruegg. et Kill.) Hunt 1971

33.1 /34.1 *Cephalanthera damasonium* × *Epipactis helleborine* **(?)**
= × *Cephalopactis hybrida* (Holuby ex Soó) Dom. 1928

33.1 /34.3 *Cephalanthera damasonium* × *Epipactis atrorubens* **(?)**
= × *Cephalopactis speciosa* (Wettst.) A. et Gr. 1907

VIII. Literatur

Dieses Verzeichnis enthält nur umfangreichere, zusammenfassende Darstellungen, einige neuere Floren und diejenigen Veröffentlichungen, auf die im Text Bezug genommen wird. Abkürzungen: Fedde Rep. = Repertorium specierum novarum regni vegetabilis (Feddes Repertorium); Orch. = Die Orchidee, Zeitschrift der Deutschen Orchideen-Gesellschaft; J. Ber. Nat. V. Wupp. = Jahresberichte des Naturwissenschaftlichen Vereins in Wuppertal; ibid. = ibidem, ebendort, in der gleichen Zeitschrift.

Es sei besonders auf die von B. u. E. WILLING 1977 herausgegebene Bibliographie zur Orchideenliteratur hingewiesen (siehe unten)!

ASCHERSON, P. u. GRAEBNER, P., 1907: Synopsis der mitteleuropäischen Flora III (Monocotyledones); Leipzig

BAUMANN, H., 1974: Zum angeblichen Vorkommen von Orchis anatolica in Tunesien; Orch. **25,** 110–113

–, 1975: Zur Problematik der Ophrys scolopax Cav. s. l. in ihrem westmediterranen Teilareal; ibid. **26,** 222–230

–, 1977: Zur Taxonomie in Verbreitung von Platanthera algeriensis Batt. et Trabut; ibid. **28,** 22–27

–, 1978a: Himantoglossum adriaticum spec. nov. – eine bislang übersehene Riemenzunge aus dem zentralen nördlichen Mittelmeergebiet; ibid. **29,** 165–172

–, 1978b: Leucorchis × vitosana Baumann hybr. nat. nov. – der einzig mögliche infragenerische Bastard der Gattung Leucorchis E. Mey; ibid. **29,** 217–223

BAUMANN, H. u. DAFNI, A., 1979: Orchis israelitica spec. nov. – eine neue endemische Orchisart aus Israel; AHO-Mitteilg. Bl. **11,** 249–282

BAUMANN, H. u. KÜNKELE, S., 1971: Zur Verbreitung von Spiranthes spiralis (L.) Chevall. in Baden-Württemberg; Veröff. Landesstelle f. Natursch. u. Landschaftspfl. Bad.-Württ. **39,** 1–66

BORSOS, O., 1952–1968: Geobotanische Monographie der Orchideen der Pannonischen und Karpatischen Flora I–X; Ann. Univ. Scient. Budapestensis **2–10**

BRIELMAIER, G. W., KÜNKELE, S. u. SEITZ, E., 1976: Zur Verbreitung von Liparis loeselii (L.) Rich. in Baden-Württemberg; Veröff. Natursch. Landschpfl. Bad.-Württ. **43,** 7–68

BÜEL, H., 1978: Beobachtungen über die Bestäubung von Ophrys bertolonii Mor.; Orch. **29,** 106–109

CAMUS, E. G. u. A., 1929: Iconographie des Orchidées d'Europe et du bassin mediterranéen; Paris

CANEHL, G., 1973: Über Vorkommen von Ophrys mammosa var. helenae im nördlichen Epirusgebiet; Orch. **24,** 258–259

CORREVON, H., 1923: Album des Orchidées d'Europe; Genf

DANESCH, O. u. E., 1969: Orchideen Europas II, Südeuropa; Bern u. Stuttgart

–, 1971: Ophrys bertoloniiformis O. et E. Danesch sp. nov., eine Sippe hybridogenen Ursprungs; Orch. **22,** 115–117

–, 1972: Orchideen Europas III, Ophrys-Hybriden; Bern u. Stuttgart

–, 1976: Hybriden und Hybridschwärme aus Ophrys argolica Fleischm. und Ophrys scolopax Cav. ssp. cornuta (Stev.) E. G. Cam. in Griechenland; Tagungsber. d. 8. Welt-Orch.-Konf., 129–138

DOBZHANSKY, T., 1958: Die Entwicklung zum Menschen (Evolution, Genetics and Man); Hamburg u. Berlin

DIETRICH, H., 1970: Cephalanthera epipactoides in der südöstlichen Türkei; Orch. **21,** 182–183

DIKYJOVA, D., 1980: Himantoglossum in der Tschechoslowakei – hircinum, caprinum oder adriaticum?; Orch. **31,** 32–33

EBERLE, G., 1965: Pflanzen am Mittelmeer; Frankfurt
–, 1968: Die Orchideen der deutschen Heimat, 3. Aufl.; Frankfurt
FEDOROV, A. (Herausg.), 1976: Flora partis europaeae URSS II (russisch); Leningrad
FREY, G., 1976: Beitrag zur Orchideenflora Madeiras (I); J. Ber. Nat. V. Wupp. **29,** 59–61
FUCHS, A. u. ZIEGENSPECK, H., 1919/1924: Orchis traunsteineri SAUT.(Monographie); Ber. Nat. V. Schwaben u. Neuburg, **42,** 3–174/**43,** 1–118
FÜLLER, F., 1955–1977: Die Orchideen Deutschlands; Neue Brehm-Bücherei, in Forts.; Wittenberg
FUKAREK, F., 1964: Pflanzensoziologie; WTB, Bd. 14; Berlin
GODFERY, M. J., 1933: Monograph and Iconograph of Nativ British Orchidaceae; Cambridge
GÖLZ, P. u. REINHARD, H. R., 1975: Biostatistische Untersuchungen über Ophrys bertoloniiformis O. et E. Danesch; Ber. Schweiz. Bot. Ges. **85,** 31–56
–, 1979: dto., Teil 2, ibid. **89,** 63–79
–, 1976: Orchis robusta (Stephenson) Gölz et Reinhard; ibid. **86,** 136–151
–, 1977: Statistische Untersuchungen über einige Arten der Orchideengattung Serapias; Orch. **28,** 108–116
GREILHUBER, J. u. EHRENDORFER, F., 1975: Chromosome Numbers and Evolution in Ophrys (Orchidaceae); Plant. Syst. Evol. **124,** 125–138
GREUTER, W. u. RECHINGER, K. H., 1967: Chloris Kythera (Flora der Insel Kythera); Boissiera **13**
GROSSHEIM, A. A., 1949: Bestimmungsbuch der Flora des Kaukasus (russ.); Moskau
GROLL, M., 1965: Fruchtansatz, Bestäubung und Merkmalsanalyse bei diploiden und polyploiden Sippen von Dactylorchis (Orchis) maculata und Gymnadenia conopea; Öster. Bot. Z. **112,** 657–700
GUMPRECHT, R., 1980: Ophrys fuciflora ssp. elatior ssp. nov.; Orch. **31,** 59–62
HABER, W., 1970: Gesellschaft, Naturschutz und Orchideen; Orch. **21,** 414–433
HANSEN, A., 1972: Contributions to the Flora of the Azores II; Bol. da Soc. Broteriana **46** (2nd Ser.)
HEGI, G., 1939: Illustrierte Flora von Mitteleuropa II; München
HERMJAKOB, G., 1974: Orchids of Greece and Cyprus; Goulandris Museum Kifissia
HESS, E., LANDOLT, E. u. HIRZEL, R., 1967: Flora der Schweiz und angrenzender Gebiete I; Basel
KALOPISSIS, J., 1975: Ophrys sphecodes Mill ssp. hebes Kalopissis, ssp. nov., eine neue Ophrys sphecodes-Sippe aus Griechenland; Scient. Ann. Agric. Forest. Aristotol. Univ., Vol. Roussopoulosus, 133–137
KALOPISSIS, J. u. ROBATSCH, K., 1980: Epipactis cretica Kalopissis et Robatsch spec. nov., ein neuer kretischer Endemit; Orch. **31,** 141–143
KELLER, G., SCHLECHTER, R. u. SOÓ, R. v., 1928: Monographie und Ikonographie der Orchideen Europas und des Mittelmeergebietes (2 Textbände, 3 Tafelbände) I. Monographie der Gattungen und Arten (Schlechter); Berlin-Dahlem
–, 1930–1940: Monographie und Ikonographie der Orchideen Europas und des Mittelmeergebietes, II. Kritische Monographie (Keller u. v. Soó); Berlin-Dahlem; Nachdruck 1972, Königstein
KLEIN, E., 1979: Revision der spanischen Epipactis-Taxa E. atrorubens (Hoffm.) Schult. ssp. parviflora A. et C. Nieschalk, E. „atrirubenti-microphylla" und E. tremolsii C. Pau; Orch. **30,** 45–51
KLINGE, J., 1899: Zur Orientierung der Orchis-Bastarde und zur Polymorphie der Dactylorchis-Arten; Acta Horti Petropol., **17,** Fasz. II, 1–65
KNAPP, R., 1948: Einführung in die Pflanzensoziologie II, Die Pflanzengesellschaften Mitteleuropas; Stuttgart
KOMAROV, V. L., 1935: Flora SSR IV: Liliiflorae et Microspermae; Leningrad (engl. Übersetzung, Jerusalem 1968) (Orchideen bearb. v. S. A. Newski)
KRÄNZLIN, F., 1931: Orchidearum Sibiriae Enumeratio, 5a Stevenorchis Wankow et Kränzlin nov. gen.; Fedde Rep., Beih. **65,** 45–47
KREFT, E., 1969: Untersuchungen zur Verbreitung und Ökologie des Weißen Waldvögeleins (Cephalanthera damasonium Mill.) im Raum Bielefeld-Halle; Ber. d. Nat. V. Bielefeld **13,** 97–120
KULLENBERG, B., 1961: Studies in Ophrys pollination; Zool. Bidr. (Uppsala) **34**

–, 1973: New observations on the pollination of Ophrys L. (Orchidaceae); ZOON, Supl. **1,** 9–14
KULLENBERG, B. u. BERGSTRÖM, G., 1976: Hymenoptera Aculeata Males as Pollinators of Ophrys Orchids; Zoolog. Scripta **5,** 13–23
LANDWEHR, J., 1972: Orchis mascula L. var. speciosa (Host) Koch; J. Ber. Nat. V. Wupp. **25,** 107–108
–, 1977: Wilde Orchideeën van Europa I + II, ohne Ortsangabe
LINDLEY, J., 1830–1840: The Genera and Species of Orchidaceous Plants; London, 533 S.
MAIRE, R., 1959: Flore de l'Afrique du nord VI; Paris
MAYR, E., 1967: Artbegriff und Evolution; Hamburg u. Berlin
MEYER, F. J., 1964: Untersuchungen über die Ophrys-Bestäubung (Referat nach B. Kullenberg); J. Ber. Nat. V. Wupp. **19,** 42–55
MOUTERDE, P., 1966: Nouvelle Flore du Liban et de la Syrie; Beyrouth
NELSON, E., 1962: Gestaltwandel und Artbildung erörtert am Beispiel der Orchidaceen Europas und der Mittelmeerländer insbesondere der Gattung Ophrys. Mit einer Monographie und Ikonographie der Gattung Ophrys; Chernex-Montreux
–, 1968: Monographie und Ikonographie der Orchideengattungen Serapias, Aceras, Loroglossum, Barlia; Chernex-Montreux
–, 1976: Monographie und Ikonographie der Orchidaceengattung Dactylorhiza, Zürich
NELSON, E. u. FISCHER, H., 1931: Die Orchideen Deutschlands und der angrenzenden Gebiete; München
NEVSKI, S. A., 1935: Orchidaceae in Flora SSR; Leningrad (siehe Komarov)
–, 1937: Beiträge zur Flora des Kuhintang-tau und seiner Vorgebirge; Acta Inst. Bot. Acad. Scient. URPSS, I, **4,** 344–346
NIESCHALK, A. u. CH., 1970a: Die Gattung Epipactis (Zinn) Sw. emend. L. C. Rich. (Stendelwurz, Sumpfwurz, Sitter) in Nordhessen; Abh. V. f. Naturk. zu Kassel **63,** 2–40
–, 1970b: Orchis spitzelii in Spanien; Orch. **21,** 153–159
–, 1970c: Orchis hispanica spec. nov., eine bisher nicht bekannte Art der europäischen Flora; ibid., 301–311
–, 1971a: Ein Vorkommen von Dactylorhiza romana (Seb. u. Maur.) Soó ssp. siciliensis (Klinge) Soó (= Orchis mediterranea Klinge ssp. siciliensis Klinge) in Spanien; ibid. **22,** 110–114
–, 1971b: Ein Beitrag zur Kenntnis der Gattung Epipactis (Zinn) SW emend. L. C. Rich. (Sektion Epipactis, Stendelwurz) in Spanien; Philippia **1,** 57–64
–, 1972a: Kritische Bemerkungen zur Taxonomie und Verbreitung von Dactylorhiza elata (Poir.) Soó; Philippia **1,** 137–148
–, 1972b: Beiträge zu einigen Arten der Gattung Orchis in Spanien; J. Ber. Nat. V. Wupp. **25,** 114–121
–, 1975: Orientalische Dactylorhiza-Arten (Knabenkräuter, Orchideengewächse) in der Türkei; Philippia **2,** 221–235
PEITZ, E., 1972: Zusammenstellung aller bisher bekannten Bastarde der in Deutschland verbreiteten Orchideen; J. Ber. Nat. V. Wupp. **25,** 167–200
PETTERSSON, B., 1940: Orchis spitzelii Sauter var. gotlandica var. nov., ein neuentdeckter gotländischer Repräsentant südländischer Gebirgsflora; Acta Phytogeogr. Suec. (Uppsala) **13,** 162–186
PRIESNER, E., 1973: Reaktionen von Riechrezeptoren männlicher Solitärbienen (Hymenoptera, Apoidea) auf Inhaltsstoffe von Ophrys-Blüten; ZOON, (Uppsala), Supl. **1,** 43–54
RASBACH, H. u. K., 1965: Die Ragwurzarten des griechischen Festlandes; Mitt. bad. Landesver. f. Naturk. u. Natursch. N. F. **8,** 689–700
–, 1974: Platanthera micrantha (Hochst.) Schltr., ein Endemismus der Azoren; Orch. **25,** 270–272
RAUSCHERT, S., 1974: Zur Frage der Validisierung prälinnaeanischer Gattungsnamen; Taxon **23,** 666ff
RECHINGER, K. H., 1943: Flora Aegaea (Orchideen bearb. v. J. Renz); Denkschr. Akad. d. Wiss.; Wien
REICHENBACH, H. G., 1851: Die Orchideen der deutschen Flora nebst denen des übrigen Europas, des ganzen russischen Reiches und Algeriens, also ein Versuch einer Orchideographie Europas; Leipzig; (Bd. 13 v. Deutschlands Flora)

REINHARD, H. R., 1972: Über Ursprung und Variabilität von Ophrys arachnitiformis Gren. et Phil.; J. Ber. Nat. V. Wupp. **25,** 146–151
RENZ, J., 1928: Zur Kenntnis der griechischen Orchideen; Fedde Rep. **25,** 225–270
–, 1930a: Über neue Orchideen von Rhodos, Cypern und Syrien; ibid. **27,** 193–219
–, 1930b: Beiträge zur Orchideenflora der Insel Kreta; ibid. **28,** 241–262
–, 1972: Über Limodorum trabutianum Batt.; Condollea **27,** 41–45
–, 1973: Orchideen aus dem südwestlichen Iran – Ophrys luristanica Renz spec. nov.; Orch. **24,** 46–50
–, 1973/1974: Epipactis-Arten des Kaspischen Waldgebietes; ibid., **24,** 251–255/**25,** 5–7
–, 1978: Orchidaceae in RECHINGER, K. H.: Flora Iranica; Graz
–, 1980: Entwicklungstendenzen bei den Orchidoideae. Einige Betrachtungen; J. Ber. Nat. V. Wupp. **33,** im Druck RENZ, J. u. TAUBENHEIM, G., 1980: Cephalanthera kotschyana: A new Orchid from Turkey; Not. Roy. Bot. Gard. Edinburgh **38,** 97–101
RUBE, G., 1972: Dactylorhiza sphagnicola (Höppner) Soó in der Lüneburger Heide; J. Ber. Nat. V. Wupp. **25,** 138–139
RÜCKBRODT, D. u. U., 1975: Eine neue Ophrys aus der südöstlichen Türkei; Orch. **26,** 164–167
SCHÄFER, P. A., 1972: Orchis morio L. in Südwesteuropa und Nordafrika; J. Ber. Nat. V. Wupp. **25,** 87–94
SCHLECHTER, R., 1920: Mitteilungen über europäische und mediterrane Orchideen III; Fedde Rep. **1,** 370–379
–, 1928: siehe unter Keller
–, 1970–1978: Die Orchideen, 3. Aufl., bearb. v. F. G. Brieger, R. Maatsch u. K. Senghas; Berlin u. Hamburg
SCHMELL-FITSCHEN, 1973: Flora von Deutschland und seinen angrenzenden Gebieten, 85. Aufl.; bearb. v. W. Rauh u. K. Senghas; Heidelberg
SCHMID, R. u. SCHMID, J. M., 1973: Fossils attributed to the Orchidaceae; Amer. Orch. Soc. Bull. **42,** 17–27
SCHULZE, M., 1894: Die Orchidaceen Deutschlands, Deutsch-Österreichs und der Schweiz; Gera
SENGHAS, K., 1968: Taxonomische Übersicht der Gattung Dactylorhiza Necker ex Newski; J. Ber. Nat. V. Wupp. **21/22,** 32–67
–, 1970: Übersicht zur Systematik und Taxonomie der Gattung Epipactis; ibid. **23,** 26–37
–, 1972: Leucorchis versus Pseudorchis; Orch. **23,** 203–205
SENGHAS, K. u. SUNDERMANN, H. (Herausg.), 1968: Probleme der Orchideengattung Dactylorhiza (Dactylorchis); J. Ber. Nat. V. Wupp. **21/22**
–, 1970: Probleme der Orchideengattung Epipactis, ibid. **23**
–, 1972: Probleme der Orchideengattung Orchis, mit Nachträgen zu Ophrys, Dactylorhiza, Epipactis und Hybriden, ibid. **25**
–, 1976: Die Orchideen der Randgebiete des europäischen Florenbereiches; ibid. **29**
–, 1980: Probleme der Evolution bei europäischen und mediterranen Orchideen; ibid. **33**
SOÓ, R. v., 1930/1940: siehe Keller, Schlechter, Soó
–, 1960: Synopsis generis Dactylorhiza; Ann. Univ. Scient. Budapest, Sect. Biol., **5,** 335–357
–, 1962: Nomina nova generis Dactylorhiza; Budapest
–, 1968: Die Geschichte der Erforschung der Gattung Orchis (sensu lato), besonders von Dactylorhiza; J. Ber. Nat. V. Wupp. **21/22,** 7–19
–, 1970: Species and subspecies of the genus Ophrys; Acta Bot. Acad. Scient. Hung. **16,** 373–392
–, 1972: Die Arten und Unterarten der Gattung Orchis s. str.; J. Ber. Nat. V. Wupp. **25,** 37–48
–, 1973: Supplement to species and subspecies of the genus Ophrys (Nachtrag zu Arten und Unterarten der Gattung Ophrys); Acta Bot. Acad. Scient. Hung. **18,** 379–384
–, 1973: A magyar flóra és vegetáció rendszertani-növényföldreyzi kézikönyve V. (Synopsis systematico-geobotanica florae vegetationisque hungariae V.); Orchidaceae: S. 132–182; Akadémiai Kiadó; Budapest
STAFLEU, F. A. (Herausg.), 1972: International Code of Botanical Nomenclature; Utrecht
STEBBINS, G. L., 1968: Evolutionsprozesse; Stuttgart
SUMMERHAYES, V. S., 1968: Wild Orchids of Britain; London; Sec. Ed.

SUNDERMANN, H., 1963: Standorte europäischer Orchideen VIII, Zusammenfassung; Orch. **14,** 119–124
–, 1969: Über einige ostmediterrane Orchideen; Orch. **20,** 79–82
–, 1972a: Bemerkungen zur Variabilität in der Gattung Orchis; J. Ber. Nat. V. Wupp. **25,** 81–86
–, 1972b: Ophrys arachnitiformis – eine Art?; ibid. 142–145
–, 1972c: Steveniella satyrioides (Steven) Schlechter, „Eine der seltensten Pflanzen der Welt"; Orch. **23,** 247–250
–, 1973a: Himantoglossum (Loroglossum) hircinum-caprinum-calcaratum-affine; Acta Bot. Acad. Scient. Hung. **19,** 367–374
–, 1973b: Ergänzung zu Ophrys luristanica Renz spec. nov.; Orch. **24,** 50–51
–, 1975: Zum Problem der Definition taxonomischer Kategorien (Species, Subspecies, Praespecies, Varietas); Taxon, **24,** 615–627
–, 1976: Kritische Bemerkungen zur Bedeutung der Hybridisierung für die Artbildung – ein Diskussionsbeitrag; Tagungsber. 8. Welt-Orch.-Konf., 123–125, Frankfurt
SUNDERMANN, H. u. HABER, W. (Herausg.), 1964: Probleme der Orchideengattung Ophrys; J. Ber. Nat. V. Wupp. **19**
SUNDERMANN, H. u. TAUBENHEIM, G., 1978: Die Verbreitung der Orchideen in der Türkei I (Ophrys); Orch. **29,** 172–179

TAUBENHEIM, G., 1972: Über das Vorkommen von Loroglossum calcaratum (Beck) Beck in Jugoslawien; Orch. **23,** 209–211
–, 1975: Epipactis pontica Taubenheim spec. nov., eine neue Stendelwurz aus Kleinasien; ibid. **26,** 68–74
–, 1977: Die Verbreitung der Gattung Epipactis in der Türkei; J. Ber. Nat. V. Wupp. **29,** 78–88
–, 1979/1980: Die Verbreitung der Orchideen in der Türkei IV (Traunsteinera, Neotinea, Comperia und Steveniella); Orch. **30,** 223–228 und **31,** 5–10
TAUBENHEIM, G. u. SUNDERMANN, H., 1974: Epipactisarten in Kleinasien; ibid. **25,** 7–13
TESCHNER, W., 1972a: Zur Taxonomie und Verbreitung von Orchis patens s. l., Orchis canariensis Lindley und Orchis spitzelii s. l.; J. Ber. Nat. V. Wupp. **25,** 98–106
–, 1972b: Ophrys arachnitiformis Gren. et Phil.: Erstnachweis für Jugoslawien; ibid. 157–158
–, 1973: Vergleichende Beobachtungen an Orchis patens Desf. in Algerien und Ligurien; Orch. **24,** 25–29
–, 1974a: Nordafrikanische Sippen und Bastarde der Orchis patens-spitzelii-Gruppe; ibid. **25,** 64–69
–, 1974b: Zur Ökologie von Habenaria tridactylites; ibid., 272–276
TUTIN, T. G. u. M. (Herausg.), 1964/1980: Flora Europaea, Bd. V (1980), Cambridge
VERMEULEN, P., 1947: Studies on Dactylorchids; Diss. Utrecht
–, 1968: Dactylorchis maculata und ihre Formen; J. Ber. Nat. V. Wupp. **21/22,** 68–76
–, 1970a: Some critical remarks on the Dactylorchids of Portugal; Bolet. Soc. Broteriana **44,** 85–98
–, 1970b: Das System der Orchideen; J. Ber. Nat. V. Wupp. **23,** 14–25
–, 1970c: Das Rostellum bei Epipactis; ibid., 70–74
–, 1972: Übersicht zur Systematik und Taxonomie der Gattung Orchis s. str.; ibid. **25,** 22–36
–, 1980: Einige kritische Probleme in der Monographie der Orchideengattung Dactylorhiza (De Necker) Nevski von E. Nelson; J. Ber. Nat. V. Wupp. **33,** 168–174
VÖTH, W., 1973: Salep im türkischen Speiseeis – Mit einer Ergänzung von H. Sundermann; Orch. **24,** 29–32
–, 1978: Himantoglossum affine auf dem Peloponnes; ibid. **29,** 113–114
WETTSTEIN, R. v., 1889: Untersuchungen über Nigritella angustifolia Richard; Ber. Dtsch. Bot. Ges. **7,** 306–317
WIEFELSPÜTZ, W., 1968: Über Dactylorhiza sphagnicola; J. Ber. Nat. V. Wupp. **21/22,** 86–95
–, 1976: Über einige Dactylorhiza-Sippen in Großbritannien und Irland; ibid. **29,** 41–51
WILLING, B. u. E., 1975/1976: Diskussionsbeiträge zur Orchideenflora Zyperns; Orch. **26,** 74–79 u. **27,** 112–116
–, 1977: Bibliographie über die Orchideen Europas und der Mittelmeerländer 1744–1976; Willdenowia, Beiheft 11

WILLMANS, O., 1973: Ökologische Pflanzensoziologie; Heidelberg
WIRTH, W. 1977a: Nur Nomenklatur von Leucorchis albida; Orch. **28,** 182–184
–, 1977b: Zur Nomenklatur von Ophrys fuciflora; Acta Bot. Acad. Scient. Hung. (Budapest) **23,** 285–293
WIŠNIEWSKI, N., 1967: Hauptaufgaben beim Schutz der Orchideenbestände in der DDR; Landschaft, Erholung und Naturschutz, 108–114
WIŠNIEWSKI, N. u. KLEIN, E., 1976: Zum Verhalten von Neottianthe cucullata (L.) Schltr. an der Westgrenze ihrer Verbreitung in Europa; J. Ber. Nat. V. Wupp. **29,** 89–102
YOUNG, D. P., 1953: Autogamous Epipactis in Scandinavia; Bot. Notiser, 253–270 (Lund)
–, 1970: Notiz über einige westasiatische Epipactisarten; J. Ber. Nat. V. Wupp. **23,** 106–108
ZIEGENSPECK, H., 1936: Orchidaceae; in Kirchner, Loew u. Schröter: Lebensgeschichte der Blütenpflanzen Mitteleuropas; Stuttgart

IX. Register der wissenschaftlichen Namen

(Epitheta und Gattungsnamen)

Die im Text und bei den Abbildungen und Zeichnungen verwendeten Namen der Gattungen, Arten, Unterarten und Varietäten und die Synonyme sind in alphabetischer Reihenfolge aufgeführt. Alle Sippen unterhalb der Gattungsebene müssen unter ihren spezifischen (klein geschriebenen) Bezeichnungen (Epitheta) aufgesucht werden. Die Seitenzahlen sind für die Diagnosen, Abbildungen, erläuternden Skizzen und ausführlicheren Bemerkungen fett gedruckt.

Nicht berücksichtigt sind die Namen in der Verbreitungstabelle. Für die Liste der Bastarde sind außer den Abbildungen nur die spezifischen Bezeichnungen für die Hybriden aufgeführt. Es werden ausschließlich die Namen von Orchideen der oben angegebenen Rangstufen berücksichtigt.

abortivum, Limodorum 38, 50, 53, 54, 55, 60, 64, **224, 225**
Aceraherminium 261
Aceras 11, 24, **33,** 40, 50, 55, 66, **136, 137,** 248, 249, 258
adenocheila, Orchis 145
adriatica, Orchis 255
adriaticum, Himantoglossum 33, 40, **132, 133**
aesculapii, Ophrys 31, 70, **92,** 93
aestivalis, Spiranthes 37, 66, **216, 217**
affine, Himantoglossum 33, 40, 67, 131, **133, 134**
africana, Dactylorhiza 35, 40, 77, 173, **178,** 179, **180, 181**
alata, Orchis 255
alba, Cephalanthera 227
alba, Gymnadenia 36, 199
alba, Neotinea 35
alba, Orchis 33, 34, 149, **150,** 151, 163
albertiana, Ophrys 253
albida, Pseudorchis 37, 53, 55, 57, 58, 69, **200, 201, 260**
albiflora, Anacamptis 131
albiflora, Cephalanthera 38, 231
albiflora, Dactylorhiza 36, 185, 191, 195
albiflora, Epipactis 39, 241, 243
albiflora, Gymnadenia **196**
albiflora, Orchis 34, 35, 139, 141, 143, 147, 149, 151, 155, 159, **160,** 161, 165, 169
albiflora, Serapias 33
albiflora, Traunsteinera 35
albovivescens, Ophrys 32, **122**
albucina, Pseudorhiza 263
algeriensis, Platanthera 37, **204, 205**
alpina, Chamorchis 37, 50, 58, 65, **202, 203**
altobracensis, Dactylorhiza 257
amanensis, Ophrys 95, 96
ambigua, Dactylorhiza 257
Anacamptiplatanthera 261
Anacamptis 11, 24, **33,** 50, 55, 67, 69, **129, 130,** 261
anacamptis, Gymnanacamptis 261
anatolica, Dactylorhiza 175
anatolica, Orchis 34, 50, 54, 55, 57, 60, 76, **159, 160**
andreasii, Orchiplatanthera 262
angusticruris, Orchis 255
angustifolia, Orchis 36, 40
anthropophorum, Aceras 33, 50, 53, 54, 55, 56, 57, 59, 60, 66, **136, 137, 258**
aphyllum, Epipogium 38, 64, **222, 223**
apifera, Ophrys 32, 51, 54, 55, 56, 72, 85, **115, 117, 252, 254**
apiformis, Ophrys 30, 32, 39, 73, **109, 110**
apulica, Ophrys 31, 71, **107,** 111
Arachnites 30
arachnites, Ophrys 32, 99, 105
arachnitiformis, Ophrys 31, 39, 71, 93, **97–99**
araneifera, Ophrys 31, 39

arbostii, Orchidactyla 262
argolica, Ophrys 32, 72, **116–119**
aschersoniana, Dactylorhiza 257
aschersonianum, Pseudinium 264
aschersonii, Ophrys 253
atlantica, Ophrys 31,70, **89, 90**
atlantica, Orchis 157
atrata, Ophrys 31, 53, 70, **93, 94,** 95, 97, 99
atrirubra, Dactylorhiza 185
atrorubens, Epipactis 38, 55, 56, 57, 80, **240–243**
attica, Ophrys 32, 73, 111, **112, 113**
aurita, Ophrys 117
autumnalis, Spiranthes 217
azorica, Platanthera 30, 37, 79, **207, 208**
baltica, Dactylorhiza 36, 40, 78, **189**
barbeyi, Cypripedium 259
Barlaceras 261
barlae, Epipactis 259
barlae, Orchiserapias 261
Barlia 11, 24, **33,** 50, 55, 67, **134, 135**
bartonii, Dactylorhiza 35, **176,** 177
belezei, Orchigymnadenia 262
bergonii, Orchiaceras 261
bertolonii, Ophrys 27, 31, 39, 53, 70, 71, 72, **103–105, 252, 254**
bertoloniiformis, Ophrys 31, 39, 70, 103, **104, 105**
beyrichii, Orchis 255
bifolia, Platanthera **18,** 37, 55, 56, 57, 58, 79, **202, 203,** 205
biscutella, Ophrys 109
bivonae, Orchiaceras 261
blyttii, Dactylorhiza 187
bombilyflora, Ophrys 30, 53, 54, 55, 59, 60, 69, **84, 85,** 105, **250**
borbasii, Epipactis 38, 243
borealis, Calypso 53, 215
borelii, Gymnaplatanthera 263
borisii, Pseudadenia 264
bornemannii, Orchis 255
bormuelleri, Ophrys 31, 71, **108, 109**
boryi, Orchis 34, 54, 75, 76, **156, 157**
boudieri, Orchidactyla 262
bouneriana, Orchis 255
brancifortii, Orchis 34, **158,** 159
braunii, Dactylorhiza 257
brueggeri, Coeloplatanthera 263
bruhnsiana, Orchis 34, **153**
bruniana, Pseudorhiza 263
bueelii, Orchis 257
bulbosa, Calypso 37, 65, **214, 215**
burdigalensis, Orchigymnadenia 262
caccabaria, Orchis 257
canuti, Orchis 255
calcaratum, Himantoglossum 33, **132, 133**
calceolus, Cypripedium 39, 50, 57, 65, **244, 245**
Calypso 25, **37,** 53, 65, **215**
cambrensis, Epipactis 237
canariensis, Orchis 34, 76, **156, 157**
candica, Ophrys 31, **107**
candida, Barlia 33
candida, Calypso 37
candida, Dactylorhiza 35, 179
candida, Orchis 34, 135, 153
capitata, Orchiserapias 261
caprinum, Himantoglossum 33, **131, 132,** 133
carmeli, Ophrys 32, 54, 73, **111, 113**
carpetana, Orchidactyla 262
cartaliniae, Dactylorhiza 193
caspia, Orchis 153
cataldi, Ophrys 251
cataonica, Dactylorhiza 187
caucasica, Cephalanthera 38, 41, **227**
caucasica, Dactylorhiza 36, 78, 175, 183, **186, 187**
celtiberica, Orchis 255
Cephalanthera 25, 26, **38,** 41, 50, 55, 63, 66, 67, **79,** 80, **225–231, 259,** 264
Cephalopactis 264
Chamodenia 263
Chamorchis 11, 24, **37,** 50, 65, **202, 203**
champagneuxii, Orchis 34, **150, 151**
chenevardii, Orchidactyla 262
chevallieriana, Rhizanthera 263
chlorantha, Platanthera **18,** 37, 55, 56, 57, 79, **204, 205**
chlorotica, Cephalanthera 38, **226,**
chlorotica, Orchis 34, **155**
chobautii, Ophrys 251
chodatii, Gymnaplatanthera 263
christii, Orchis 255

cilicica, Dactylorhiza 36, 58, 77, 175, **180, 181**
cilicica, Ophrys 121
coccinea, Dactylorhiza 36, 77, **184, 185**
Coeloglossum 24, **36,** 55, 67, 68, **194, 195, 260**
Coeloplatanthera 263
colemannii, Orchis 257
collina, Orchis 34, 50, 54, 74, **152, 153, 155**
columnae, Serapias 125
Comperia 11, 24, **35,** 50, 66, **170, 171**
comperiana, Comperia 35, 62, 66, **170, 171**
complicata, Orchiserapias 261
condensata, Epipactis 38, 41, 81, **234, 235**
confusa, Epipactis **20,** 38, 41, 80, 233, **236, 237**
conopsea, Gymnadenia 36, 49, **52,** 53, 55, 56, 57, 58, 68, 147, 159, **196, 197,** 199, **258**
consimilis, Epipactis 243
Corallorhiza 23, 25, **37,** 64, **214, 215**
cordata, Listera 37, 53, 57, 65, **220, 221**
cordigera, Dactylorhiza 36, 78, **184, 186, 187, 260**
cordigera, Serapias **19,** 32, 39, 54, 55, 58, 59, 60, 74, 123, **124–127**
coriophora, Orchis 33, 53, 54, 55, 58, 59, 60, 75, 133, **138, 139,** 141, **254, 256**
cornuta, Ophrys 32, 39, 73, 106, 109, **110, 111,** 117
cortesii, Orchis 255
cretica, Epipactis **237**
cretica, Ophrys 32, 54, 73, **120,** 121, **123, 250, 252**
cruenta, Dactylorhiza 36, 77, 173, 179, 181, **182, 183,** 185, 187, 189, **258**
cucullata, Cephalanthera 38, 80, **229**
cucullata, Neottianthe 37, 67, 68, **209, 210**
curvifolia, Dactylorhiza 191
Cypripedium 22, 23, 25, 37, **39,** 50, 62, 65, **244–246, 259**
Dactyloaceras 261
Dactylocamptis 249, 261
Dactylodenia 263
Dactyloglossum 262, 263
Dactylorchis 173
Dactylorhiza **18, 21,** 23, 24, 27, 30, **35, 36,** 40, 41, 49, **51,** 52, 55, 63, 68, 69, **76–79, 173–195,** 248, **256, 257, 258, 260**
damasonium, Cephalanthera 38, 41, 50, 55, 56, 57, 79, **226, 227, 229**
debauxii, Orchiserapias 259
delphinensis, Ophrys **117,** 253
densiflora, Gymnadenia 36, 199
devenensis, Ophrys 251
dielsiana, Orchis 167
dietrichiana, Orchis 255
diphylla, Gennaria 37, 68, **210, 211**
diversifolia, Orchis 255
doellii, Orchis 255
dolocheilos, Orchis 257
dominianum, Dactyloglossum 263
domitia, Ophrys 251
drucei, Dactyloglossum 263
drudei, Orchidactyla 262
duffortii, Orchiserapias 261
dunensis, Epipactis 38, 80, 233, **237**
dyris, Ophrys 89
ecalcarata, Gymnadenia 36, 199
elata, Dactylorhiza 175, 181
elatior, Ophrys 32, **111, 112**
elegans, Ophrys 32, 117, **119**
elegans, Orchis 35, 167, 169
eliasii, Ophrys 251
elodes, Dactylorhiza 191
emmae, Ophrys 251
enigmatodes, Ophrys 251
epidavrensis, Ophrys 253
Epipactis 19, 20, 23, 25, 26, 27, **38,** 41, 50, 55, 63, 66, **80, 81, 231, 233–245, 259**
epipactoides, Cephalanthera 38, 80, **228, 229**
Epipogium 23, 25, **38,** 64, **223**
erdingeri, Dactyloglossum 262
ericetorum, Dactylorhiza 191
euxina, Dactylorhiza 187
exaltata, Ophrys 31, 71, 99, 105, **108, 109**
fallax, Anacamptorchis 261
fallax, Orchis 257

fedtschenkoi, Orchis 155
fernandi, Ophrys 251
ferrum-equinum, Ophrys 31, 70, 71, 72, 73, **101, 102,** 117
flahaultii, Ophrys 253
flavescens, Cypripedium 39
flavescens, Ophrys 30, 31, 32, **84,** 85, 87, 89, **91,** 92, **100,** 101, 103 111, **112,** 117, 119
flavum, Cypripedium 245
floribunda, Cephalanthera 38, 80, **229**
foliosa, Dactylorhiza 30, 36, **194, 195**
fontanae, Orchiserapias 259
forbesii, Serapicamptis 261
formosum, Himantoglossum 33, 67, **135**
fournieri, Rhizanthera 263
fragrans, Orchis 33, 53, 54, 58, 59, 60, **138, 139**
francis-drucei, Dactylorhiza 191
franzonii, Orchis 255
friburgensis, Ophrys 32, **116, 117**
frivaldii, Pseudorchis 37, 67, 69, **200, 201, 260**
fuchsii, Dactylorhiza **18,** 36, 78, 191, **192, 193,** 248
fuchsii, Orchis 255
fuciflora, Ophrys 30, 31, 39, 49, **50,** 51, 54, 55, 56, 59, 60, 71, 73, 93, 99, **105–111, 254**
fulva, Gymnadenia 199
fusca, Ophrys 31, 49, 53, 55, 59, 60, 69, 70, 85, **88–90,** 91, 92
fusca, Orchis 145
galilaea, Orchis 33, 68, 75, **142, 143**
garganica, Ophrys 31, 70, **97**
gemmipara, Spiranthes 217
Gennaria 11, 24, **37,** 68, **211**
gennarii, Orchis 255
georgica, Dactylorhiza 35, 40, 79, **179**
globosa, Traunsteinera 35, 55, 58, 67, 69, **168, 169**
golestanica, Orchis 255
Goodyera 23, 25, **37,** 66, **208, 219**
gottfriediana, Ophrys 31, 70, 72, 73, **101, 102**
graberi, Epipactis 259
grampini, Ophrys 253
grandiflora, Ophrys 32, **108, 109**
grandiflora, Orchis 153
guestphalica, Orchidactyla 262
guilhotii, Dactyloglossum 263
guttatum, Cypripedium 39, 65, **246**
Gymnadenia 22, 24, **36,** 41, 49, **52,** 55, 66, 68, **196–200,** 248, **258**
Gymnaglossum 263
Gymnanacamptis 261
Gymnaplatanthera 263
Gymnigritella 257
Gymnotraunsteinera 262
Habenaria 24, **37,** 53, 69, **211**
haematodes, Dactylorhiza 35, 77, 179, 181
Hammarbya 25, **37,** 53, 66, **213**
hebes, Ophrys **93**
hebridensis, Dactylorhiza 193
heldreichii, Ophrys 111
helenae, Ophrys 31, **100, 101**
Helleborine 231
helleborine, Epipactis 19, 20, 38, 41, 55, 57, 60, 80, 81, 231, **232–241**
helodes, Dactylorhiza 191
helveticum, Dactyloaceras 261
heraultii, Ophrys 249, 251
Herminium 24, **37,** 66, **211**
heteroglossa, Chamodenia 263
heufleri, Gymnadenia 257
Himantoglossum 11, 24, **33,** 40, 50, 55, 67, **130–135**
hircinum, Himantoglossum 33, 40, 50, 55, 56, 57, 60, 61, 67, **130–135**
hispanica, Orchis 163
hofei, Cypripedium **244**
holomboei, Platanthera 205
holosericea, Ophrys 105, 106
huteri, Orchis 255
hybrida, Cephalopactis 264
hybrida, Ophrys 251
hybrida, Orchis 147, 255
hybrida, Platanthera 259
hyperborea, Platanthera 37, 79, **205, 206**
iberica, Dactylorhiza 23, 35, 58, 68, 76, 173, **174, 175**
incarnata, Dactylorhiza 35, 40, 55, 58, 77, 173, 175, **178–184,** 185, 187, 191
innata, Corallorhiza 215

insectifera, Ophrys 30, 32, 39, 50, 51, 55, 56, 57, 70, 83, 85, **86, 87, 252**
insularis, Dactylorhiza 35, 79, 173, **176, 177**
intacta, Neotinea 169
intermedia, Serapias 255
intermedia, Gymnadenia 257
iricolor, Ophrys 31, 70, **88, 89**
israelitica, Orchis 34, **158, 159**
italica, Orchis 33, 50, 53, 54, 55, 59, 60, 75, 147, **148, 149, 258**
jacksonii, Gymnaglossum 263
jeanpertii, Orchidactyla 262
junialis, Dactylorhiza 183
kallista, Ophrys 253
kallitheae, Orchis 255
kastelli, Ophrys 251
kelleriella, Ophrys 251
kerryensis, Dactylorhiza 187
klingei, Anacamptorchis 261
kotschyana, Cephalanthera 38, 41, **226, 227**
kotschyi, Ophrys 32, 54, 73, **120, 121, 123**
kurdica, Cephalanthera 38, 80, **228, 229**
kurdica, Ophrys 32, 61, 72, 73, **120, 121**
kurdistanica, Ophrys 121
lacaitae, Ophrys 32, 39, 71, **111, 112**
lacazei, Orchimantoglossum 261
lactea, Orchis 33, 54, **142, 143**
lacteum, Epipogium 38, **223**
ladurneri, Orchis 255
laeta, Orchis 165
lancibracteata, Dactylorhiza 193
laniccae, Anacamptorchis 261
lapponica, Dactylorhiza 36, 78, 185, **186, 187**
lasithica, Orchis 255
latifolia, Epipactis 41, 233
latifolia, Orchis bzw. Dactylorhiza 36, 40
laxiflora, Orchis 34, 40, 54, 58, 76, **166–169**
laxiflora, Serapias 32, 39, 74, **122,** 123, **125**
laxifloraeformis, Orchis 34, **162, 163**
lebrunii, Dactylodenia 263
legrandiana, Dactylodenia 263
leptochila, Epipactis **19,** 38, 80, **236, 238, 239**
leucantha, Serapias 33, 129, 199
leucoglossa, Orchis 155
Leucorchis 37, 201
libani, Orchis 151
lievreae, Ophrys 251
ligustica, Orchis 257
Limnorchis 205
Limodorum 11, 23, 25, **38,** 50, 55, 64, **225**
lingua, Serapias 33, 53, 54, 55, 59, 60, 73, 123, 127, **128, 129**
Liparis 25, **37,** 65, **213**
Listera 25, **37,** 49, 53, 55, 65, **221**
litigiosa, Ophrys 31, 70, **93**
loeselii, Liparis 37, 58, 65, **212, 213**
longibracteata, Barlia 135
longicornu, Orchis 34, 55, 76, **150, 151, 254**
longicruris, Orchis 149
longifolia, Cephalanthera 38, 57, 79, **227, 228**
loreziana, Orchis 257
Loroglossum 33, 131
luciae, Orchidactyla 262
lunulata, Ophrys 31, 39, 72, **99, 100**
lusitanica, Ophrys **86,** 87
lutea, Dactylorhiza 35, 59, 179
lutea, Gymnadenia 36
lutea, Ophrys 31, 53, 54, 55, 59, 60, 70, 85, **90–92, 252**
Lysiella 205
macchiatii, Ophrys 251
macranthum, Cypripedium 39, 65, **244, 245**
macrophylla, Goodyera 37, 65, 66, **208, 219**
macrostachys, Dactylorhiza 193
maculata, Dactylorhiza **18,** 36, 40, 41, 49, **51, 52,** 55, 57, 58, 63, 78, 173, 175, **190–195,** 248, **256, 260**
maculata, Neotinea 35, 53, 55, 60, 67, 68, **169, 170**
majalis, Dactylorhiza 36, 40, **51,** 52, 55, 58, 77, 78, 173, 175, 179, 183, **184–191**
Malaxis 22, 25, **37,** 66, **213**

mammosa, Ophrys 31, 71, 93, **94, 95,** 101, **252**
mascula, Orchis 30, 34, 40, 55, **56,** 57, 76, **160–163,** 165
mayeri, Cephalanthera 259
mediterranea, Orchis bzw. Dactylorhiza 35, 40
melena, Ophrys 31, 91, **92**
melsheimeri, Orchiaceras 261
micrantha, Platanthera 37, 53, 79, **207**
micrantha, Pseudadenia 264
microphylla, Epipactis 38, 50, 80, **240, 241,** 243
Microstylis 213
militaris, Orchis 14, **17,** 33, 50, 55, 56, 58, 75, 145, **146, 147, 258**
miniata, Gymnadenia bzw. Nigritella 199
monophyllos, Malaxis 37, 66, **212, 213**
monorchis, Herminium 37, 66, **210, 211**
morio, Orchis 33, 34, 55, 57, 58, 59, 60, 76, 139, **149–151,** 159, **254**
morioides, Orchis 255
morisii, Ophrys 99
muelleri, Epipactis 38, 80, **236, 237**
murbeckii, Ophrys 31, **90, 92**
muscifera, Ophrys 87
neglecta, Orchidactyla 262
neglecta, Serapias **19,** 32, 74, 123, **124, 125,** 127
neo-gennarii, Orchis 255
neo-ruppertii, Ophrys 253
Neotinea 11, 24, 35, 55, 67, 68, **169–171**
Neottia 23, 25, **37,** 50, 55, 64, **223**
Neottianthe 24, **37,** 68, **209**
nidus-avis, Neottia 38, 50, 55, 57, 64, **222, 223**
nigra, Gymnadenia 22, 36, 41, 55, 58, 66, **198, 199**
nigra, Nigritella 37
Nigritella 24, 37, 41, **197–201,** 248
nitidifolia, Orchis 34, **154, 155**
nivea, Neottia 38, 223
obtusata, Platanthera 205
occidentalis, Dactylorhiza 36, 78, **186, 187**
ochroleuca, Dactylorhiza 181
ochroleuca, Ophrys 31, 87
odoratissima, Gymnanacamptis 261
odoratissima, Gymnadenia 36, 58, 68, **198, 199**
oestrifera, Ophrys 111
olbia, Serapias 32, 39, 74, 123, **126, 127,** 129
olbiensis, Ophrys 251
olbiensis, Orchis 34, 161, **162, 163**
olida, Orchis 255
oligantha, Platanthera 37, 79, **204, 205**
olocheilos, Dactylorhiza 181
omegaifera, Ophrys 31, 70, **88, 89**
opaca, Ophrys 253
Ophrys 11, 13, 14, 15, 16, **17,** 23, 24, 26, 27, **30-32,** 33, 37, 38, 39, **49-51,** 55, 60, 63, 64, 65, **69–73, 83–122,** 123, 141, 248, **251, 252, 254**
Orchiaceras 249, 261
Orchidactyla 262
Orchigymnadenia 262
Orchimantoglossum 261
Orchiplatanthera 262
Orchis **17, 21,** 23, 24, 30, **33–35,** 36, 37, 39, 40, 50, 51, 55, 63, 67, 68, 69, **74–76,** 135, **137–169,** 171, 173, 175, 248, **254, 255, 256, 258**
Orchiserapias 259, 261
orientalis, Dactylorhiza bzw. Orchis 35, 36, 40, 41, 193
orientalis, Ophrys 32, 73, 111, **113**
orientalis, Serapias 32, 39, 74, 123, **124, 125**
osmanica, Dactylorhiza 36, 41, 77, 78, **193, 194**
otto-hechtii, Cephalanthera 259
ouritensis, Ophrys 30, 109
ovata, Listera 37, 49, 55, 56, 57, 58, 65, **220, 221**
oxyrrhynchos, Ophrys 31, 71, **108, 109,** 111
pallens, Orchis 34, 50, 75, **164, 165**
pallescens, Serapias 32, 127
pallida, Ophrys 31, 69, **89, 90**
paludosa, Hammarbya 37, 53, 58, 66, **212, 213**
palustris, Epipactis 23, 38, 55, 58, 81, **242, 243**

palustris, Orchis 35, 40, 58, 76, **166, 167**
panormitana, Ophrys 31, 72, **97**
papilionacea, Orchis 34, 40, 53, 54, 55, 59, 75, 139, **152, 153,** 155, **254, 258**
parviflora, Epipactis 38, **240, 243**
parviflora, Orchis 255
parviflora, Serapias 32, 39, 53, 54, 74, 123, **126–128,** 129
parvula, Platanthera 205
patens, Orchis 34, 50, 74, 76, **154, 155,** 157, **256**
pauciflora, Orchis 34, 50, 54, 76, **164, 165**
payotii, Anacamptiplatanthera 261
peltieri, Ophrys 253
peltieri, Orchis 255
pendula, Epipactis 237
pentecostalis, Orchidactyla 262
penzigiana, Orchis 257
perretii, Orchis 255
persica, Epipactis 38, 41, 80, 81, **235, 236**
personei, Ophrys 253
petterssonii, Orchis 257
phyllanthes, Epipactis 38, 41, 80, 233, **236, 237**
picta, Ophrys 109
picta, Orchis 34, **151**
pietzschii, Ophrys 251
pinetorum, Orchis 34, **163**
planimaculata, Ophrys 31, **100, 101**
Platanthera **18,** 24, 30, **37,** 53, 55, 63, 68, 69, **79, 202–208, 259**
plessidiaca, Orchis 257
pollinensis, Ophrys 109
pontica, Epipactis 38, 41, 80, 81, **238, 239**
praetermissa, Dactylorhiza 36, 40, 77, 173, **180, 182, 183**
prisca, Orchis 155
provincialis, Ophrys 31, 70, **97,** 101
provincialis, Orchis 53, 76, **164, 165,** 167, **256**
Pseudadenia 263, 264
Pseudinium 264
pseudoanatolica, Orchis 257
pseudocordigera, Dactylorhiza 187
pseudofusca, Ophrys 251
Pseudorchis 24, **37,** 53, 55, 69, **201, 259, 260**
Pseudorhiza 263
pseudosambucina, Dyctylorhiza 35, 40, 54, 60, 69, 79, 173, **176, 177**
pulchella, Dactylorhiza 35, **179,** 181
punctulata, Orchis 33, 62, 68, 75, 143, **144, 145**
pupplingensis, Epipactis 259
purpurata, Epipactis 233
purpurea, Orchis 33, 50, 51, 55, 56, 57, 60, 75, **144, 145,** 149
purpurea, Orchiserapias 261
purpurella, Dactylorhiza 36, 77, 78, 173, 181, 183, **188, 189**
pycnantha, Dactylorhiza 191
pyramidalis, Anacamptis 33, 50, 53, 54, 55, 56, 60, 63, 67, 69, **129, 130**
quadriloba, Ophrys 251
quadripunctata, Orchis 34, 50, 54, 55, 57, 60, 74, 76, **158, 159,** 161, **256**
ranei, Serapias 253
rasbachii, Ophrys 251
rechingeri, Ophrys 253
redowskii, Cypripedium 39, 246
regeliana, Dactylodenia 263
regis-ferdinandii, Ophrys 30, **86, 87**
regis-minois, Ophrys 253
reinholdii, Ophrys 32, 72, 99, 117, **118, 119,** 121
repens, Goodyera 23, 37, 56, 57, 66, 211, **218, 219**
reserata, Orchigymnadenia 262
Rhizanthera 263
rhodi, Ophrys 253
robertiana, Barlia 33, 50, 53, 54, 55, 59, 60, 67, **134, 135**
robusta, Orchis 35, 40, 76, **166,** 167, **169**
romana, Dactylorhiza 177
romanzoffiana, Spiranthes 37, 66, **216, 217**
rosea, Epipactis 38, **239,** 241
rosea, Gymnadenia 36, 199, 201
rosea, Orchis 35, 169
rouyana, Orchidactyla 262
rubra, Cephalanthera 38, 55, 56, 57, 60, 79, **230, 231**

rubra, Dactylorhiza 35, 36, **176,** 179
rubra, Gymnadenia bzw. Nigritella 37, 41, **199, 200,** 201
rubra, Orchis 34, 40, **152, 153**
rubiflora, Orchis 34, 165
rubiginosa, Epipactis 241
rubrum, Limodorum 38, **224,** 225
ruppertii, Dactylorhiza 257
russowii, Dactylorhiza 36, 40, 78, 185, **188, 189**
ruthei, Dactylorhiza 191

saccata, Orchis 153
saccifera, Dactylorhiza 36, 40, 78, **192, 193**
sanasunitensis, Dactylorhiza 181
sambucina, Dactylorhiza 35, 40, 53, 54, 57, 60, 69, 78, 79, 173, **176, 177, 256**
sancta, Orchis 33, 75, **138, 141**
saratoi, Ophrys 253
satyrioides, Steveniella 35, 62, 67, **171, 172**
Satyrium 33, 35, 36, 37
schaberi, Cephalanthera 259
schelkownikowii, Orchis 145
schirwanica, Orchis 153
schmalhausenii, Epipactis 259
schulzei, Cephalanthera 259
schulzei, Ophrys 32, 61, 73, **114, 115**
schulzei, Orchidactyla 262
schweinfurtii, Pseudadenia 263
scolopax, Ophrys 30, 32, 39, 73, 105, **106, 109, 110**
scopulorum, Orchis 30, 34, 40, 161, **162, 163**
semibombyliflora, Ophrys 251
semilingua, Serapias 255
semisaccata, Orchis 255
sepulchralis, Orchis 145
Serapias 11, **19,** 23, 24, 27, **32,** 38, 39, 55, 63, 66, **73, 122–129, 253, 256, 258**
Serapicamptis 261
sesquipedalis, Dactylorhiza 173, **180,** 181
siciliensis, Dactylorhiza 35, 40, 79, **177**
siculorum, Dactylorhiza 187
signifera, Orchis 34, **162, 163**
simia, Orchis 33, 50, 54, 75, 145, **146, 147,** 149
simorrensis, Anacamptorchis 261
sinensis, Spiranthes 217
sintenisii, Ophrys 95
sipontensis, Ophrys 31, 71, **96, 97**
sitiaca, Orchis 34, 161
sommieri, Ophrys 251
speciosa, Cephalopactis 264
speciosa, Orchis 163
speciosissima, Orchidactyla 262
speculum, Ophrys 30, 53, 54, 55, 59, 60, 70, 83, 85, **86, 87, 250, 252**
sphaerica, Traunsteinera 35, 69, **168, 169**
sphagnicola, Dactylorhiza 36, 40, 58, 77, **182, 183**
sphegodes, Ophrys 15, 27, 31, 39, 49, 50, 51, 53, 54, 55, 56, 59, 60, 70, 71, 72, 73, **92–101,** 103, **252**
spiralis, Spiranthes 23, 37, 66, **214, 217**
Spiranthes 23, 25, **37,** 66, **215–219, 259**
spitzelii, Orchis 34, 50, 74, 75, 139, **155, 156, 256**
spruneri, Ophrys 31, 32, 72, **95, 96,** 101
spuria, Ophrys 251
spurium, Orchiaceras 261
Steveniella 11, 24, 35, 67, **171, 172**
stevenii, Orchis 33, **145**
straminea, Dactylorhiza 35, **178, 181**
straussii, Ophrys 32, 72, **118, 119,** 121
strampfii, Pseudadenia 263
suaveolens, Gymnadenia 257
subfusca, Ophrys 91, 251
subpatens, Orchis 257
sundermannii, Ophrys 109
syriaca, Orchis 34, **151**

tanayensis, Anacamptis 33, 131
taurica, Comperica 50, 171
tenthredinifera, Ophrys 31, 49, 53, 54, 55, 59, 60, 69, 85, **104, 105,** 109
terracianoi, Barlaceras 261
thriftiensis, Orchis 257
timbalina, Orchidactyla 262
tommasinii, Ophrys 93
tommasinii, Orchiserapias 259
tourensis, Dactylodenia 263
trabutianum, Limodorum 38, 64, **225**
transhyrcana, Ophrys 31, 73, **94, 95**
transsilvanica, Dactylorhiza 36, 78, **195**

Traunsteinera 11, 24, 35, 55, 67, 69, **168, 169**
traunsteineri, Dactylorhiza 36, 40, 58, 77, 78, 185, **188, 189, 191**
traunsteineroides, Dactylorhiza 191
tremezzinae, Orchis 255
tremolsii, Epipactis 38, 81, **239**
tridactylites, Habenaria 37, 53, 69, **211, 212**
tridentata, Orchis 33, 50, 53, 54, 55, 57, 59, 75, **141–143**
trifida, Corallorhiza 37, 57, 64, **214, 215**
triphylla, Dactylorhiza 36, 40, 78, 183, **192, 193**
troodii, Epipactis 38, 41, 81, **234, 235**
troodii, Orchis 34, 161
turcestanica, Dactylorhiza 35, 40, 77, **180, 181**
uechtriziana, Orchidactyla 262
umbrosa, Dactylorhiza 181
untchjii, Orchis 255
ustulata, Orchis 33, 55, 56, 57, 58, 75, **140, 141**
vallesiaca, Gymnatraunsteinera 262
vanensis, Dactylorhiza 181
varians, Epipactis 38, 41, 81, **232, 233**
vasconica, Ophrys 31, **89**
vectensis, Epipactis 237
veratrifolia, Epipactis 39, 81, **242, 243**
vilmsii, Orchis 255
viride, Coeloglossum 36, 55, 57, 58, 67, 68, **194, 195, 260**
viridiflora, Ophrys 31, 105
viridifusca, Orchis 157
vitosana, Pseudorchis 259
vollmannii, Dactylodenia 263
vomeracea, Serapias **19,** 32, 39, 74, **122,** 123, **125,** 127, **256, 258**
weberi, Dactylocamptis 261
wilmsii, Orchis 255
wulffiana, Orchis 255
xiphophyllum, Cephalanthera 227
zahlbruckneri, Spiranthes 259
zollikoferi, Dactylodenia 263